中国畜禽养殖土地承载力图集

董红敏　朱志平　主编

科 学 出 版 社

北　京

内 容 简 介

以畜禽粪肥还田利用为核心，促进畜禽粪便资源化利用，推进种养结合农牧循环，是提升土壤耕地质量和防治农业面源污染的重要举措。

本图集基于第二次全国污染源普查获得的第一手资料，并依据畜禽粪便土地承载力测算方法编制而成。图集首次以县域为基本单元，绘制了全国及分省的畜禽养殖分布、畜禽粪便氮供给量分布、作物氮需求量分布、土地承载力分布与土地承载力指数分布等5类专题地图。本图集系统反映了我国各地畜禽养殖粪肥养分供给和作物养分需求的空间分布态势，为各地科学编制种养循环发展规划具有指导作用。

本图集可为行业主管部门制定发展规划提供科学参考，也可供环境保护、环境工程、农业工程、农业生态等专业人员参考使用。

审图号：GS 京（2024）0577 号

图书在版编目（CIP）数据

中国畜禽养殖土地承载力图集 / 董红敏，朱志平主编. -- 北京 : 科学出版社，2024. 9. -- ISBN 978-7-03-079572-4

Ⅰ. X713-64

中国国家版本馆 CIP 数据核字第 2024P3N973 号

责任编辑：彭胜潮 / 责任校对：郝甜甜
责任印制：徐晓晨 / 封面设计：图阅盛世

科学出版社 出版
北京东黄城根北街 16 号
邮政编码：100717
http://www.sciencep.com

北京九天鸿程印刷有限责任公司印刷
科学出版社发行　各地新华书店经销
*
2024 年 9 月第 一 版　开本：880×1230　1/16
2024 年 9 月第一次印刷　印张：11 3/4
字数：280 000

定价：198.00 元

（如有印装质量问题，我社负责调换）

《中国畜禽养殖土地承载力图集》
编　委　会

主　编

董红敏　朱志平

主要编写人员

尚　斌　尹福斌　陈永杏　郑云昊　魏　莎
曾剑飞　张海燕　王顺利　王　悦　晏　婷
张哲睿　宋　曼　张　哲　王文赞　孟　翠

前　言

近年来，我国畜牧业持续稳定发展，规模化养殖水平显著提高，保障了肉、蛋、奶的有效供给；与此同时，由于种养分离，大量养殖废弃物没有得到有效处理和利用，这成为农村环境治理的一大难题。根据第二次全国污染源普查公报数据显示，畜禽养殖业的化学需氧量（COD）排放达1 000.53万吨，约占全国总排放量的46.7%；以畜禽粪肥还田利用为核心，促进畜禽粪便资源化利用，推进种养结合农牧循环发展，是提升耕地质量和防治农业面源污染的重要举措。2017年国务院办公厅印发《关于加快推进畜禽养殖废弃物资源化利用的意见》，其中明确提出制定畜禽养殖粪污土地承载能力测算方法，畜禽养殖规模超过土地承载能力的县要合理调减养殖总量；畜牧大县要科学编制种养循环发展规划，实行以地定畜，促进种养业在布局上相协调，精准规划引导畜牧业发展；鼓励沼液和经无害化处理的畜禽养殖废水作为肥料科学还田利用；加强粪肥还田技术指导，确保科学合理施用。新修订的《中华人民共和国畜牧法》已于2023年3月1日正式实施，该法也明确规定，推行畜禽粪污养分平衡管理，促进农用有机肥利用和种养结合发展。

本图集以习近平新时代中国特色社会主义思想为指导，坚持保障粮食安全和农业绿色发展的理念，集成了第二次全国污染源普查畜禽养殖业产排污系数测算、畜禽粪便土地承载力测算方法等研究成果。本图集是第二次全国污染源普查中畜禽养殖业普查工作成果的具体体现，这一成果是在全国分区分类建立211个畜禽养殖产排污系数定位监测点，通过周年监测获得了全国主要畜禽的粪尿产生量、粪尿中氮养分产生量的特征系数，并结合全国38万余家规模养殖场的普查数据以及6.4万规模以下养殖户抽样调查数据，第一次计算获得了第二次全国污染普查年份（2017年）畜禽养殖量、畜禽粪便氮养分供给量等数据成果。本图集以县域为单元，通过计算获得了各地畜禽养殖情况、农作物种植和产量情况，并结合相关土壤养分特征数据，多尺度、多视角、综合性地展示了我国各地畜禽养殖分布状况、畜禽粪肥养分供给、主要农作物粪肥养分需求量、畜禽粪肥土地承载力的空间分布情况，将其作为农业绿色可持续发展和农业农村长期因子观测数据资源建设的背景资料呈现在读者面前，以期为国家经济建设、社会发展和各地制定发展规划提供重要的基础资料，为科研院所、高等院校、工程技术人员科学认识畜禽养殖粪肥资源及其环境承载能力提供科学参考。

本图集编撰过程中得到中央级公益性科研院所基本科研业务费专项资金（Y2024JC10）、中国农业科学院创新工程经费、第二次全国污染源普查-畜禽养殖业源产排污系数测算项目、现代农业产业技术体系经费等项目资助及中国农业科学院农业农村长期因子综合观测工作的支持。

编制说明

本图集基于第二次全国污染源普查获得2017年全国畜禽养殖和种植普查数据，结合调查数据和统计年鉴数据，以县域为基本单元，分为五大部分，即畜禽养殖分布、畜禽粪便氮供给量分布、作物氮需求量分布、土地承载力分布和土地承载力指数分布。

本图集所涉及的术语及其定义，包括：①畜禽粪便：畜禽养殖过程中产生的粪便、尿液的总称。②猪当量：用于衡量畜禽氮排泄量的度量单位（1头70千克体重的猪一天的粪便中氮的排泄量乘以365为1个猪当量；一个猪当量以氮排泄量11千克计，其他畜禽按氮的排泄量折算）。③畜禽粪便土地承载力：在土地生态系统可持续运行的条件下，一定边界内农田、人工林地和人工草地等种植用地所能承载的最大畜禽存栏量下所产生的氮排泄量，以猪当量计。

主要资料信息包括：

种植信息收集：①主要农作物种类、种植制度、种植面积和产量；②人工草地或人工林地类型、面积和产量；③种植用地的土壤质地，土壤中氮含量等特性参数；④县域或省域边界内主要植物的氮施用量。养殖信息收集：①畜禽种类及其存栏量、出栏量；②畜禽粪便的清粪方式及占比；③畜禽粪便的处理方式及占比。

测算原理：畜禽养殖土地承载力的测算，以植物养分需求和粪便处理成粪肥后其养分供给的氮平衡为基础测算；植物的粪肥养分可施用量根据土壤肥力、作物类型和产量、粪肥施用比例等确定；畜禽粪肥养分供给量根据畜禽种类、养殖量、粪便收集和处理方式等确定。

边界确定：区域畜禽养殖土地承载力测算以行政区域内的种植用地为边界。

需要说明的是，本图集中香港、澳门、台湾资料暂缺。

目　　录

第一部分　畜禽养殖分布

第二部分 畜禽粪便氮供给量分布

第三部分 作物氮需求量分布

第四部分 土地承载力分布

第五部分　土地承载力指数分布

第一部分　畜禽养殖分布

根据农业农村部2021年12月份印发的《"十四五"全国畜牧兽医行业发展规划》，我国畜禽养殖规模化率达到67.5%，比2015年提高13.6个百分点，畜禽养殖主体格局发生深刻变化，小散养殖场（户）加速退出，规模养殖快速发展。畜禽生产布局加速优化调整，畜禽养殖持续向环境容量大的地区转移，南方水网地区养殖密度过大的问题得到有效纾解，畜禽养殖与资源环境相协调的绿色发展格局加快形成，主要畜禽养殖优势产区规模效应日益凸显。为了便于比较，本部分以生猪为单位，其他畜禽按照粪便氮排泄量折算成猪当量，计算该区域的养殖总量（以畜禽存栏量计）。通过图集可以了解各地的养殖量分布情况和主要畜禽饲养类型占比情况，是研究、规划畜禽养殖布局的重要依据；在各省（区、市）分县养殖量布局图的基础上，也以双层饼图绘制了地级市的养殖总量（以猪当量计）及省域主要畜禽饲养类型占比情况，便于直观了解和比较。

边界内饲养的各种畜禽折算成猪当量的饲养总量以A表示，单位为猪当量，按下式计算：

$$A = \sum(\mathrm{AP}_{r,i} \times \mathrm{MP}_{r,i}) \div \mathrm{MP}_{r,p} \tag{1-1}$$

式中：

$\mathrm{AP}_{r,i}$ ——边界内第i种畜禽年均存栏量，单位为：头或只；

$\mathrm{MP}_{r,i}$ ——第 i 种畜禽粪便中氮日排泄量，单位为：克/（天·头）或克/（天·只）；主要畜禽氮排泄量推荐值参见附录表A.3；

$\mathrm{MP}_{r,p}$ ——猪排泄粪便中氮日产生量，单位为：克/（天·头），推荐值参见附录表A.3。

1.1 全国畜禽养殖分布

目前，我国正在加快形成以国内大循环为主体、国内国际双循环相互促进的新发展格局，畜禽养殖正向着规模化、集约化、绿色优质方向发展。以年末存栏量计，2017年全国总的畜禽养殖量为71 816.7万头猪当量；主要分布于华北、华东、华中和西南地区，其中山东省和河南省养殖量分别达到6 015万头和4 976万头猪当量，分别占全国畜禽养殖量的8.4%和6.9%；全国养殖畜种主要以生猪为主，占比为38.6%，是我国最主要的畜禽品种，中国素有“猪粮安天下”的谚语，生猪为我国畜牧业持续稳定发展起到重要作用，近些年来，规模化水平快速提升，生猪规模养殖占比已经超过60%，由此带来的种养分离现象也日益突出，迫切需要基于养分平衡的土地承载力测算，规范和科学利用畜禽粪肥。2017年全国各省（区、市）畜禽养殖量分布见下图。

2017年全国各省（区、市）主要畜禽年末存栏量统计表

（单位：10^4猪当量）

项目	北京	天津	河北	山西	内蒙古	辽宁	吉林	黑龙江	上海	江苏	浙江	安徽	福建	江西	山东
生猪	55	103	1018	430	269	999	628	872	41	1 190	430	1 057	654	1 249	1 730
奶牛	62	85	671	240	658	152	59	478	22	99	26	66	21	6	369
肉牛	18	49	868	220	742	389	352	522	0	83	28	346	97	614	585
肉鸡	9	61	493	192	18	817	158	144	6	464	102	487	487	122	1679
蛋鸡	58	82	1 083	469	173	699	383	343	10	623	96	513	122	197	1 099
羊	14	12	455	124	958	130	85	161	5	149	30	246	29	26	552
总计	216	392	4 588	1 674	2 819	3 186	1 666	2 520	83	2 608	712	2 714	1 410	2 214	6 015

项目	河南	湖北	湖南	广东	广西	海南	重庆	四川	贵州	云南	西藏	陕西	甘肃	青海	宁夏	新疆
生猪	2 038	1 674	2 414	1 638	1 376	213	799	2 640	937	2 005	10	591	338	66	74	196
奶牛	126	12	11	23	27	1	4	64	10	60	168	204	247	216	236	1112
肉牛	1 046	676	712	169	883	132	296	811	760	2 196	155	246	676	153	383	747
肉鸡	407	194	250	533	570	70	76	248	88	219	1	47	28	2	11	50
蛋鸡	909	646	401	107	100	24	126	355	101	355	4	333	183	13	72	146
羊	450	127	189	23	44	18	94	357	60	215	50	130	253	37	79	632
总计	4 976	3 329	3 977	2 494	2 999	457	1 396	4 475	1 956	5 050	387	1 552	1 726	487	855	2 883

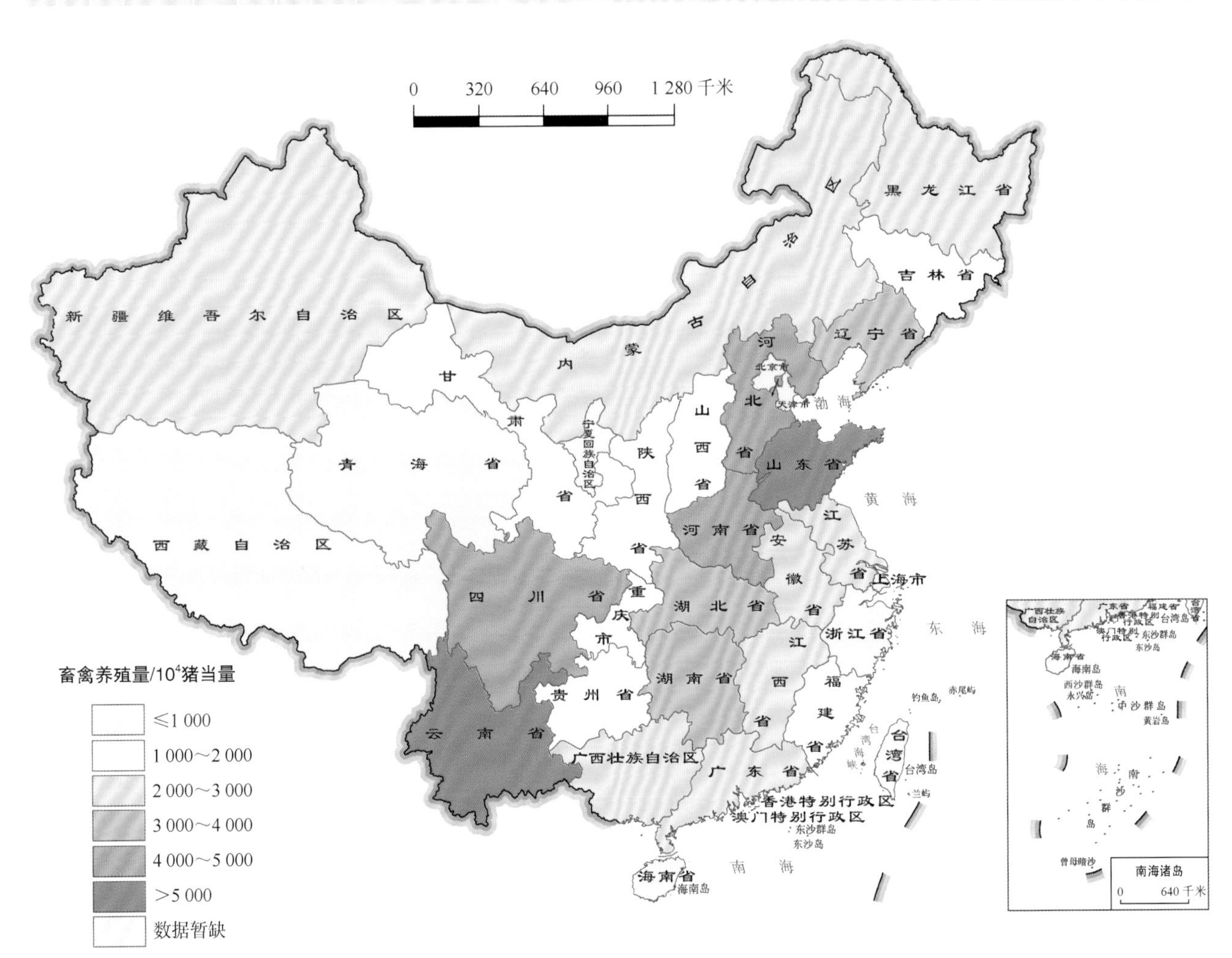

2017年全国各省（区、市）畜禽养殖量分布图

1.2　北京市畜禽养殖分布

近年来，北京市畜牧业生产效率稳步提高，但是养殖量在逐年减少。北京市注重畜禽养殖设施化、集约化、智能化持续发展，畜禽养殖分布主要集中于远郊东南平原区和远郊西北山区，具体分布如下：2017年北京市总的畜禽养殖量为216.2万头猪当量，占全国的0.3%；主要分布在平谷区、通州区和顺义区，其养殖量分别为44.0万头、39.1万头和37.9万头猪当量，分别占全市畜禽养殖量的20.3%、18.1%和17.5%；全市养殖畜种主要以奶牛、蛋鸡和生猪为主，占比分别为28.6%、27.1%和25.7%。2017年北京市各区畜禽养殖分布见下图。

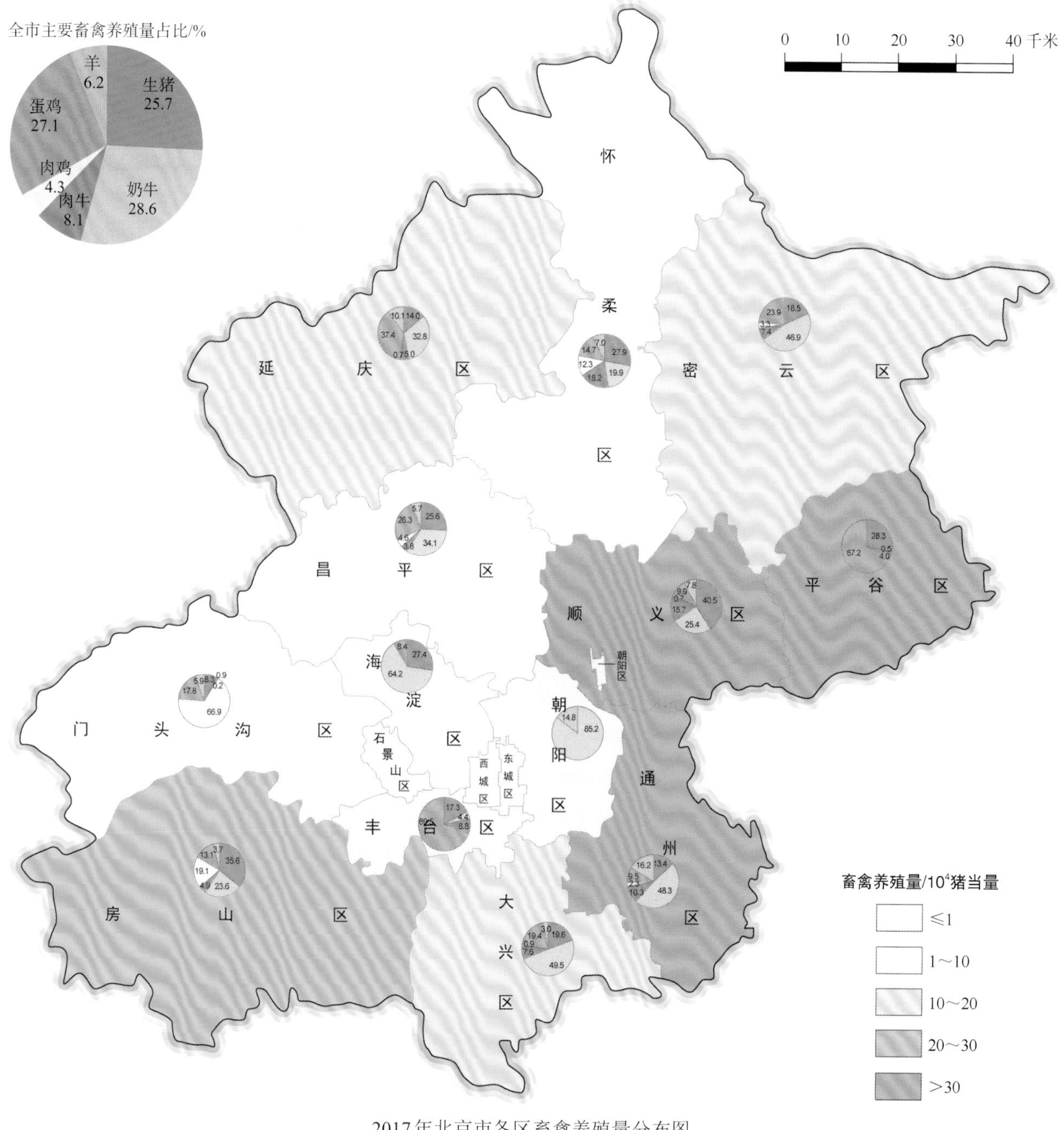

2017年北京市各区畜禽养殖量分布图

1.3 天津市畜禽养殖分布

天津市畜牧生产保持平稳发展。养殖业主要集中在天津外围区县，向内养殖规模逐渐降低，具体分布情况如下：2017年天津市总的畜禽养殖量为392.0万头猪当量，占全国的0.6%；主要分布在武清区、宝坻区和静海区，其养殖量分别为76.8万头、71.7万头和61.8万头猪当量，分别占全市畜禽养殖量的29.6%、18.3%和15.8%；全市养殖畜种主要以生猪、奶牛和蛋鸡为主，占比分别为26.2%、21.8%和21.0%。2017年天津市各区畜禽养殖分布见下图。

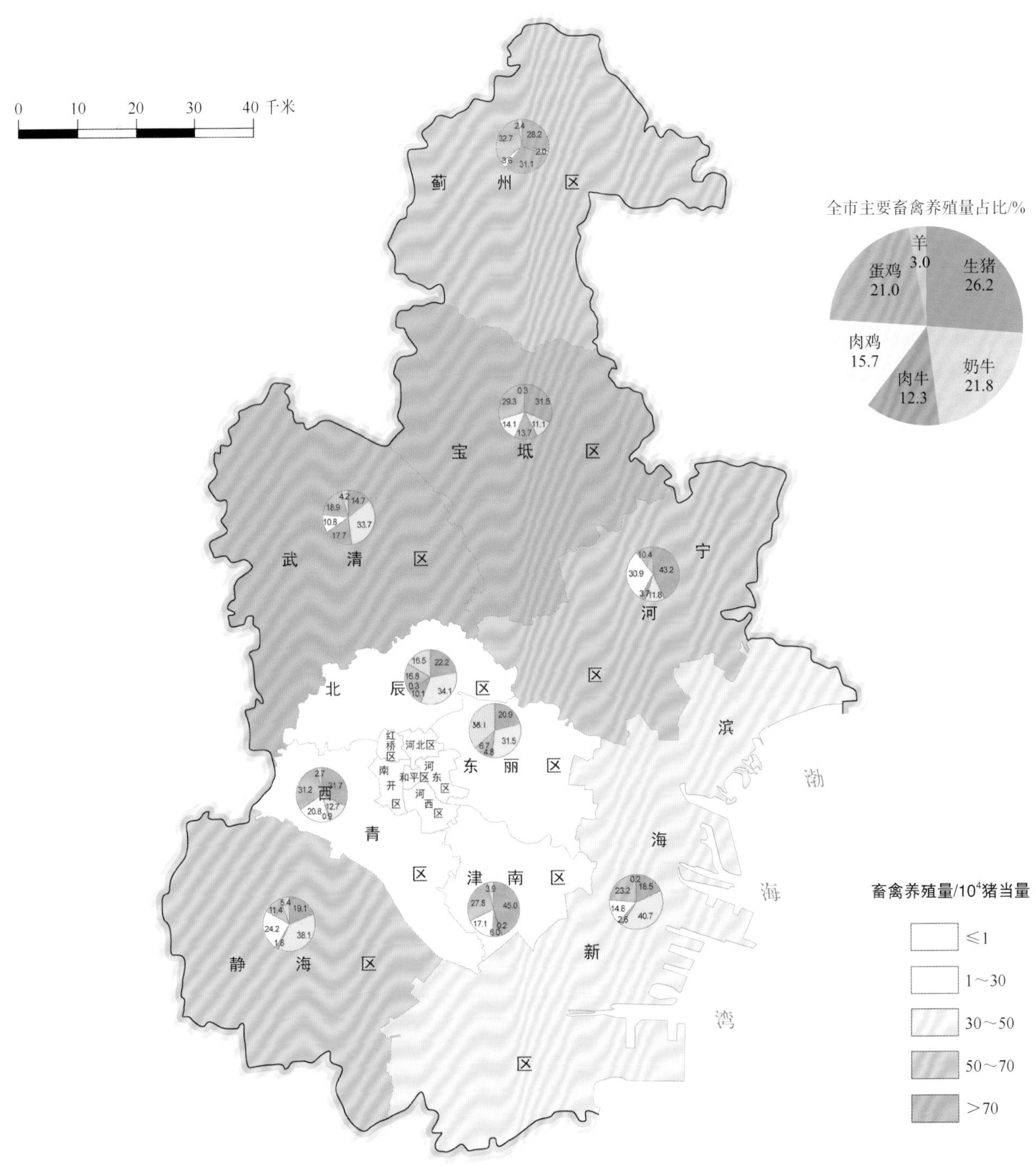

2017年天津市各区畜禽养殖分布图

1.4　河北省畜禽养殖分布

河北省畜禽养殖业在农业生产中占据重要地位，也是我国主要的畜牧业生产大省之一。近年来，河北省规模化养殖不断增加，市场需求也越来越大。2017年河北省11个市总的畜禽养殖量为4 588.0万头猪当量，占全国的6.4%；主要分布在石家庄市、唐山市、保定市、邯郸市、张家口市，养殖量分别为571.8万头、566.1万头、560.6万头、505.9万头、491.1万头猪当量，占到全省畜禽养殖量的58.7%。养殖畜种主要以蛋鸡、生猪为主，占比分别为23.6%、22.2%。其中，家禽养殖是河北省养殖业中的重要产业，其在河北省的养殖量位居全国前列。2017年河北省各县（区）畜禽养殖分布见下图。

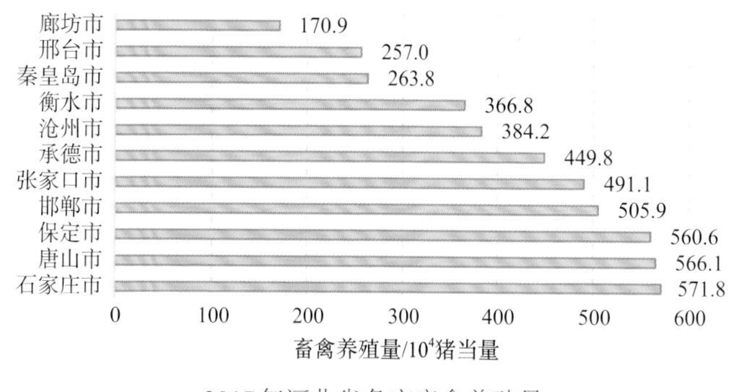

2017年河北省各市畜禽养殖量

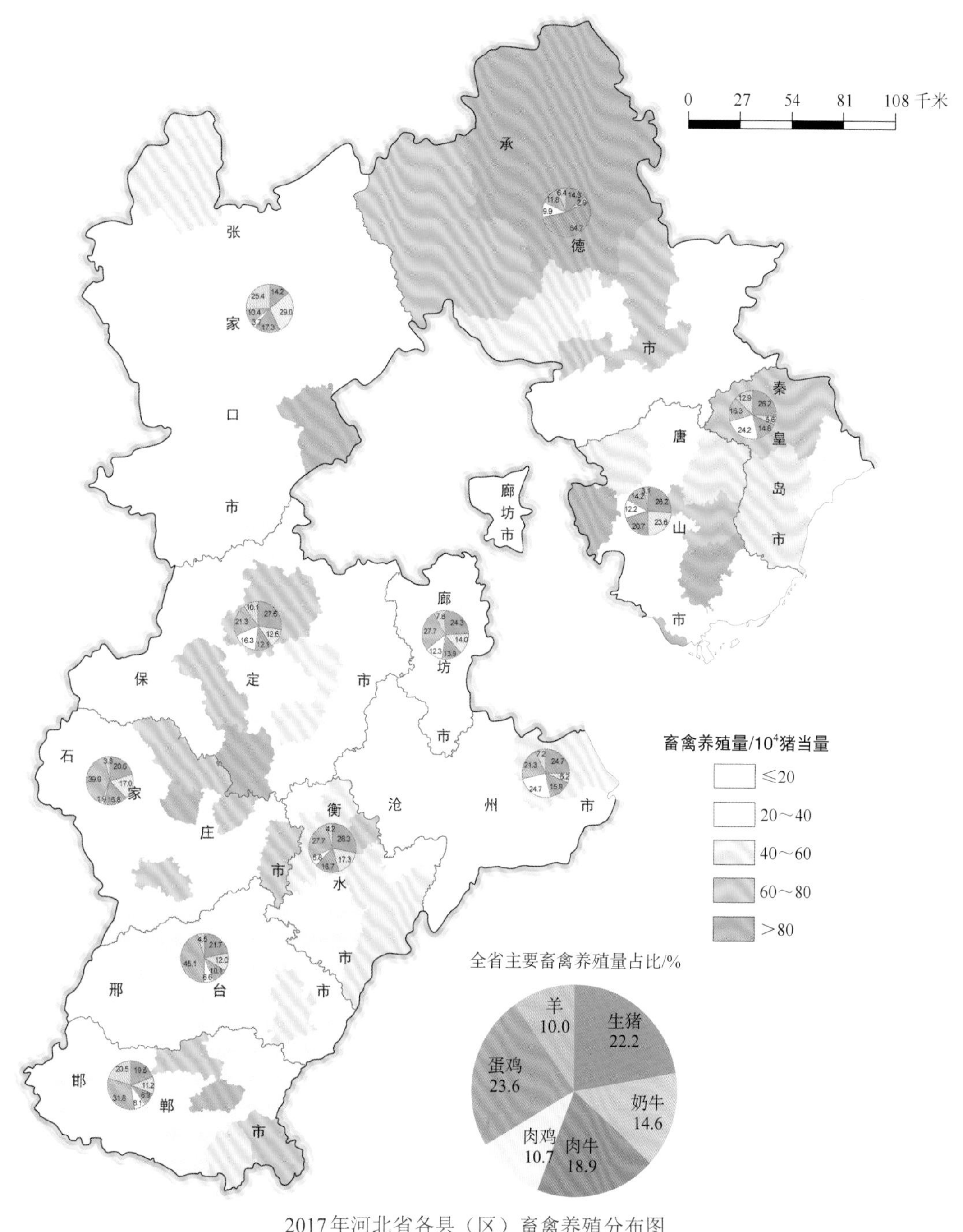

2017年河北省各县（区）畜禽养殖分布图

1.5 山西省畜禽养殖分布

山西省地处农牧交错地区，典型的大陆性季风气候非常适合养殖。2017年山西省全省11个市总的畜禽养殖量为1 674.1万头猪当量，占全国的2.3%；主要分布在晋中市、运城市、大同市、吕梁市、朔州市，分别占全省畜禽养殖量的16.4%、14.2%、12.9%、11.1%、10.3%；养殖畜种主要以蛋鸡、生猪为主，占总畜种养殖量的53.7%。2017年山西省各县（区）畜禽养殖分布见下图。

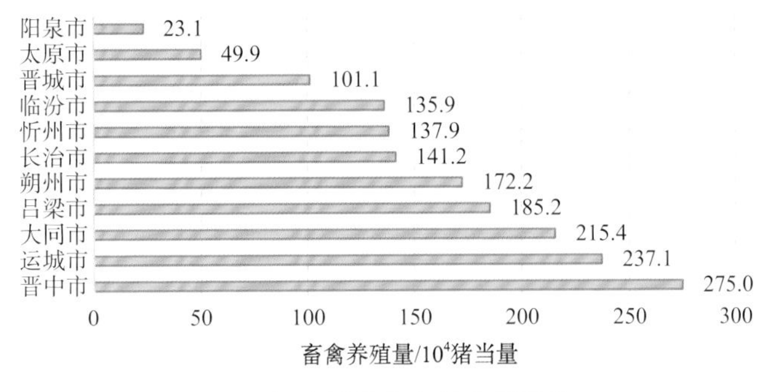

2017年山西省各市畜禽养殖量

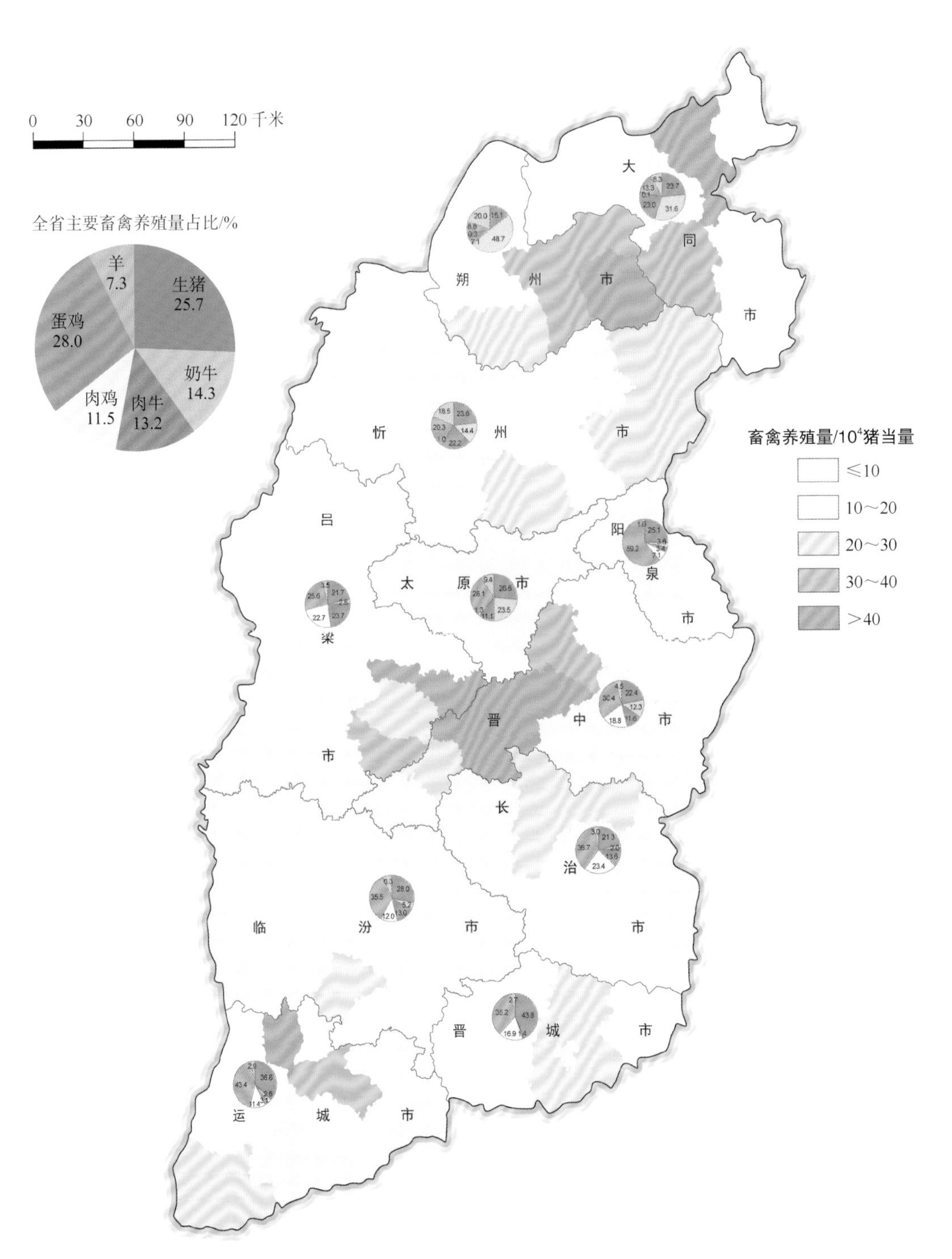

2017年山西省各县（区）畜禽养殖分布图

1.6　内蒙古自治区畜禽养殖分布

畜禽养殖业是内蒙古自治区的重要基础产业，也是优势特色产业。在市场引导和政府的各项政策扶持下，内蒙古自治区畜禽养殖业规模不断发展壮大。畜禽养殖业主要集中在东部地区。2017年内蒙古自治区总的畜禽养殖量为2 818.8 万头猪当量，占全国的3.9%；其中赤峰市、通辽市两市畜禽养殖量达到全自治区的38.5%，养殖量分别为625.0万头、459.4万头猪当量；全自治区养殖畜种主要以羊、肉牛、奶牛为主，占比分别为34.0%、26.3%及23.3%。2017年内蒙古自治区各县（旗）畜禽养殖分布见下图。

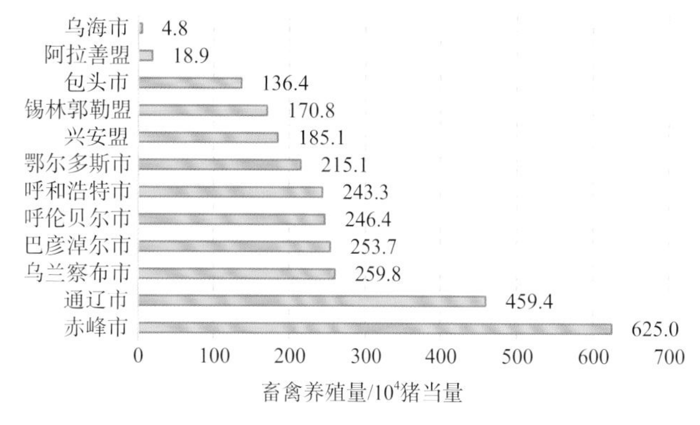

2017年内蒙古自治区各市（盟）畜禽养殖量

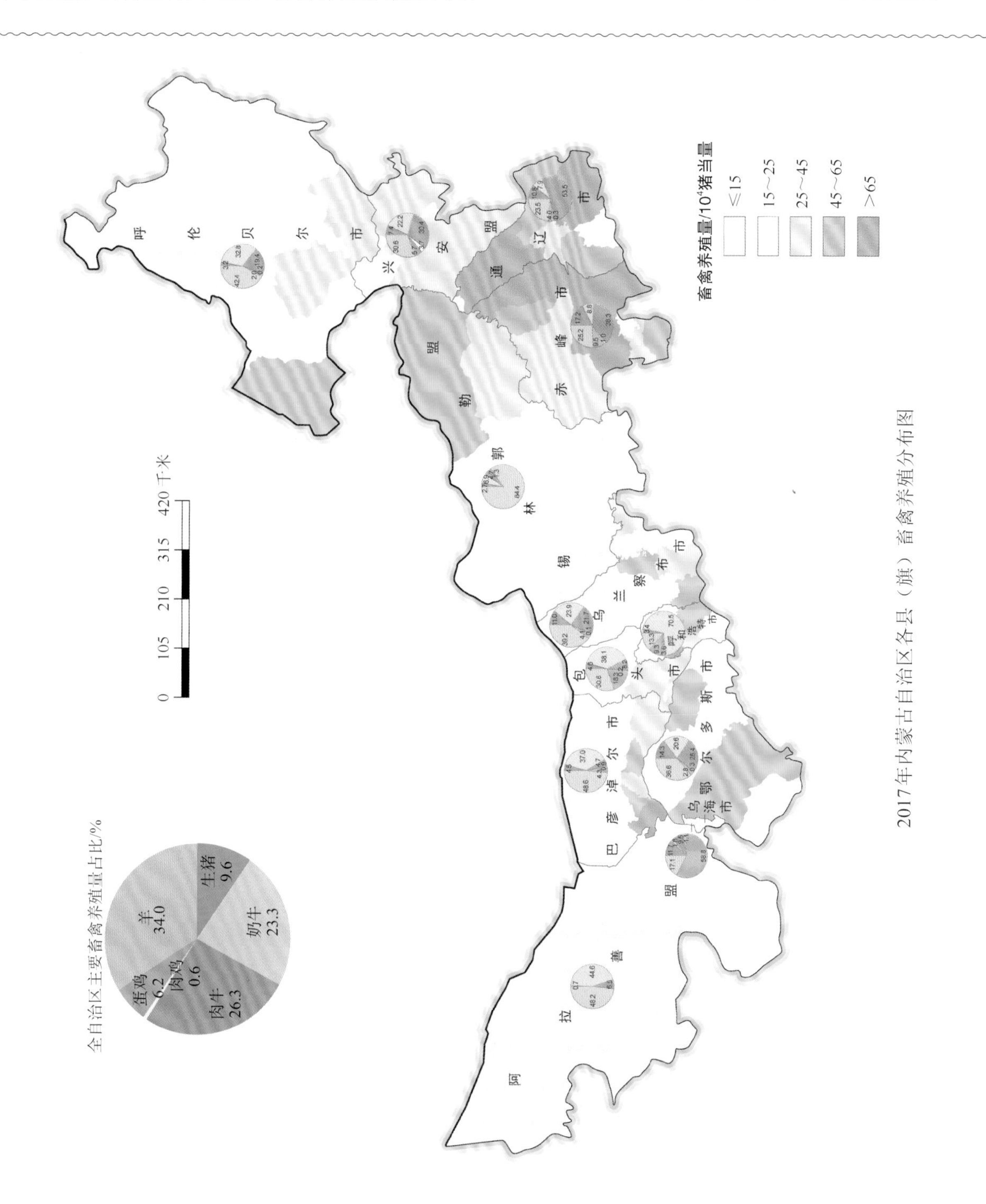

2017年内蒙古自治区各县（旗）畜禽养殖分布图

1.7 辽宁省畜禽养殖分布

辽宁省畜牧业发展有基础，资源条件有优势，环境承载有空间。为加快畜牧业转型升级，辽宁省科学制定畜牧产业发展规划，调整优化畜牧业生产布局，协调规模化养殖和环境保护的关系。2017年辽宁省总的畜禽养殖量为3 186.1万头猪当量，占全国的4.4%；主要分布在大连市、锦州市、沈阳市及朝阳市，分别占全省畜禽养殖量的15.8%、14.4%、12.0%和11.7%；全省养殖畜种主要以生猪、肉鸡和蛋鸡为主，占比分别为31.4%、25.6%及21.9%。2017年辽宁省各县（区）畜禽养殖分布见下图。

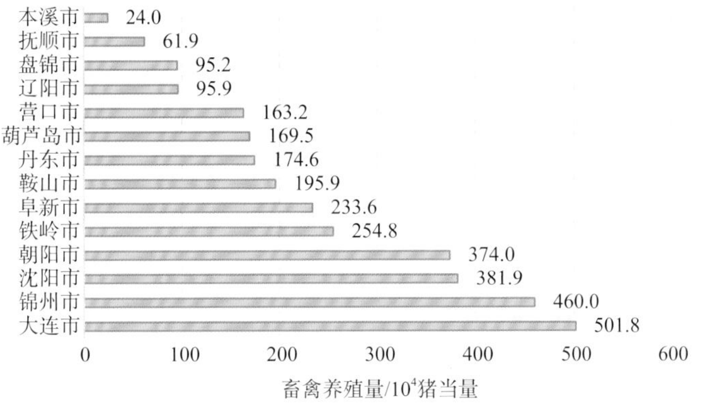

2017年辽宁省各市畜禽养殖量

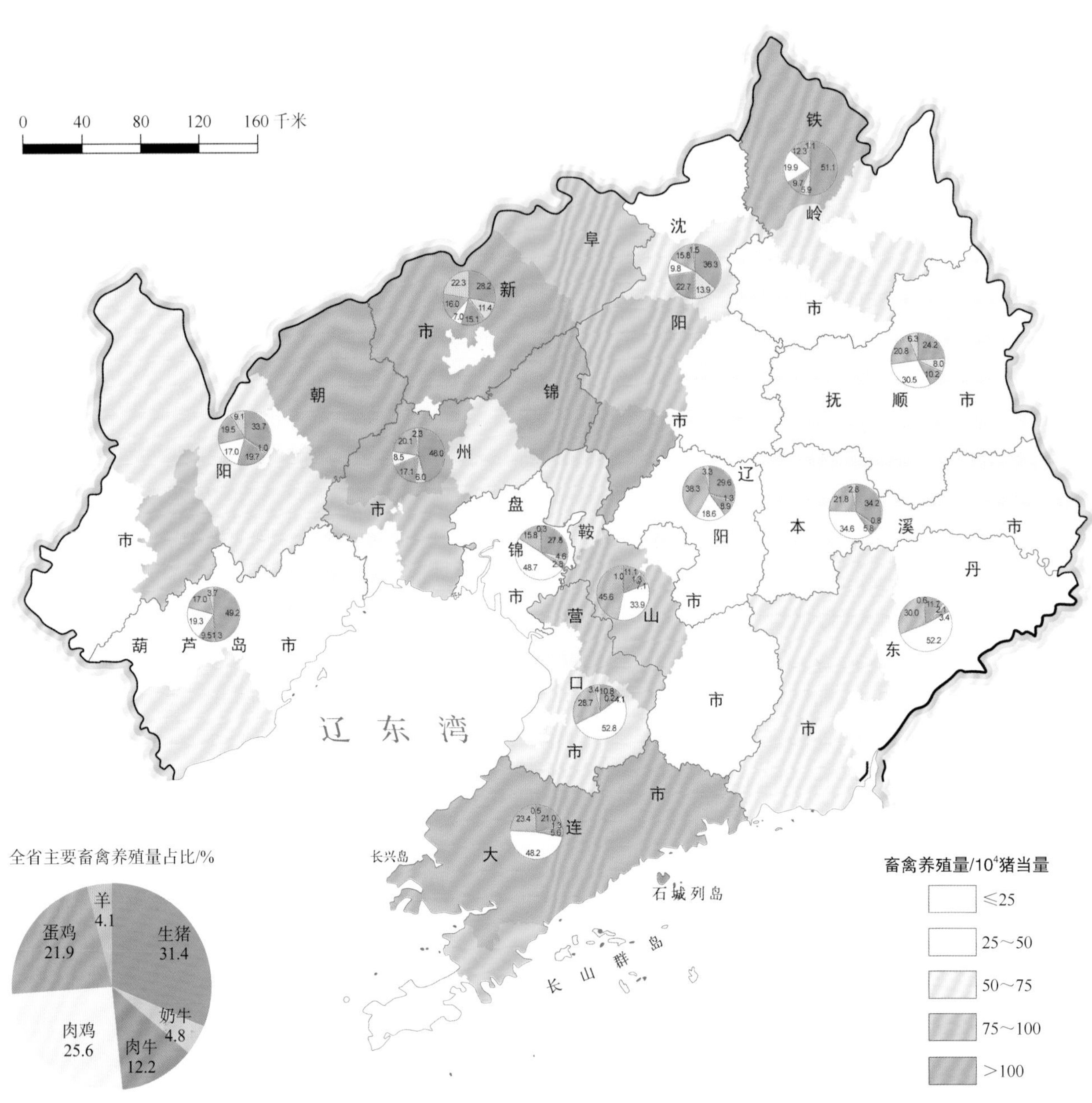

2017年辽宁省各县（区）畜禽养殖分布图

1.8　吉林省畜禽养殖分布

吉林省以畜牧业提质、农民增效为目标，创新畜牧业发展模式和机制，突出抓好项目建设、标准化规模养殖等增收措施的落实，健全完善畜牧业产业链、经济链和价值链，把畜牧业打造成农民持续增收的战略性支柱产业。2017年吉林省总的畜禽养殖量为1 665.9万头猪当量，占全国的2.3%；主要分布在长春市、四平市和松原市三市，畜禽养殖量分别为495.6万头、277.9万头和216.4万头猪当量，总占比达到全省畜禽养殖量的59.4%；全省养殖畜种主要以生猪为主，占比达到37.7%。2017年吉林省各县（区）畜禽养殖分布见下图。

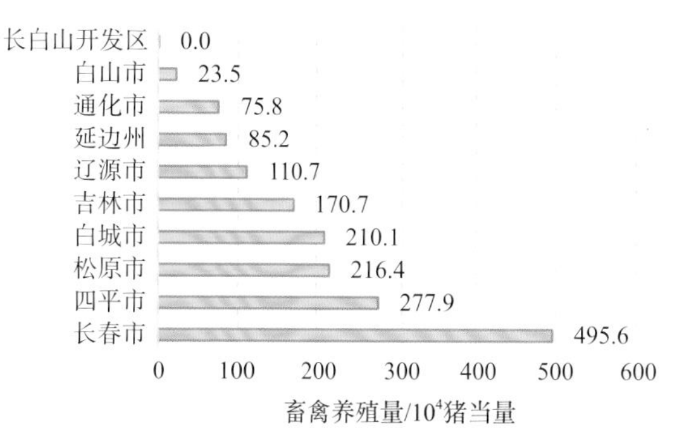

2017年吉林省各市（州）畜禽养殖量

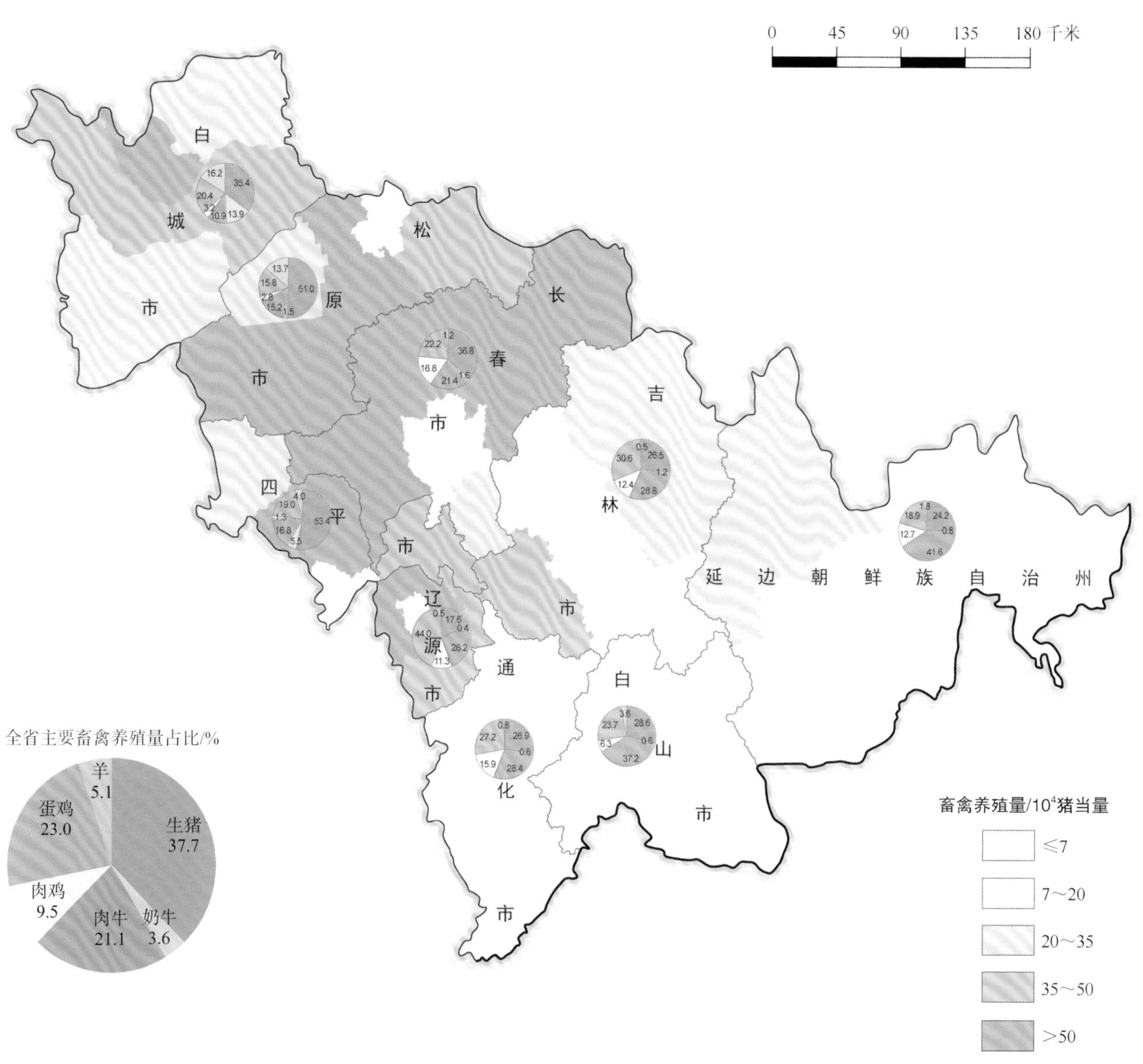

2017年吉林省各县（区）畜禽养殖分布图

1.9 黑龙江省畜禽养殖分布

黑龙江省坚持农牧结合导向，以发展“两牛一猪一禽”为重点，以畜牧业转型升级为主线，着力推进农业供给侧结构性改革，突出抓好畜禽健康养殖项目的政策实施，加快建设质量效益型现代畜牧业，努力开创现代畜牧业发展新局面。2017年黑龙江省总的畜禽养殖量为2 519.6万头猪当量，占全国的3.5%；主要分布在绥化市、齐齐哈尔市、哈尔滨市三市，畜禽养殖量分别为468.1万头、457.4万头和457.0万头猪当量，分别占全省畜禽养殖量的18.6%、18.2%和18.1%；全省养殖畜种主要以生猪为主，占比达到34.6%。2017年黑龙江省各县（区）畜禽养殖分布见下图。

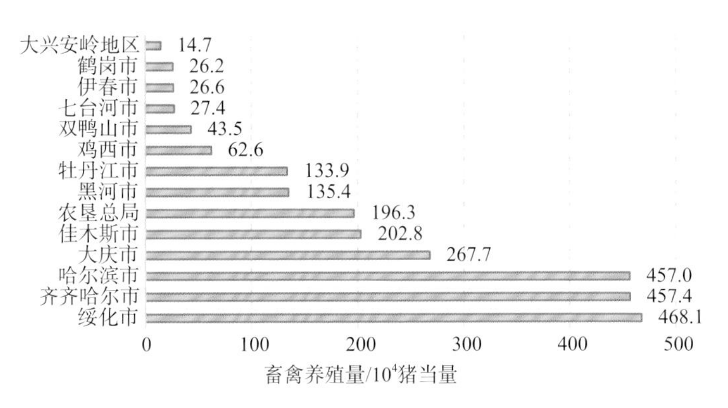

2017年黑龙江省各市（区）畜禽养殖量

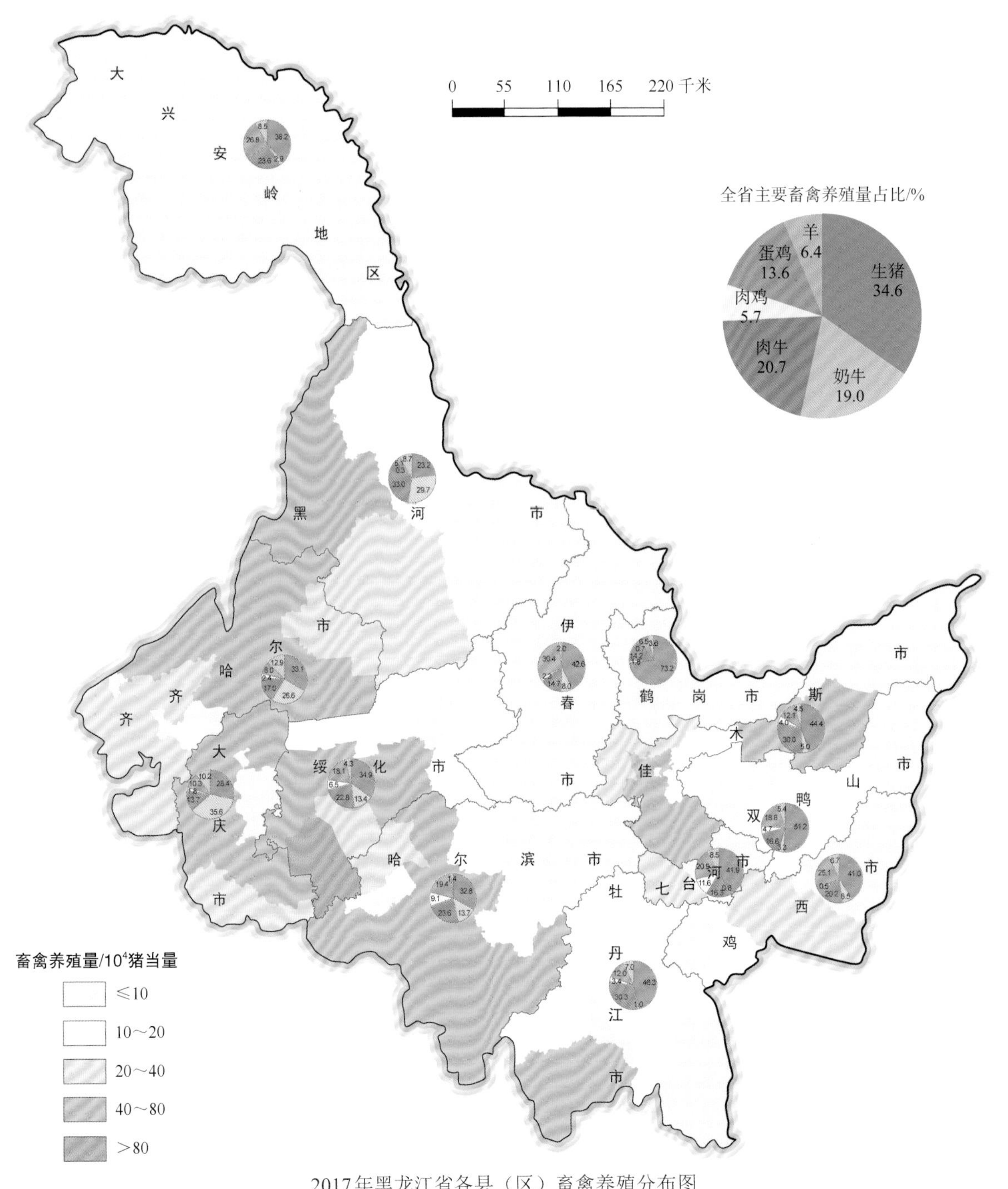

2017年黑龙江省各县（区）畜禽养殖分布图

1.10 上海市畜禽养殖分布

上海市坚持“统筹规划、合理布局、生态优先、控制总量、规模养殖、综合利用”的原则，统筹全市养殖业发展。当前，上海市全市养殖业总量减少、布局优化、转型提质。2017年上海市总的畜禽养殖量为83.4万头猪当量，仅占全国的0.1%；主要分布在崇明区和金山区，其养殖量分别为31.6万头和17.1万头猪当量，分别占全市畜禽养殖量的37.9%和20.5%；全市养殖畜种主要以生猪为主，占比达到49.0%。2017年上海市各区畜禽养殖分布见下图。

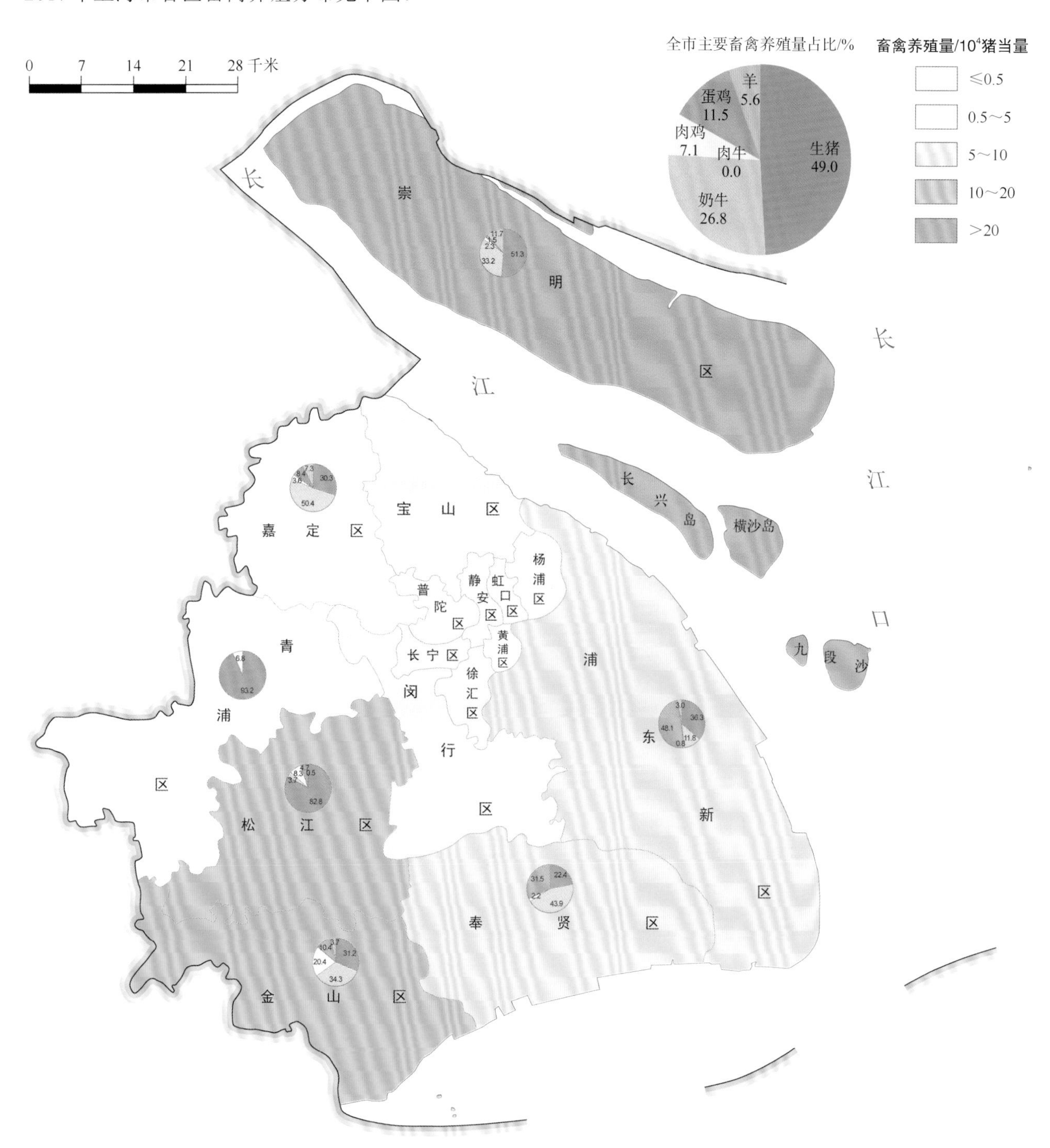

2017年上海市各区畜禽养殖分布图

1.11 江苏省畜禽养殖分布

江苏省畜牧业综合生产能力不断增强，在保障食物安全、繁荣农村经济、促进农民增收等方面发挥了重要作用。针对全省南北区域发展不平衡的现状，江苏省不断优化畜禽养殖区域布局，优化屠宰产能布局。2017年江苏省总的畜禽养殖量为2 608.1万头猪当量，占全国的3.6%；主要分布在盐城市、南通市、徐州市三市，畜禽养殖量分别为662.1万头、401.8万头和361.4万头猪当量，分别占全省畜禽养殖量的25.4%、15.4%和13.9%；全省养殖畜种主要以生猪为主，占比达到45.6%。2017年江苏省各县（区）畜禽养殖分布见下图。

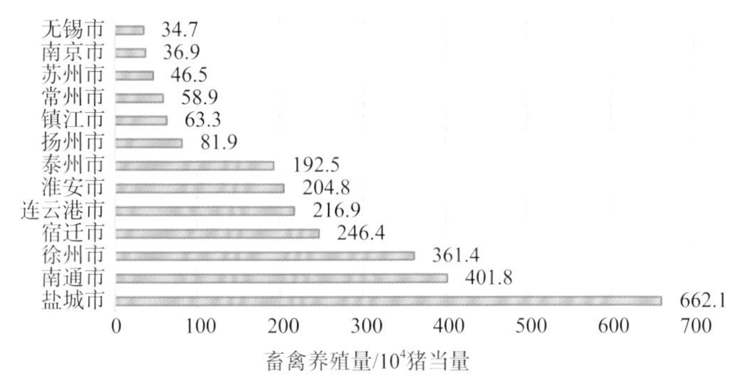

2017年江苏省各市畜禽养殖量

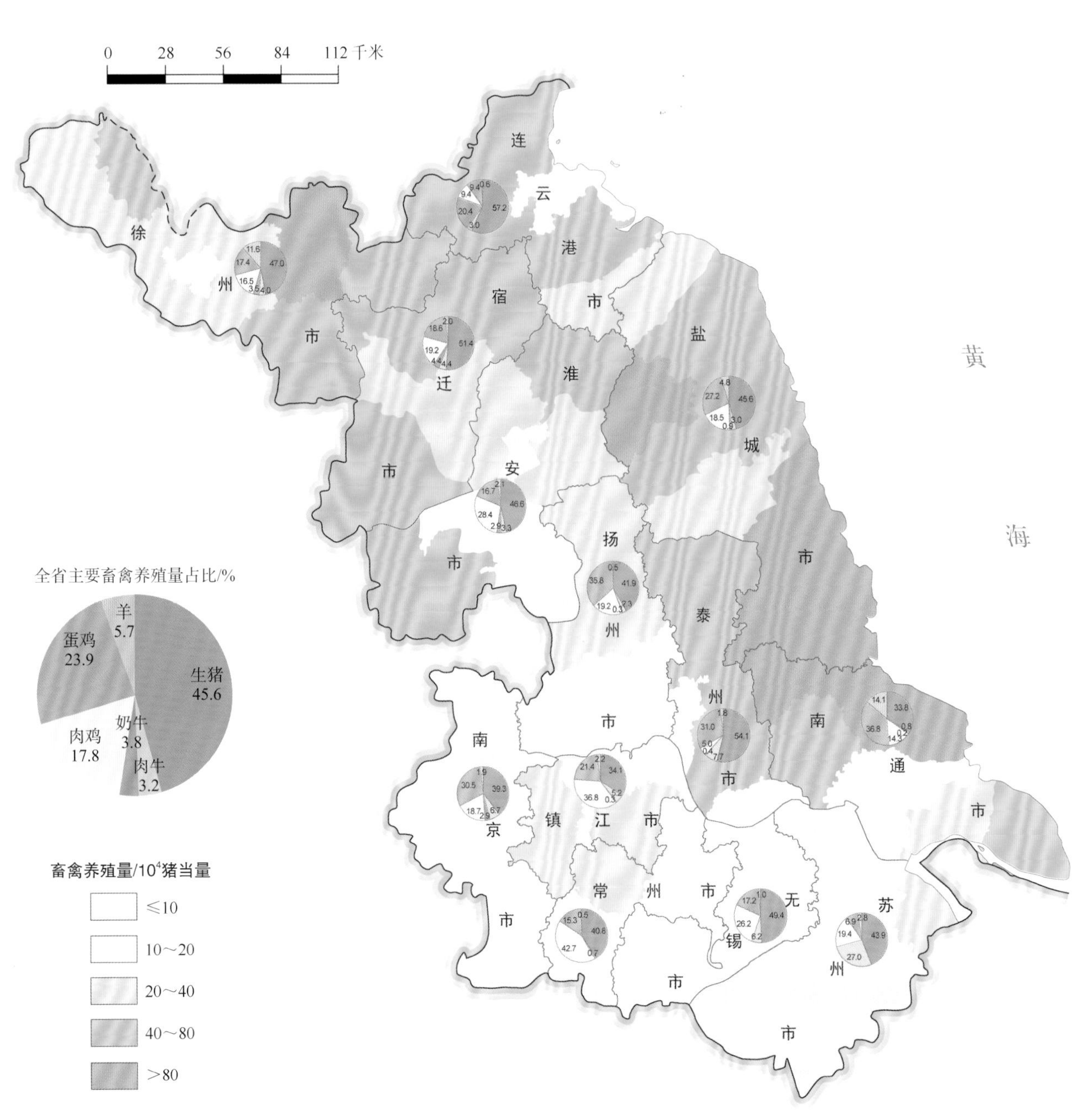

2017年江苏省各县（区）畜禽养殖分布图

1.12　浙江省畜禽养殖分布

浙江省全面构建种养循环发展体系，各县（市、区）坚持以地定畜、以种定养，根据土地承载能力确定畜禽养殖规模，并按照环境保护部、农业部印发的《畜禽养殖禁养区划定技术指南》要求，合理调整禁、限养区划定范围，促使种养业在布局上相协调、在规模上相匹配。2017年浙江省畜禽养殖量为712.1万头猪当量，占全国的1.0%；主要分布在杭州市、衢州市、金华市三市，畜禽养殖量分别为121.5万头、106.4万头和89.5万头猪当量，分别占全省畜禽养殖量的17.1%、14.9%和12.6%；全省养殖畜种主要以生猪为主，占比高达60.4%。2017年浙江省各县（区）畜禽养殖分布见下图。

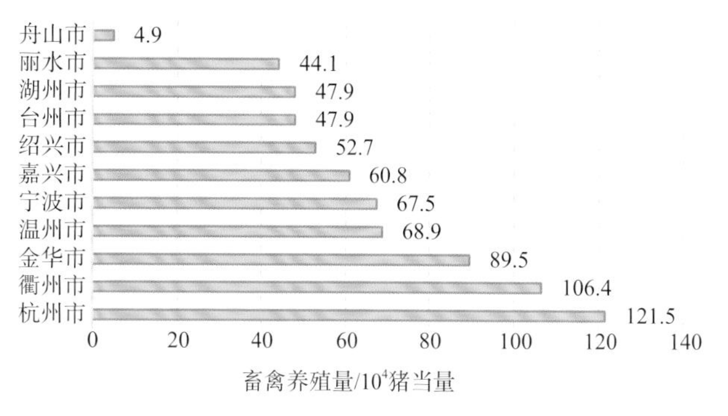

2017年浙江省各市畜禽养殖量

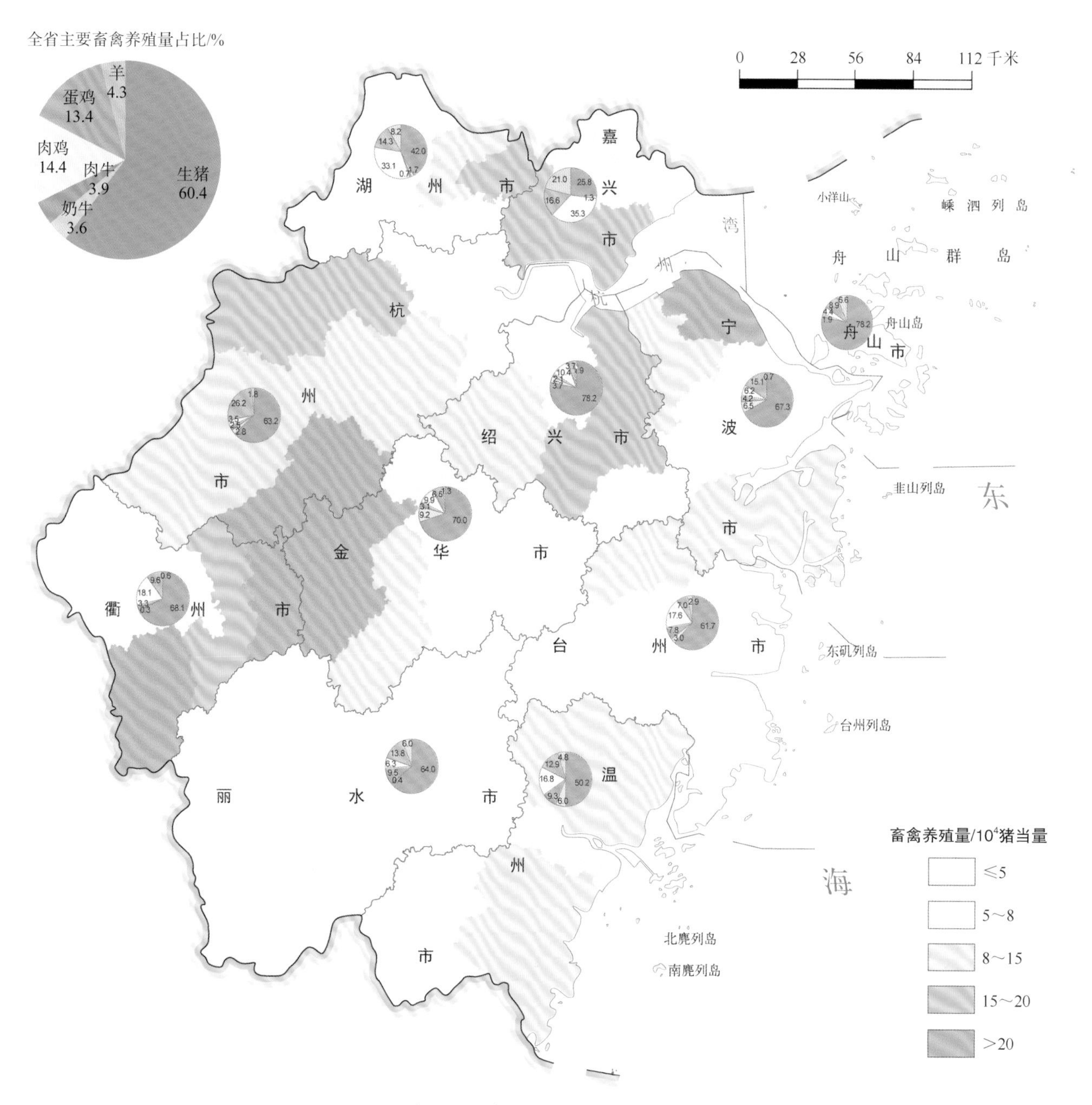

2017年浙江省各县（区）畜禽养殖分布图

1.13 安徽省畜禽养殖分布

安徽省依据资源环境承载能力和国土空间开发适宜性评价，科学布局畜禽养殖。皖北地区重点发展生猪、牛羊养殖，江淮之间重点发展生猪、家禽养殖，皖南地区重点发展家禽、地方品种猪、牛羊和蜜蜂养殖。2017年安徽省总的畜禽养殖量为2 714.4万头猪当量，占全国的3.8%；主要分布在阜阳市、宿州市、滁州市、六安市四市，畜禽养殖量分别为456.9万头、323.7万头、250.8万头和247.5万头猪当量，分别占全省畜禽养殖量的16.8%、11.9%、9.2%和9.1%；全省养殖畜种主要以生猪为主，占比达到38.9%。2017年安徽省各县（区）畜禽养殖分布见下图。

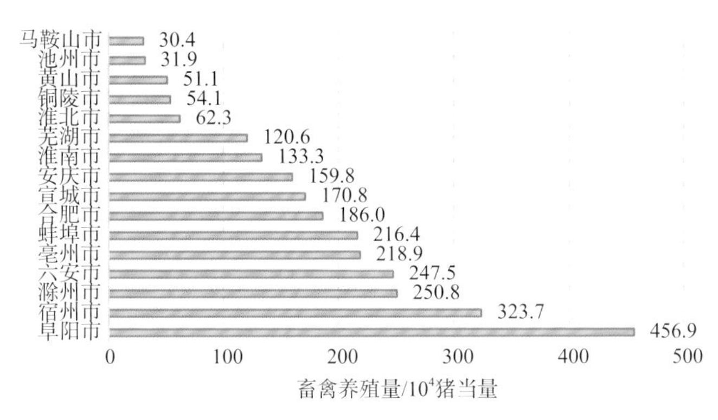

2017年安徽省各市畜禽养殖量

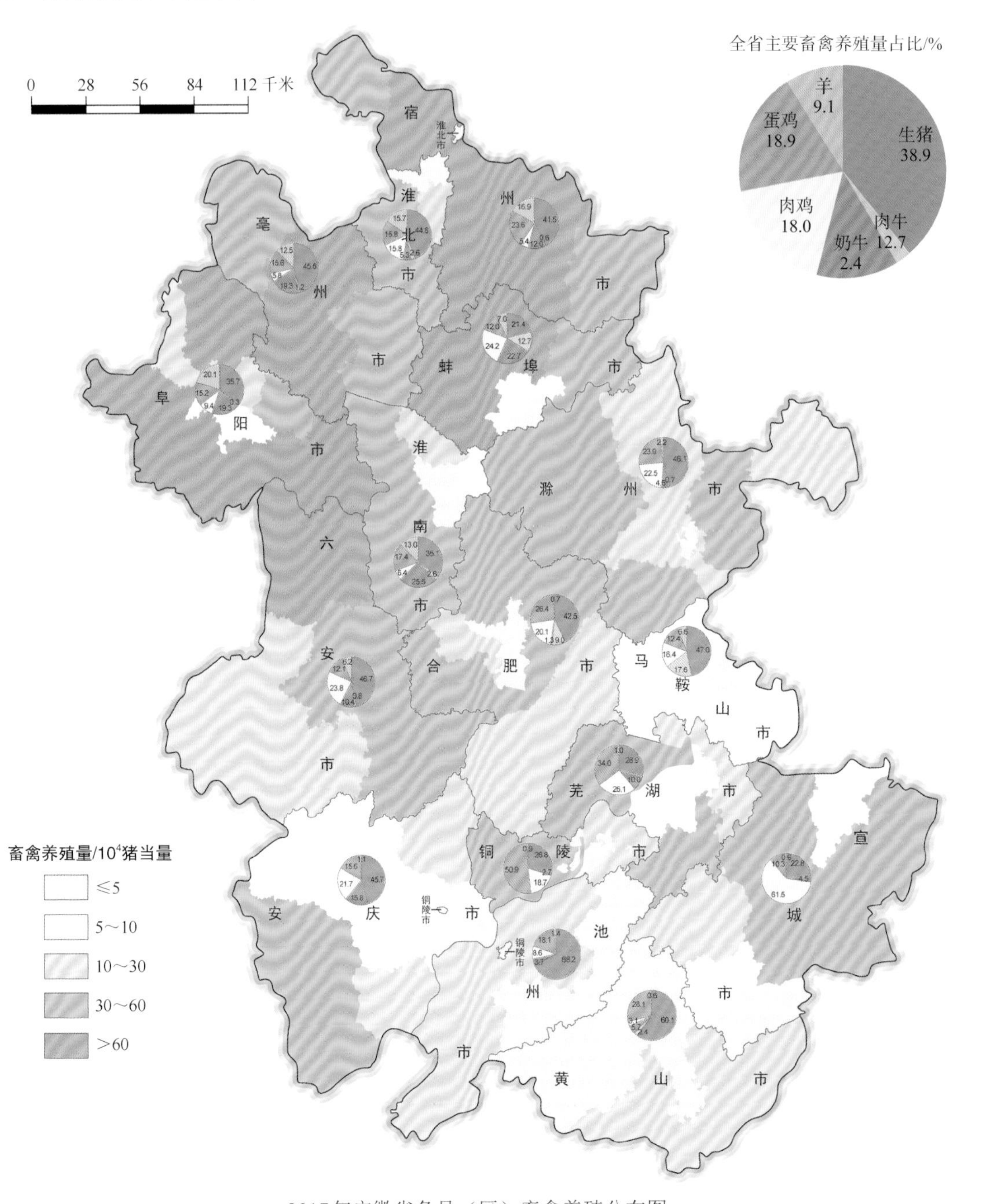

2017年安徽省各县（区）畜禽养殖分布图

1.14　福建省畜禽养殖分布

福建省综合资源禀赋、生态环境、产业优势、市场供求等因素，调整优化区域布局和产业结构，支持发展生猪、肉禽、蛋禽产业集群。做大南平市、龙岩市、漳州市等家禽优势产区，支持南平市、三明市、宁德市等优势产区扩大优质奶畜和牛羊兔生产，提高生产水平。2017年福建省总的畜禽养殖量为1 409.9万头猪当量，占全国的2.0%；以南平市和龙岩市两市为主，畜禽养殖量分别为510.3万头和302.4万头猪当量，分别占全省畜禽养殖量的36.2%和21.5%；全省养殖畜种主要以生猪为主，占比高达46.4%；肉鸡养殖次之，养殖量占到34.5%。2017年福建省各县（区）畜禽养殖分布见下图。

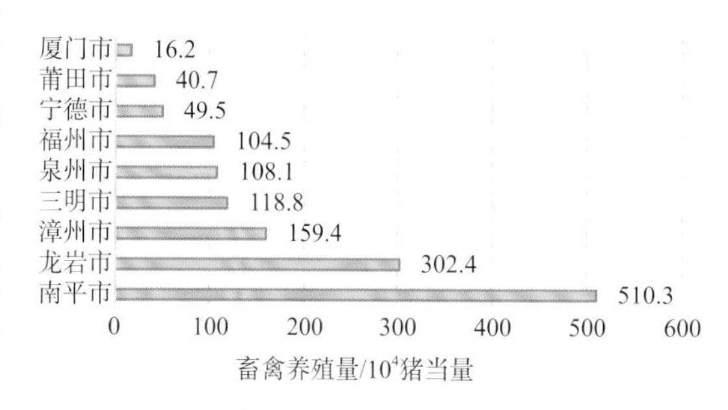

2017年福建省各市畜禽养殖量

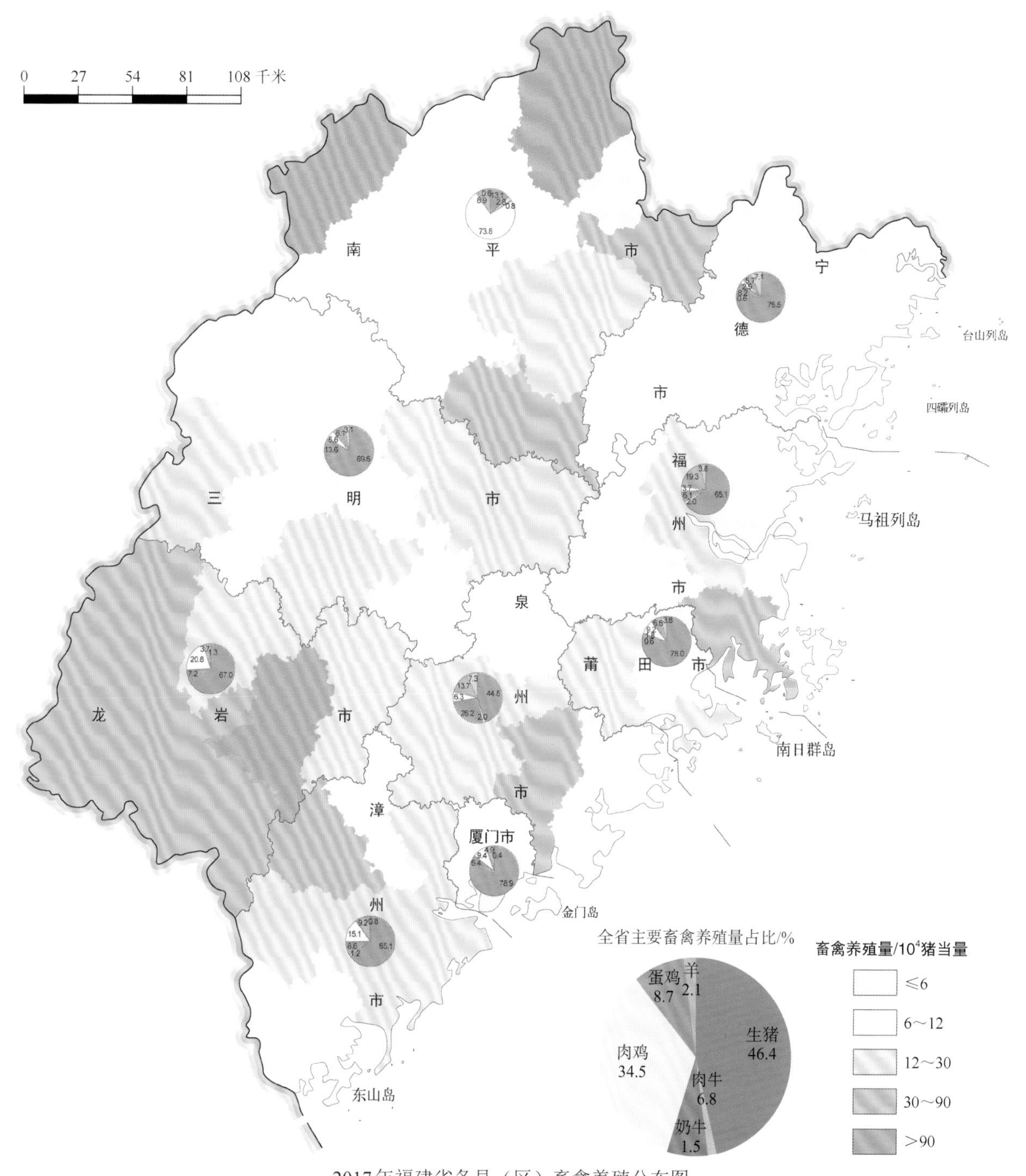

2017年福建省各县（区）畜禽养殖分布图

1.15 江西省畜禽养殖分布

江西省积极推动畜禽养殖场改造升级，加快新工艺、新品种、新技术、新产品等推广应用，创建一批生产高效、环境友好、产品安全、管理先进的畜禽养殖标准化示范场。按照“品种优良化、养殖设施化、管理规范化、防疫制度化、粪污利用资源化”要求，在吉安市、赣州市等地创建生猪标准化养殖全程示范样板，提升标准化规模养殖水平。2017年江西省总的畜禽养殖量为2 213.9万头猪当量，占全国的3.1%；主要分布在赣州市、宜春市、吉安市，其畜禽养殖量分别为489.7万头、457.1万头和378.8万头猪当量；全省养殖畜种主要以生猪为主，占比高达56.4%。2017年江西省各县（区）畜禽养殖分布见下图。

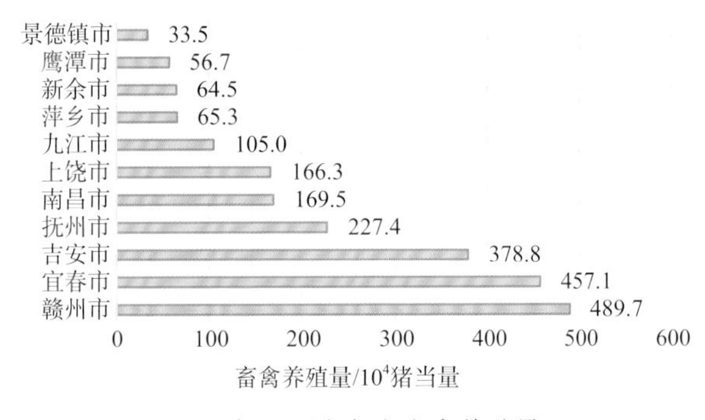

2017年江西省各市畜禽养殖量

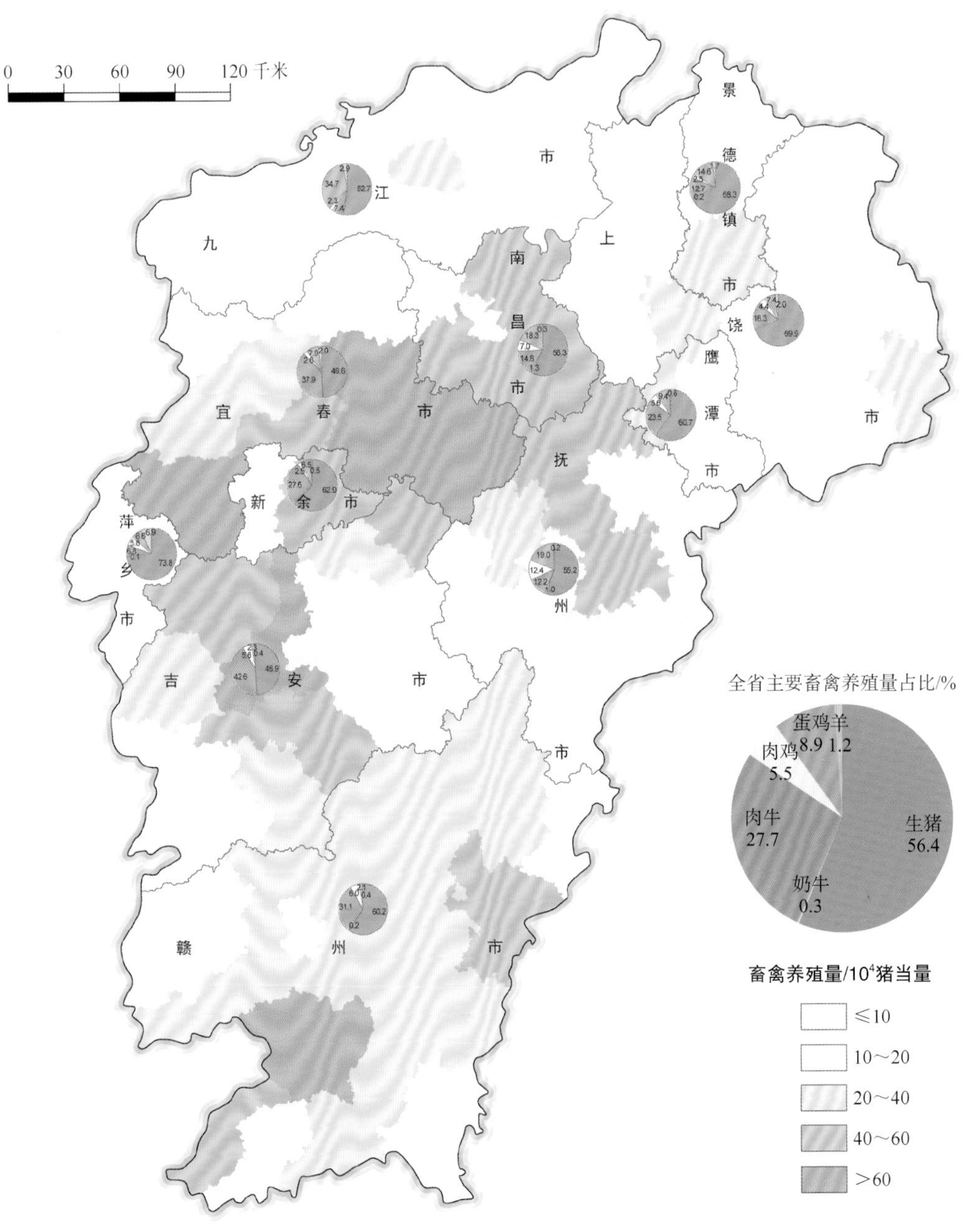

2017年江西省各县（区）畜禽养殖分布图

1.16 山东省畜禽养殖分布

山东省优化调整产业布局，推进标准化建设，支持养殖场（户）改造提升基础设施，将畜禽养殖、环境控制、疫病防控、粪污处理、智能成套设备等农机装备按规定纳入农机购置补贴范围，逐步实现主要畜禽品种养殖全程机械化。推广畜禽立体养殖，指导中小养殖场户发展，稳步提高规模养殖比重。2017年山东省总的畜禽养殖量为6 014.8万头猪当量，占全国的8.4%；主要分布在烟台市、临沂市、潍坊市和菏泽市四市，其畜禽养殖量分别为709.1万头、688.4万头、682.7万头和607.2万头猪当量，共占全省畜禽养殖量的44.7%；全省养殖畜种主要以生猪和肉鸡为主，占比分别为28.8%、27.9%。2017年山东省各县（区）畜禽养殖分布见下图。

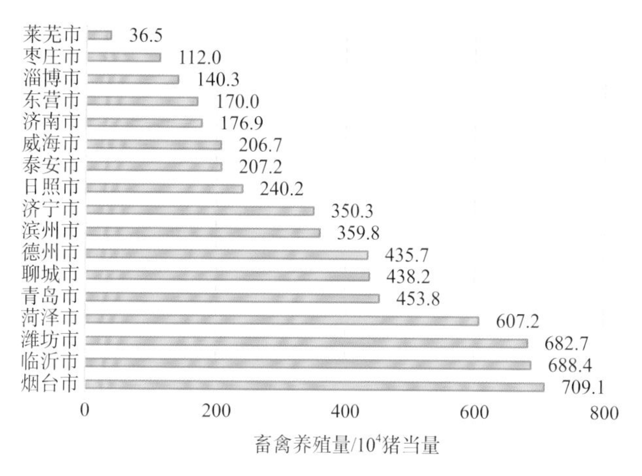

2017年山东省各市畜禽养殖量

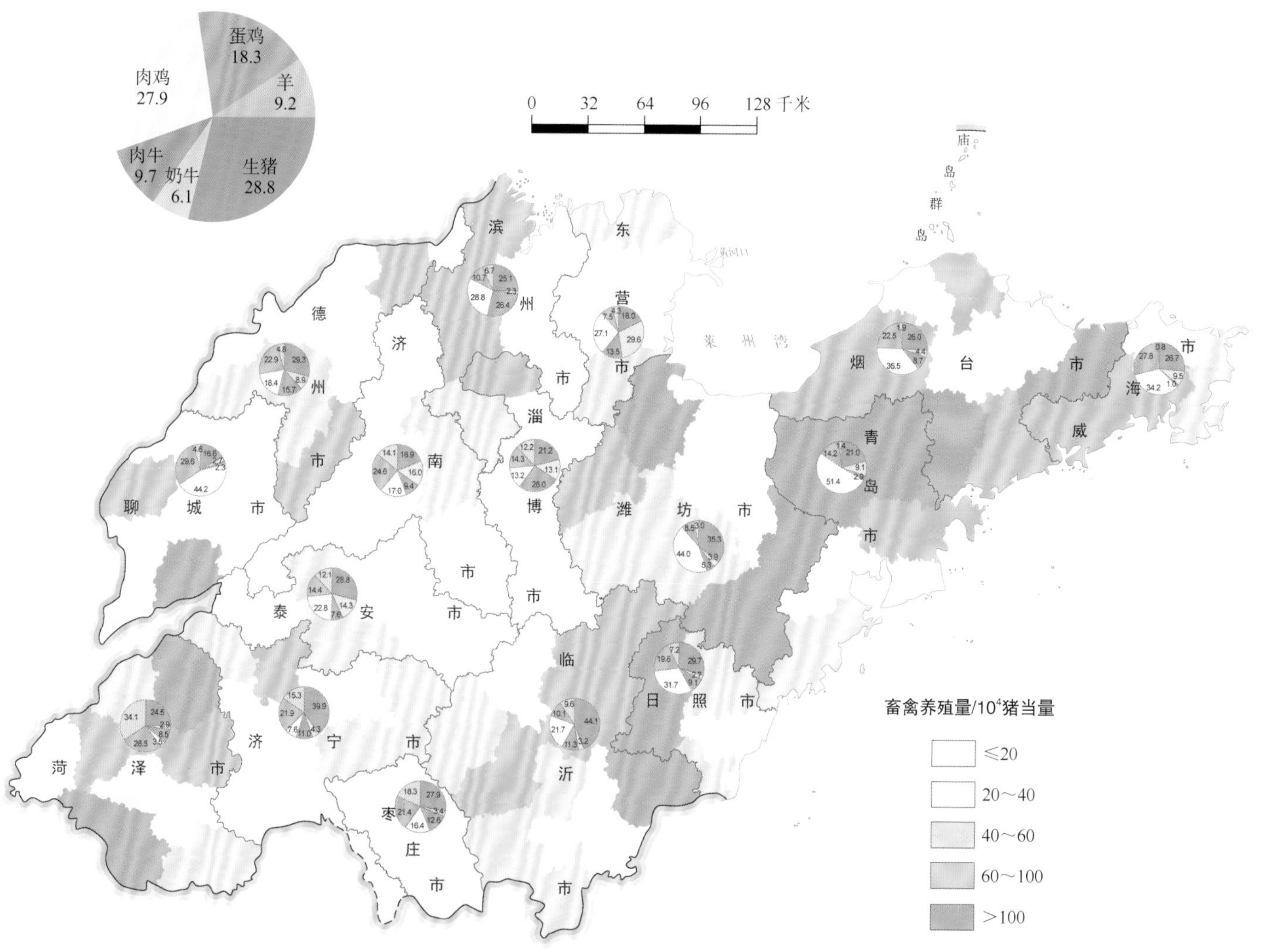

2017年山东省各县（区）畜禽养殖分布图

1.17 河南省畜禽养殖分布

河南省将畜牧业作为农业结构调整的优先领域，将畜牧业高质量发展纳入乡村振兴考核范围，完善政策、加大投入，推进畜牧业高质量发展。对畜牧业生产基地建设、科研攻关给予重点支持，将畜牧业纳入省级现代农业产业园、兴村强镇等创建扶持范围。2017年河南省总的畜禽养殖量为4 976.1万头猪当量，占全国的6.9%；主要分布在南阳市、周口市、驻马店市和开封市，其畜禽养殖量分别为769.8万头、505.4万头、488.1万头和413.0万头猪当量，共占全省畜禽养殖量的43.7%；全省养殖畜种主要以生猪为主，占比为41.0%；其次为肉牛，占比为21.0%。2017年河南省各县（区）畜禽养殖分布见下图。

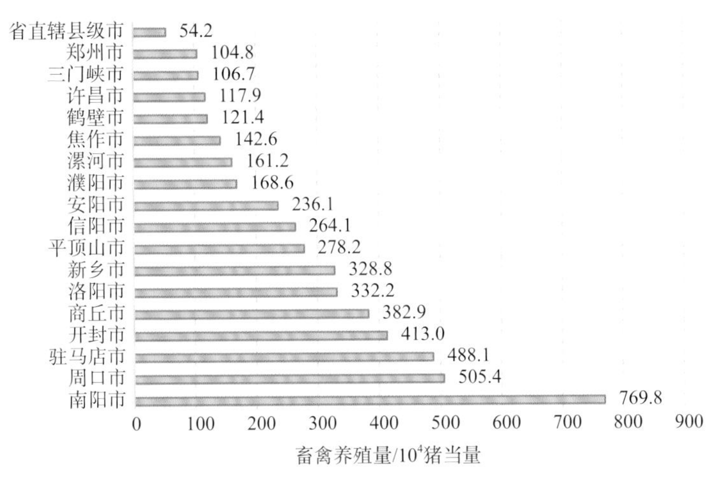

2017年河南省各市畜禽养殖量

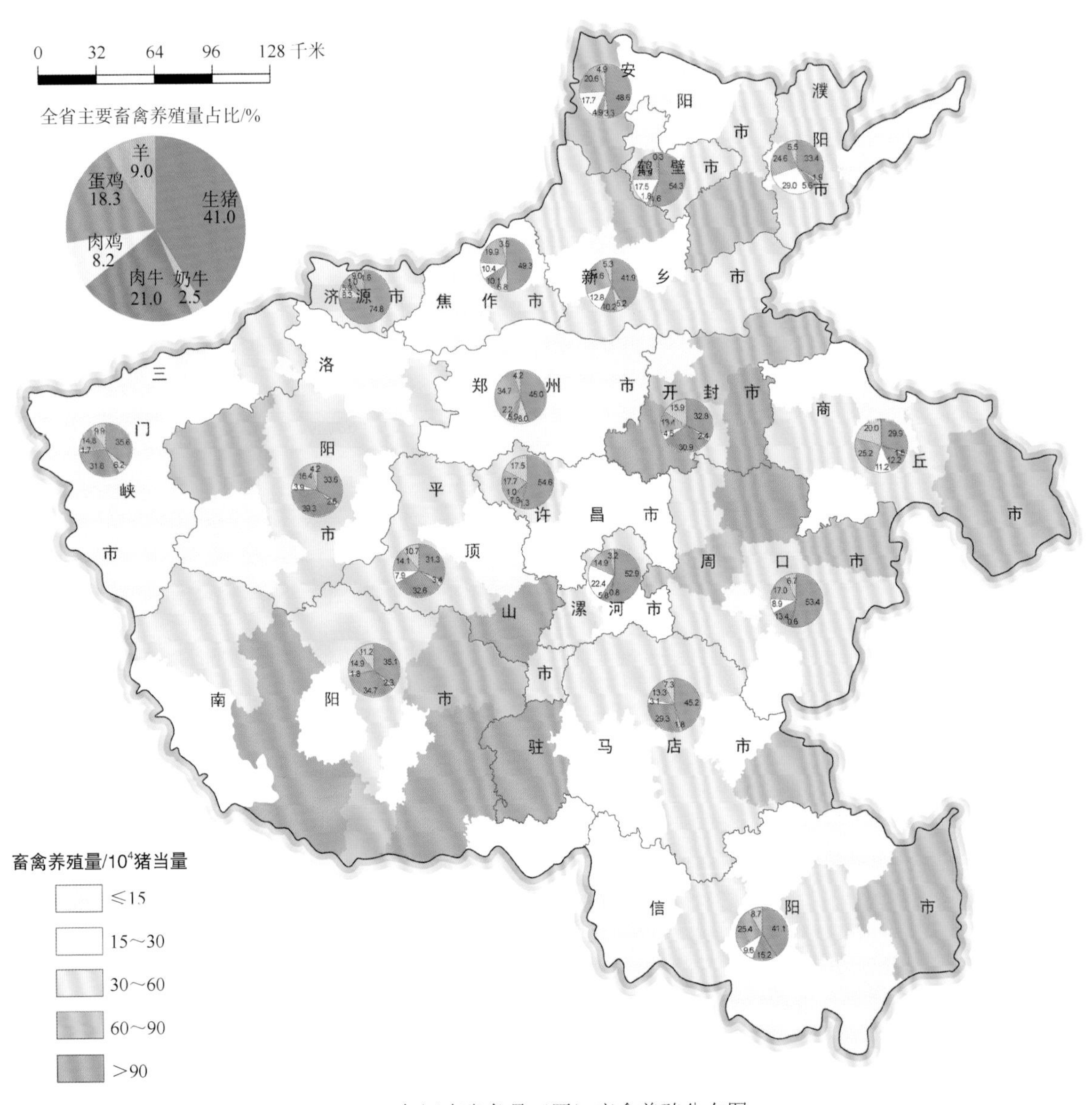

2017年河南省各县（区）畜禽养殖分布图

1.18　湖北省畜禽养殖分布

湖北省根据区域资源承载能力，围绕生猪、肉禽、蛋禽、肉牛、肉羊、奶牛六个畜禽板块，按照高质量发展和全产业链思路，从农牧结合、生态养殖等环节构建现代畜牧业产业体系、生产体系和经营体系，促进各类生产要素向宜养区、优势区集聚，进一步调整和优化产业链区域布局。2017年湖北省总的畜禽养殖量为3 328.6万头猪当量，占全国的4.6%；主要分布在襄阳市、黄冈市、宜昌市和恩施土家族苗族自治州四市（州），其畜禽养殖量分别为464.6万头、439.3万头、353.0万头和334.0万头猪当量，共占全省畜禽养殖量的47.8%；全省养殖畜种主要以生猪为主，占比为50.3%。2017年湖北省各县（区）畜禽养殖分布见下图。

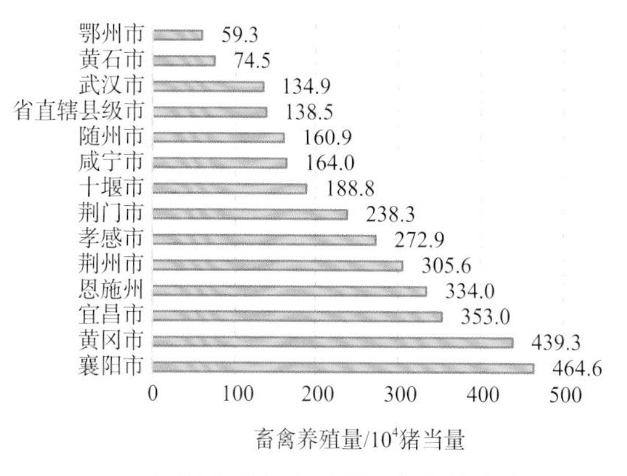

2017年湖北省各市（州）畜禽养殖量

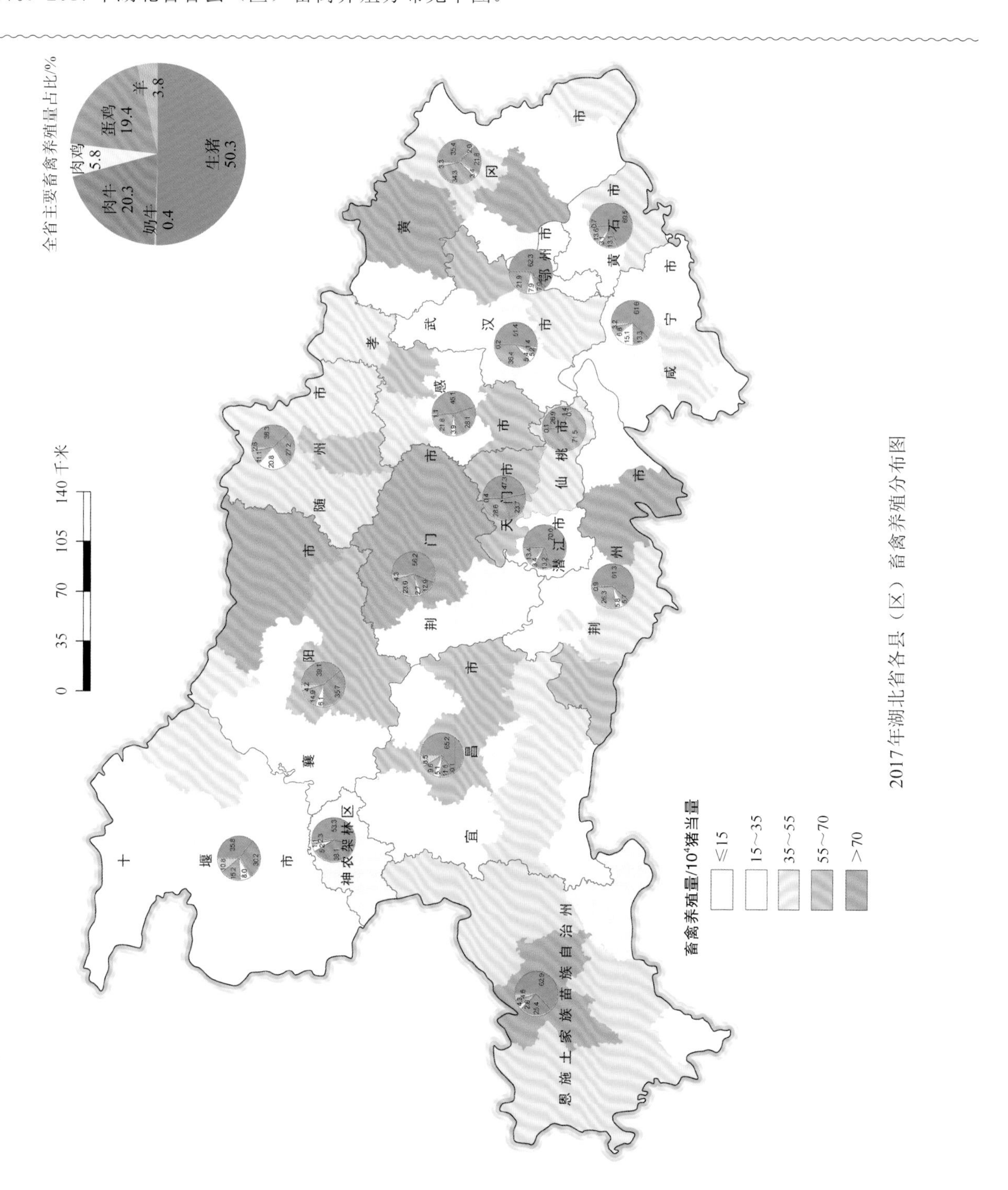

2017年湖北省各县（区）畜禽养殖分布图

1.19 湖南省畜禽养殖分布

湖南省调整优化畜牧业区域布局和产业结构，推进“优质湘猪工程”和特色畜禽产业集群发展。“优质湘猪工程”重点发展湘南外向型优质猪肉供应区、长株潭地方优质猪养殖和肉类精深加工区、洞庭湖现代农牧循环示范区、湘中湘西现代生态养殖示范区。以优势牛羊产业区和奶业主产区为重点，开展粮改饲，建设优质饲草饲料种植加工基地。2017年湖南省总的畜禽养殖量为3 977.4万头猪当量，占全国的5.5%；主要分布在永州市、常德市、邵阳市和衡阳市四市，畜禽养殖量分别为448.4万头、437.1万头、414.0万头和410.8万头猪当量，分别占全省畜禽养殖量的11.3%、11.0%、10.4%及10.3%。全省养殖畜种主要以生猪为主，占比高达60.7%。2017年湖南省各县（区）畜禽养殖分布见下图。

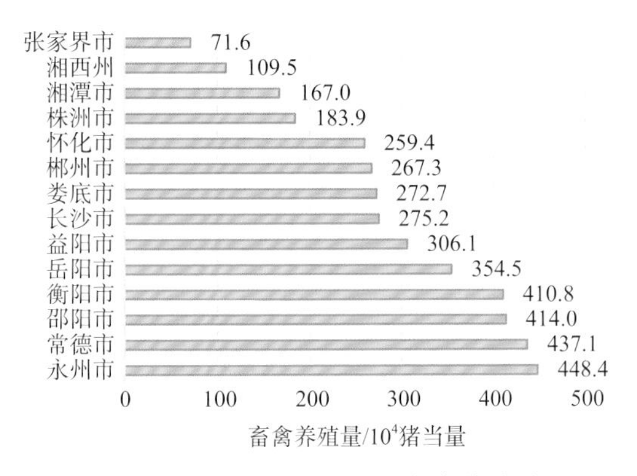

2017年湖南省各市（州）畜禽养殖量

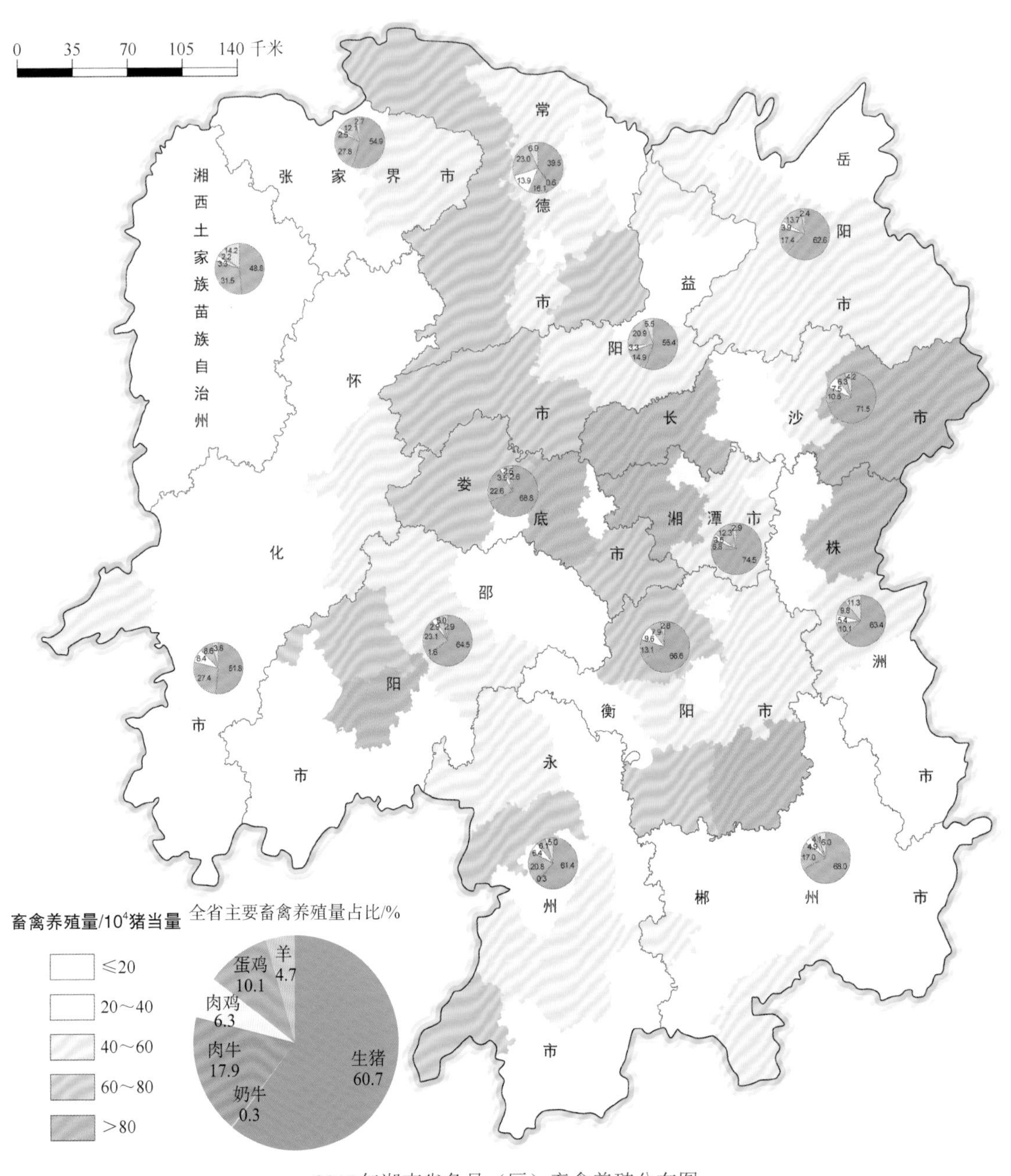

2017年湖南省各县（区）畜禽养殖分布图

1.20　广东省畜禽养殖分布

广东省将生猪、家禽产业发展规划与国土空间规划相衔接，将畜禽业用地纳入国土空间规划，保障畜禽业用地需求。鼓励利用低丘缓坡、荒山荒坡、灌草丛地等建设标准化规模养殖场。2017年广东省总的畜禽养殖量为2 493.5万头猪当量，占全国的3.5%；主要分布在茂名市、江门市、清远市、湛江市四市，畜禽养殖量分别为298.1万头、291.9万头、246.3万头和224.7万头猪当量，全省养殖畜种主要以生猪为主，占比高达65.7%；其次为肉鸡，占比为21.4%。2017年广东省各县（区）畜禽养殖分布见下图。

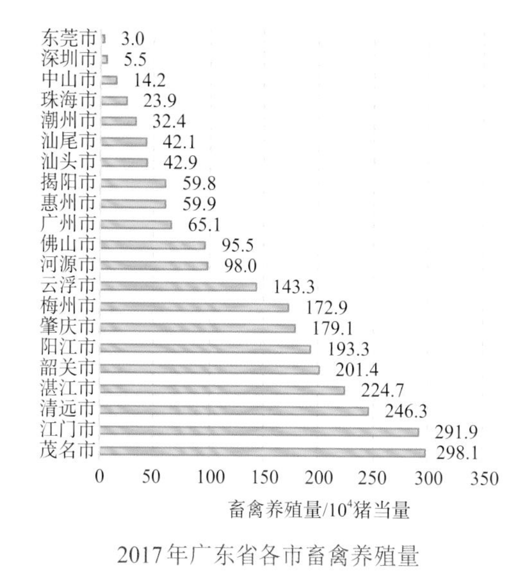

2017年广东省各市畜禽养殖量

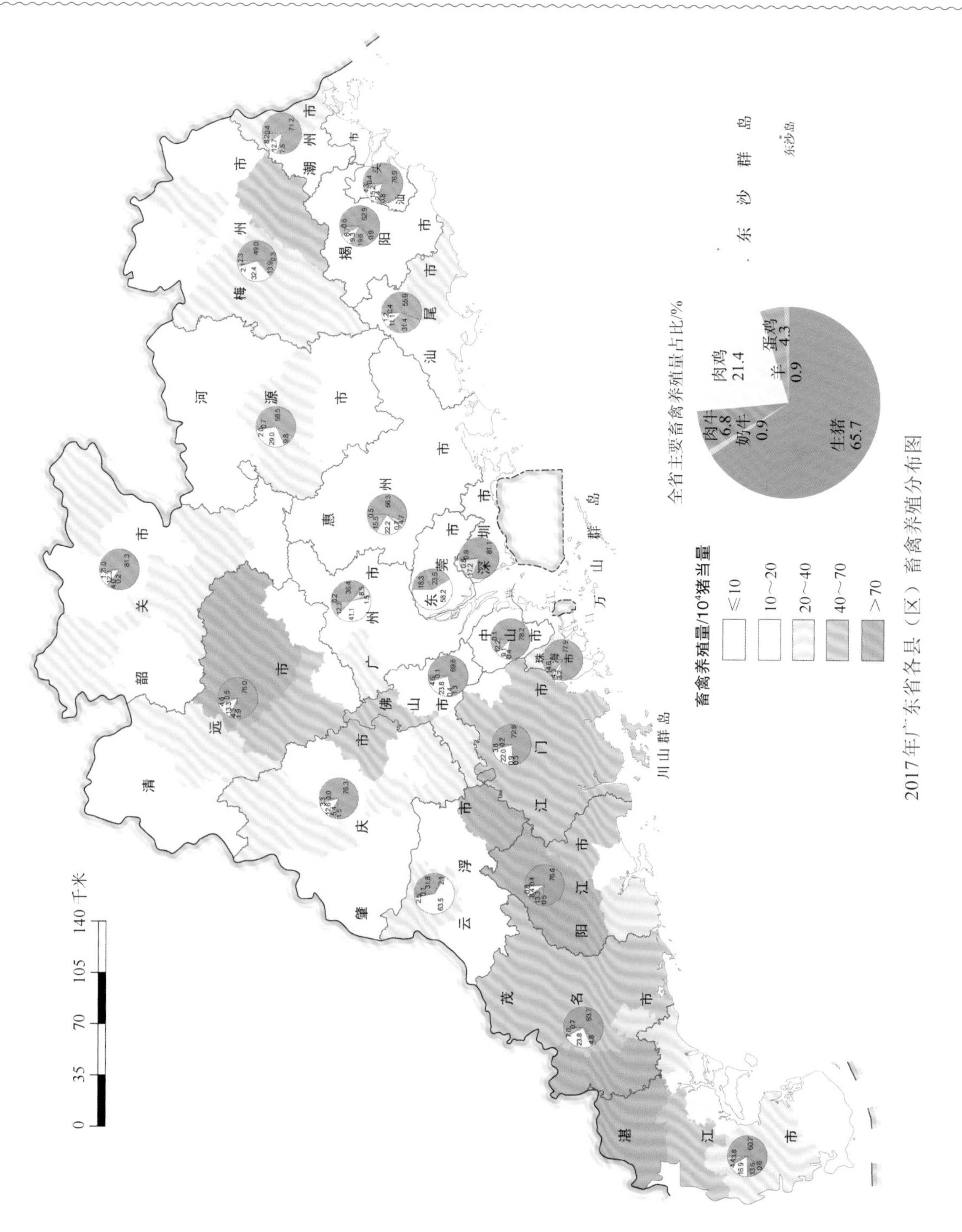

2017年广东省各县（区）畜禽养殖分布图

1.21 广西壮族自治区畜禽养殖分布

广西壮族自治区是全国畜禽养殖大省和华南地区重要畜禽产品生产供给地，近年来大力深入实施绿色发展战略，全面推进畜禽现代生态养殖。2017年广西壮族自治区总的畜禽养殖量为2 999.4万头猪当量，占全国的4.2%；主要分布在玉林市、南宁市、桂林市和贵港市四市，畜禽养殖量分别为450.7万头、411.7万头、362.4万头和282.8万头猪当量，分别占全自治区畜禽养殖量的15.0%、13.7%、12.1%及9.4%。全自治区养殖畜种主要以生猪为主，占比为45.9%；其次为肉牛，占比为29.4%。2017年广西壮族自治区各县（区）畜禽养殖分布见下图。

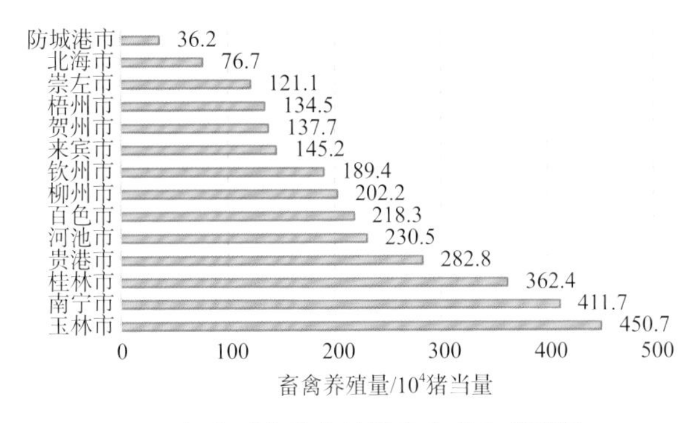

2017年广西壮族自治区各市畜禽养殖量

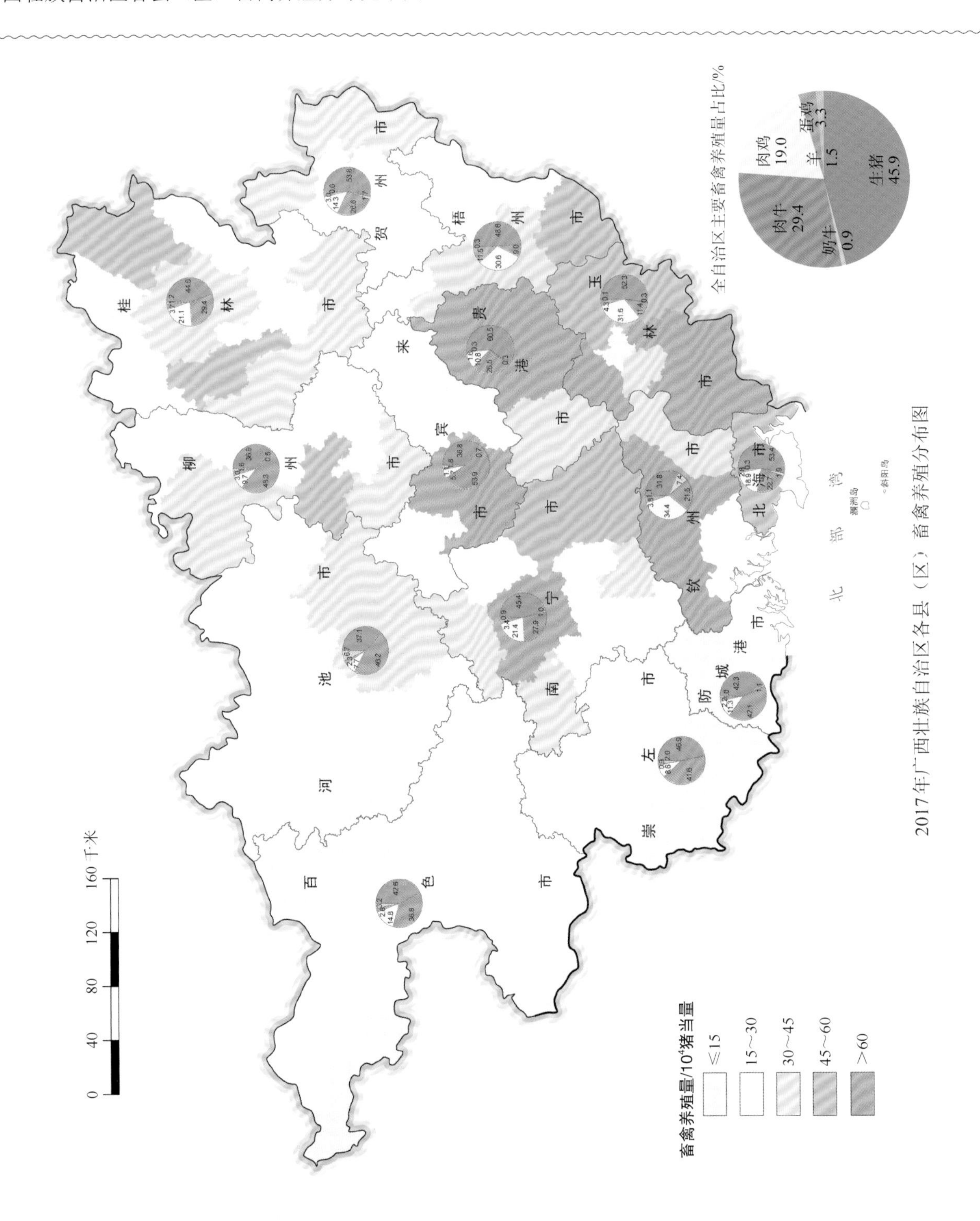

2017年广西壮族自治区各县（区）畜禽养殖分布图

1.22 海南省畜禽养殖分布

海南省支持畜牧业差异化特色化发展。完善具有中国特色的畜禽遗传资源保护利用体系，促进优势特色畜牧业发展。以质量兴牧、品牌强牧为重点，研究谋划畜产品品牌推介活动，通过畜博会等展会，搞好品牌营销。2017年海南省总的畜禽养殖量为457.4万头猪当量，占全国的0.6%；省直辖县级市畜禽养殖量为340.9万头猪当量，占全省74.5%，其次是海口市和儋州市，分别占全省畜禽养殖量的12.1%和10.3%。全省养殖畜种主要以生猪为主，占比为46.7%；其次为肉牛，占比为28.9%。2017年海南省各县（区）畜禽养殖分布见下图。

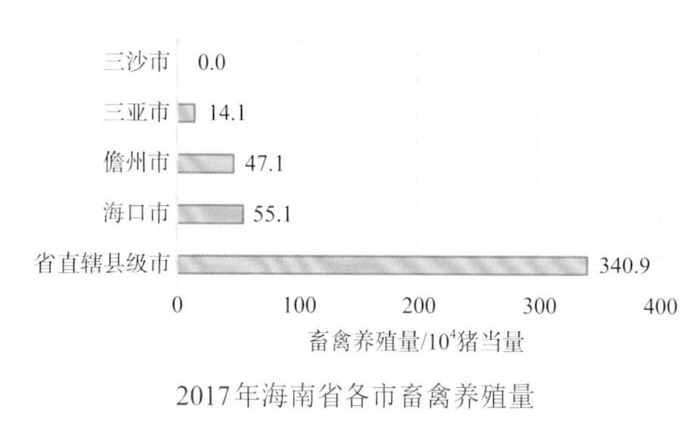

2017年海南省各市畜禽养殖量

全省主要畜禽养殖量占比/%

肉牛 28.9
肉鸡 15.3
蛋鸡 5.1
羊 3.9
奶牛 0.1
生猪 46.7

畜禽养殖量/10^4猪当量

≤10
10～20
20～30
30～40
>40

2017年海南省各县（区）畜禽养殖分布图

1.23 重庆市畜禽养殖分布

重庆市因地制宜发展畜禽规模化养殖，帮扶中小养殖户发展。建设国家优质商品猪战略保障基地，建成年出栏100万头以上的生猪产业集群和优势特色畜禽产业集群，打造以生猪为重点的现代畜牧业产业带，大力培育畜禽稳产保供企业。2017年重庆市总的畜禽养殖量为1 395.5万头猪当量，占全国的1.9%；全市养殖分布较为分散，其中云阳县、酉阳土家族苗族自治县和万州区养殖量分别为78.4万头、75.4万头和71.4万头猪当量，分别占全市畜禽养殖量的5.6%、5.4%和5.1%。全市养殖畜种主要以生猪为主，占比为57.2%；其次为肉牛，占比为21.2%。2017年重庆市各县（区）畜禽养殖分布见下图。

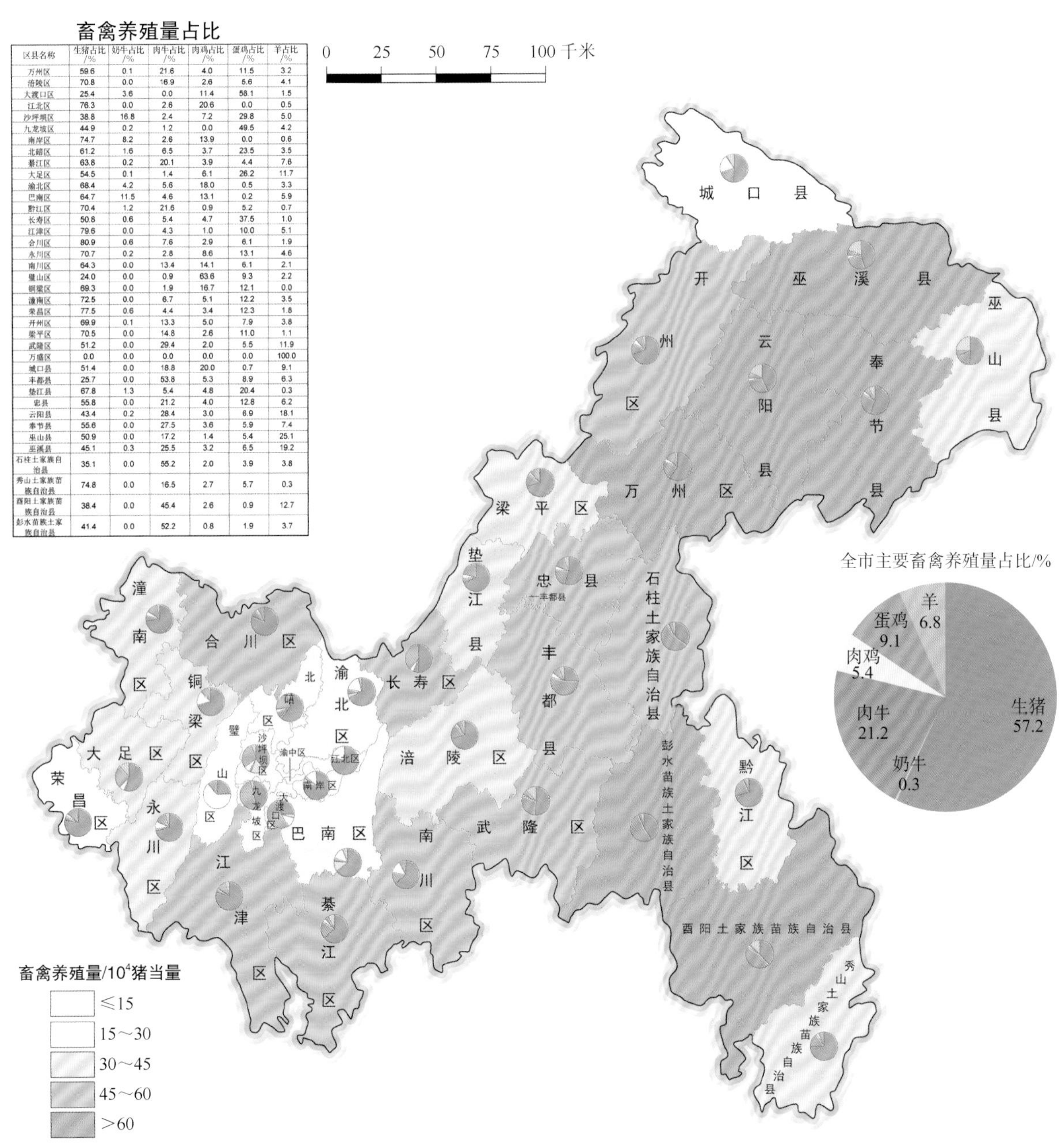

畜禽养殖量占比

区县名称	生猪占比/%	奶牛占比/%	肉牛占比/%	肉鸡占比/%	蛋鸡占比/%	羊占比/%
万州区	59.6	0.1	21.6	4.0	11.5	3.2
涪陵区	70.8	0.0	16.9	2.6	5.6	4.1
大渡口区	25.4	3.6	0.0	11.4	58.1	1.5
江北区	76.3	0.0	2.6	20.6	0.0	0.5
沙坪坝区	38.8	16.8	2.4	7.2	29.8	5.0
九龙坡区	44.9	0.2	1.2	0.0	49.5	4.2
南岸区	74.7	8.2	2.6	13.9	0.0	0.6
北碚区	61.2	1.6	6.5	3.7	23.5	3.5
綦江区	63.8	0.2	20.1	3.9	4.4	7.6
大足区	54.5	0.1	1.4	6.1	26.2	11.7
渝北区	68.4	4.2	5.6	18.0	0.5	3.3
巴南区	64.7	11.5	4.6	13.1	0.2	5.9
黔江区	70.4	1.2	21.6	0.9	5.2	0.7
长寿区	50.8	0.6	5.4	4.7	37.5	1.0
江津区	79.6	0.0	4.3	1.0	10.0	5.1
合川区	80.9	0.6	7.6	2.9	6.1	1.9
永川区	70.7	0.2	2.8	8.6	13.1	4.6
南川区	64.3	0.0	13.4	14.1	6.1	2.1
璧山区	24.0	0.0	0.9	63.6	9.3	2.2
铜梁区	69.3	0.0	1.9	16.7	12.1	0.0
潼南区	72.5	0.0	6.7	5.1	12.2	3.5
荣昌区	77.5	0.6	4.4	3.4	12.3	1.8
开州区	69.9	0.1	13.3	5.0	7.9	3.8
梁平区	70.5	0.0	14.8	2.6	11.0	1.1
武隆区	51.2	0.0	29.4	2.0	5.5	11.9
万盛区	0.0	0.0	0.0	0.0	0.0	100.0
城口县	51.4	0.0	18.8	20.0	0.7	9.1
丰都县	25.7	0.0	53.8	5.3	8.9	6.3
垫江县	67.8	1.3	5.4	4.8	20.4	0.3
忠县	55.8	0.0	21.2	4.0	12.8	6.2
云阳县	43.4	0.2	28.4	3.0	6.9	18.1
奉节县	55.6	0.0	27.5	3.6	5.9	7.4
巫山县	50.9	0.0	17.2	1.4	5.4	25.1
巫溪县	45.1	0.3	25.5	3.2	6.5	19.2
石柱土家族自治县	35.1	0.0	55.2	2.0	3.9	3.8
秀山土家族苗族自治县	74.8	0.0	16.5	2.7	5.7	0.3
酉阳土家族苗族自治县	38.4	0.0	45.4	2.6	0.9	12.7
彭水苗族土家族自治县	41.4	0.0	52.2	0.8	1.9	3.7

2017年重庆市各县（区）畜禽养殖分布图

1.24　四川省畜禽养殖分布

四川省坚持绿色发展导向，因地制宜发展适宜性畜牧业，宜牧则牧、宜草则草。调整完善县域畜牧业发展规划和区域布局，明确养殖总量和具体区域位置，高寒牧区草地（湿地）要重点引导调控畜牧业生产量，逐步消除超载过牧，提高畜牧生产发展与资源环境的匹配度。2017年四川省总的畜禽养殖量为4 475.0万头猪当量，占全国的6.2%；主要分布于凉山彝族自治州、成都市、南充市、绵阳市及达州市五市（州），畜禽养殖量分别为480.7万头、389.9万头、356.5万头、302.1万头和301.7万头猪当量，共占全省畜禽养殖量的40.9%。全省养殖畜种主要以生猪为主，占全省畜种养殖量的59.0%。2017年四川省各县（区）畜禽养殖分布见下图。

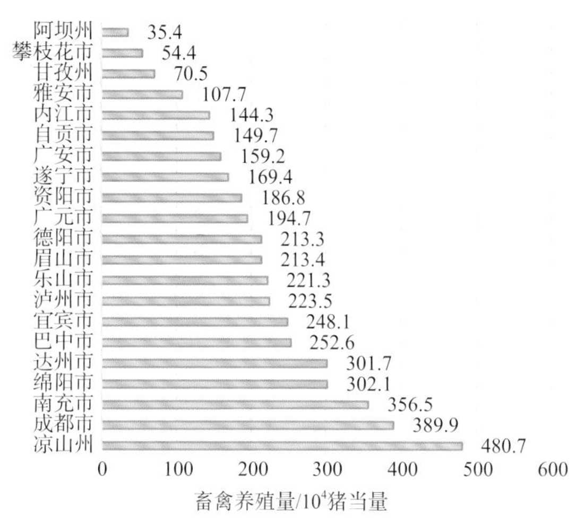

2017年四川省各市（州）畜禽养殖量

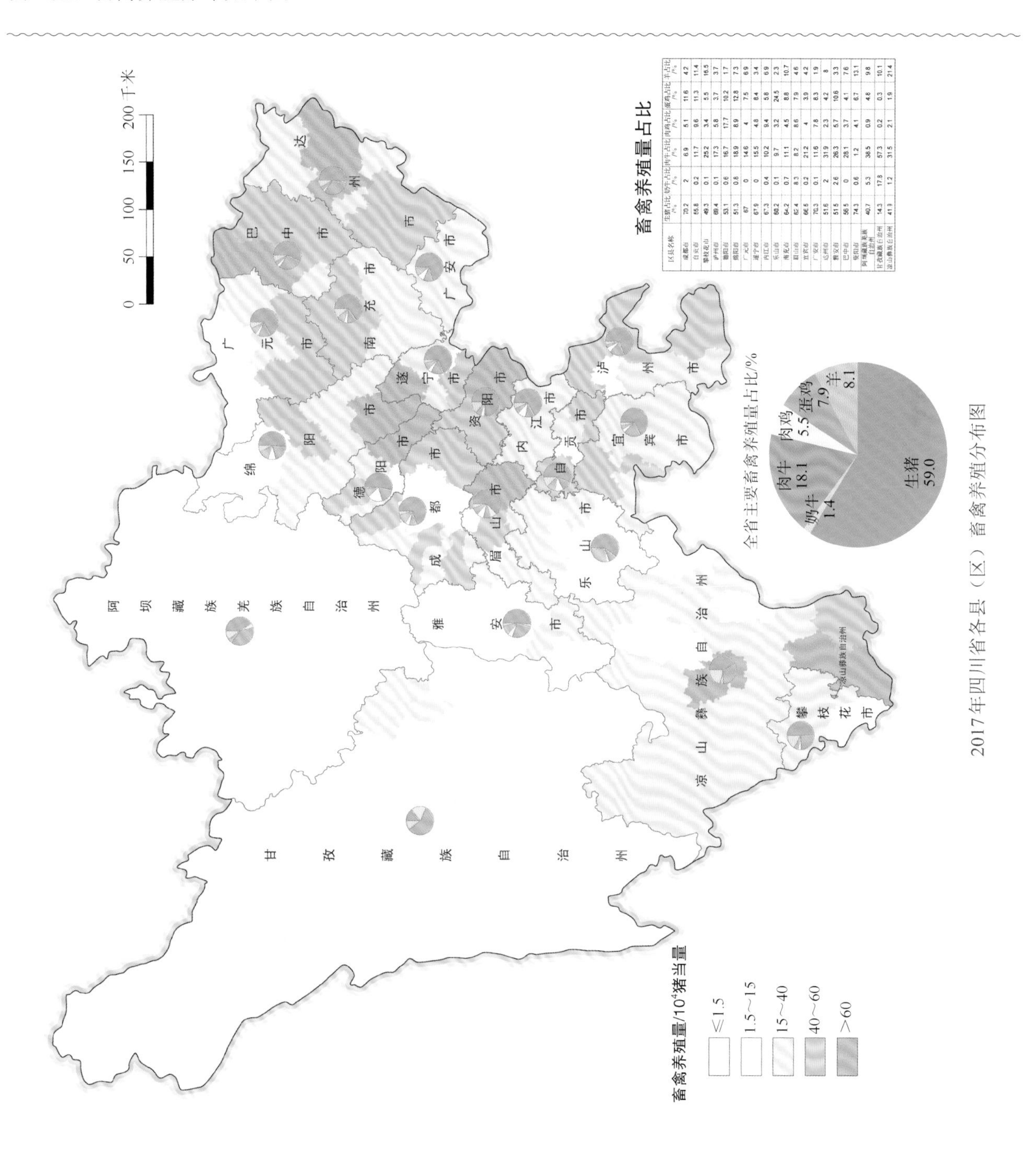

区县名称	生猪占比/%	奶牛占比/%	肉牛占比/%	肉鸡占比/%	蛋鸡占比/%	羊占比/%
成都市	70.2	2	6.9	5.1	11.6	4.2
自贡市	55.8	0.2	11.7	9.6	11.3	11.4
攀枝花市	49.3	0.1	25.2	3.4	5.5	16.5
泸州市	69.4	0.1	17.3	5.8	3.7	3.7
德阳市	53.1	0.6	16.7	17.7	10.2	1.7
绵阳市	51.3	0.8	18.9	8.9	12.8	7.3
广元市	67	0	14.6	4	7.5	6.9
遂宁市	67.9	0	15.5	4.8	8.4	3.4
内江市	67.3	0.4	10.2	9.4	5.8	6.9
乐山市	60.2	0.1	9.7	3.2	24.5	2.3
南充市	64.2	0.7	11.1	4.5	8.8	10.7
眉山市	62.4	8.3	8.2	8.6	7.9	4.6
宜宾市	66.5	0.2	21.2	4	3.9	4.2
广安市	70.3	0.1	11.6	7.8	8.3	1.9
达州市	51.6	2	31.9	2.3	4.2	8
雅安市	51.5	2.6	26.3	5.7	10.6	3.3
巴中市	56.5	0	28.1	3.7	4.1	7.6
资阳市	74.3	0.6	1.2	4.1	6.7	13.1
阿坝藏族羌族自治州	40.7	5.3	38.5	0.9	4.8	9.8
甘孜藏族自治州	14.3	17.8	57.3	0.2	0.3	10.1
凉山彝族自治州	41.9	1.2	31.5	2.1	1.9	21.4

2017年四川省各县（区）畜禽养殖分布图

1.25 贵州省畜禽养殖分布

贵州省落实畜牧业稳健发展的政策措施，完善落实生猪生产逆周期调控机制，大力提升牛羊生产供给能力，优化家禽产业结构。2017年贵州省总的畜禽养殖量为1 956.2万头猪当量，占全国的2.7%；主要分布于遵义市和毕节市两市，其畜禽养殖量分别为430.8万头和333.6万头猪当量，分别占全省畜禽养殖量的22.0%和17.1%。全省养殖畜种主要以生猪和肉牛为主，分别占全省养殖量的47.9%和38.8%。2017年贵州省各县（区）畜禽养殖分布见下图。

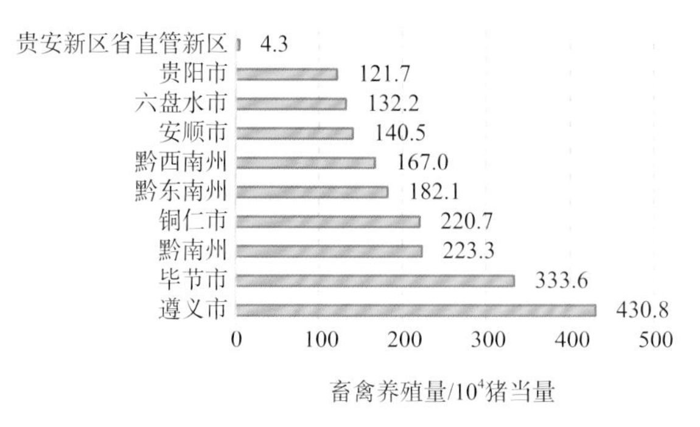

2017年贵州省各市（州、区）畜禽养殖量

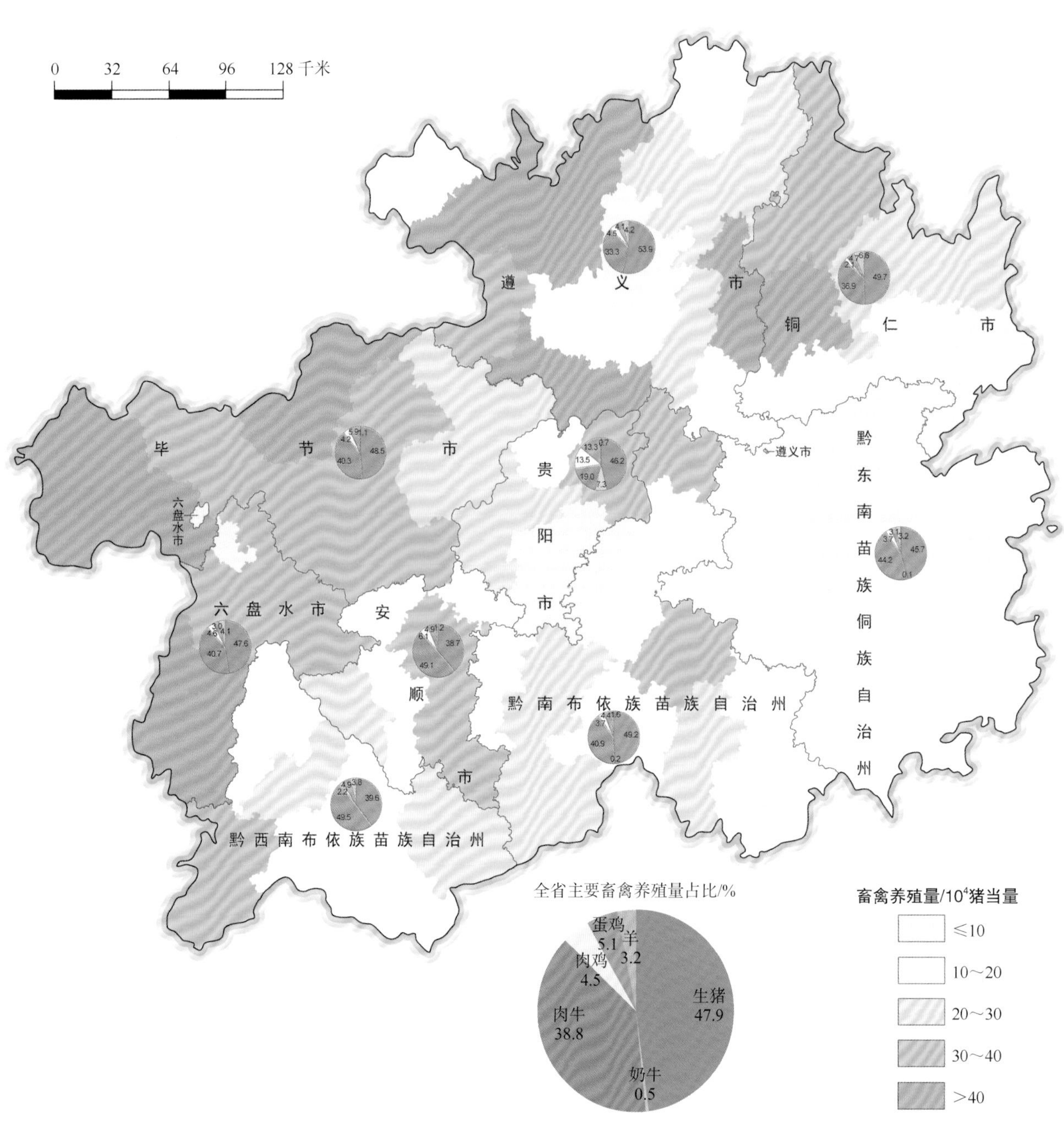

2017年贵州省各县（区）畜禽养殖分布图

1.26 云南省畜禽养殖分布

云南省以稳定生猪、发展牛羊、拓展家禽为着力点，优化区域布局和要素组合，促进畜牧业结构调整，加快建成产出高效、产品安全、资源节约、环境友好的现代畜牧业，实现由畜牧业大省向畜牧业强省转变。2017年云南省总的畜禽养殖量为5 050.3万头猪当量，占全国的7.0%；主要分布于曲靖市、红河哈尼族彝族自治州、文山壮族苗族自治州和昆明市，其畜禽养殖量分别为1 074.3万头、500.9万头、480.4万头和477.5万头猪当量，共占全省畜禽养殖量的50.2%。全省养殖畜种主要以肉牛和生猪为主，分别占到全省养殖量的43.5%和39.7%。2017年云南省各县（区）畜禽养殖分布见下图。

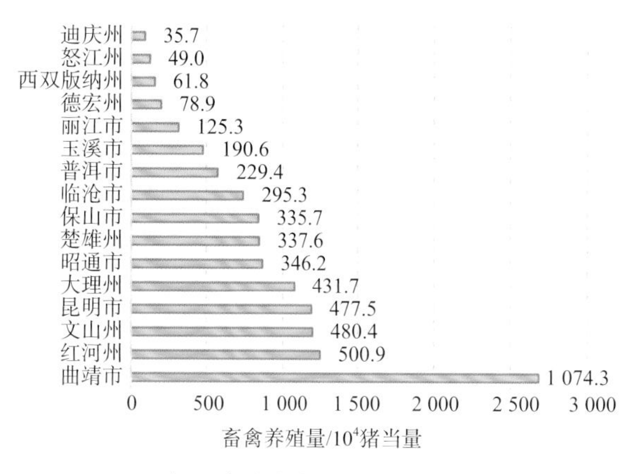

2017年云南省各市（州）畜禽养殖量

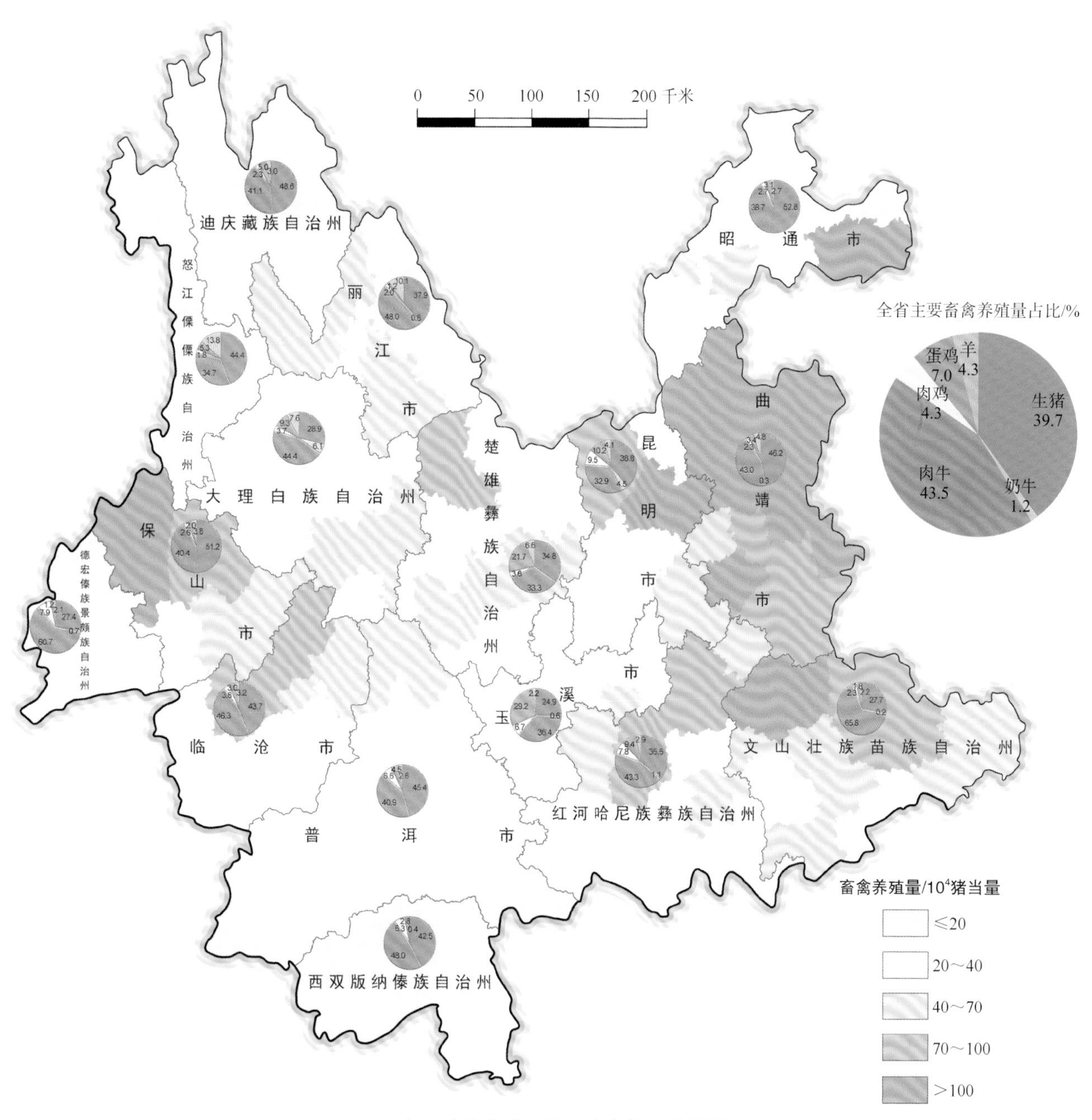

2017年云南省各县（区）畜禽养殖分布图

1.27 西藏自治区畜禽养殖分布

西藏自治区按照各地不同自然资源条件、产业基础及发展潜力，依托主导品种，打造五个畜牧业优势产区，把藏西北建设成生态保护区和特色畜牧业核心区，配套建设饲草料供应基地，落实好畜牧业“提质增效”行动。2017年西藏自治区总的畜禽养殖量为386.9万头猪当量，占全国的0.5%；主要分布于山南市和日喀则市，其畜禽养殖量分别为111.7万头和101.2万头猪当量，分别占全区畜禽养殖量的28.9%和26.2%。全区养殖畜种主要以奶牛和肉牛为主，分别占到全区养殖量的43.3%和40.1%。2017年西藏自治区各县（区）畜禽养殖分布见下图。

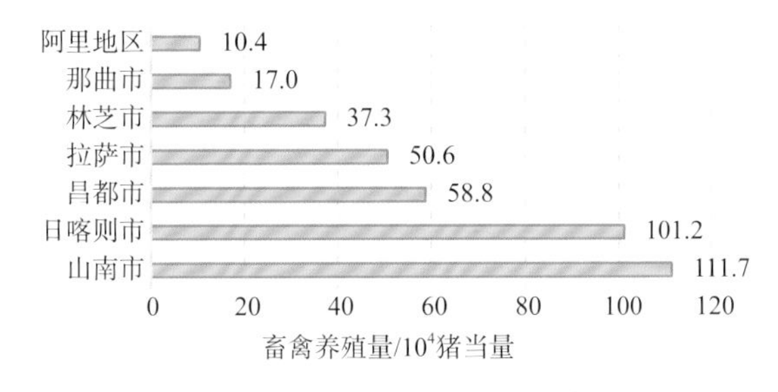

2017年西藏自治区各市（区）畜禽养殖量

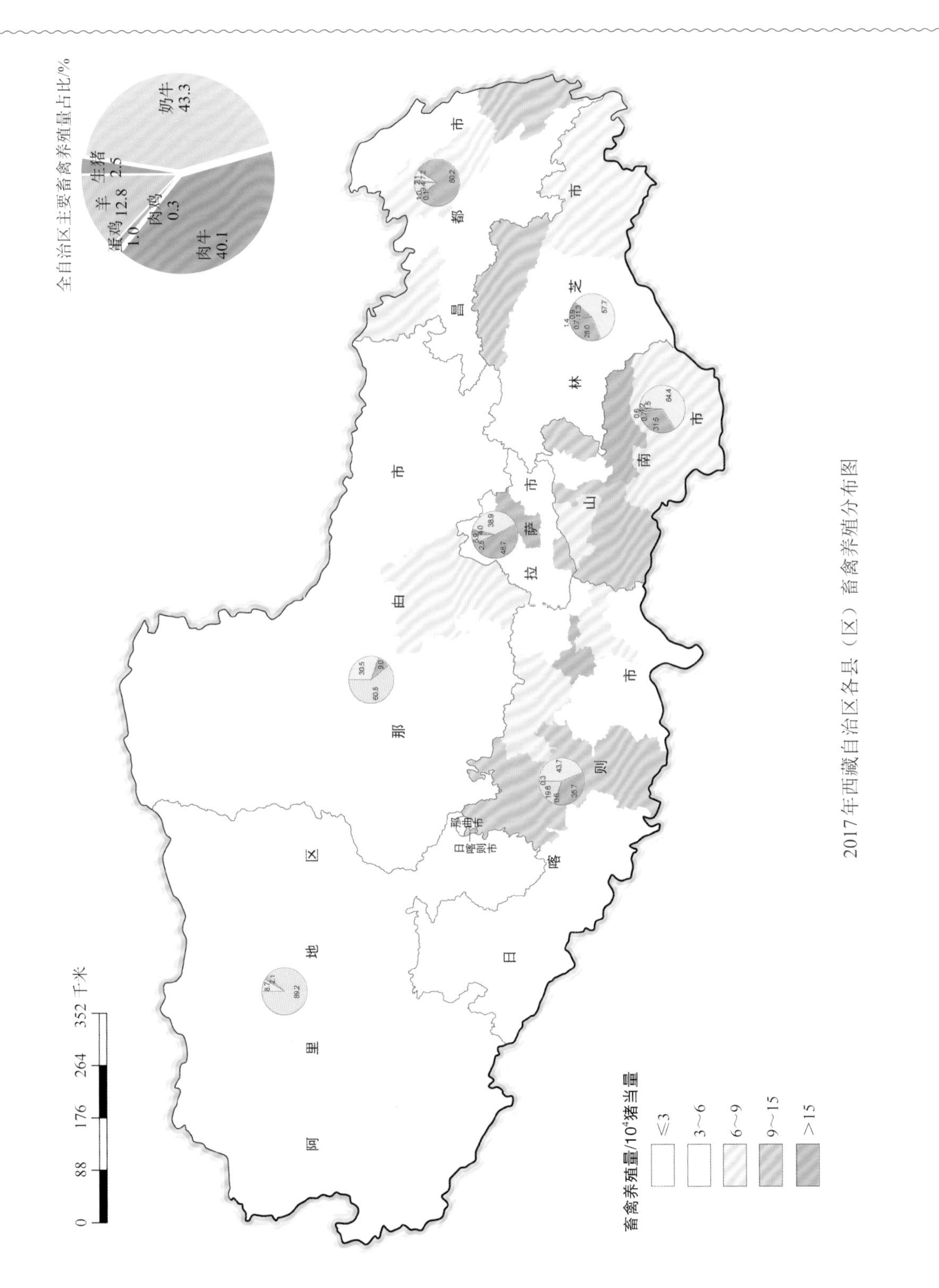

2017年西藏自治区各县（区）畜禽养殖分布图

1.28　陕西省畜禽养殖分布

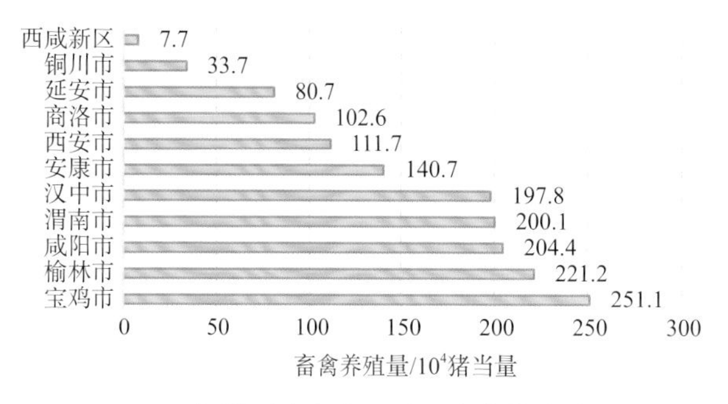

2017年陕西省各市（区）畜禽养殖量

陕西省统筹种养规模和资源环境承载力，按照“稳定生猪、奶牛和家禽，加快发展肉牛、肉羊和奶山羊”的思路，推进标准化、规模化、集约化养殖。2017年陕西省总的养殖量为1 551.7万头猪当量，占全国的2.2%；主要分布于宝鸡市、榆林市、咸阳市、渭南市和汉中市五市，其畜禽养殖量分别为251.1万头、221.2万头、204.4万头、200.1万头和197.8万头猪当量，分别占全省畜禽养殖量的16.2%、14.3%、13.2%、12.9%和12.8%。全省养殖畜种主要以生猪为主，占比为38.1%；其次为蛋鸡，占比为21.5%。2017年陕西省各县（区）畜禽养殖分布见下图。

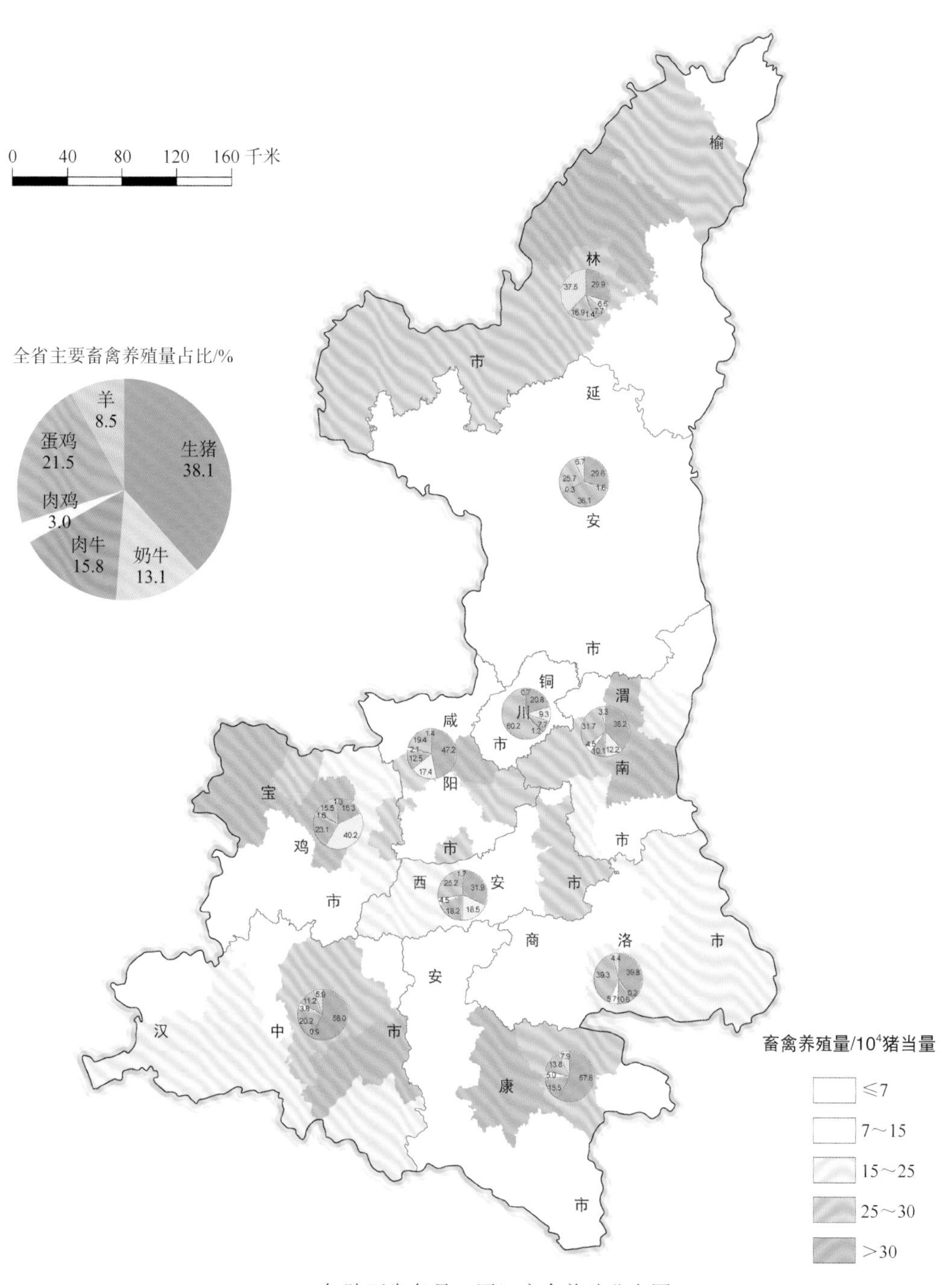

2017年陕西省各县（区）畜禽养殖分布图

1.29 甘肃省畜禽养殖分布

甘肃省持续调整优化畜牧业布局，突出牛、羊、猪、鸡、奶、草六大产业，打造聚集度高、规模大、各具特色的优势产业集群。构建中部、河西走廊和陇东南三个500万头生猪产业带。构建以渭源等十个县为主的蛋鸡生产基地和镇原等五个县为主的肉鸡生产基地。2017年甘肃省总的畜禽养殖量为1 725.6万头猪当量，占全国的2.4%；主要分布于甘南藏族自治州、武威市、临夏回族自治州、天水市和张掖市，其畜禽养殖量分别为211.7万头、185.3万头、178.3万头、163.2万头和157.9万头猪当量，分别占全省畜禽养殖量的12.3%、10.7%、10.3%、9.5%和9.2%。全省养殖畜种主要以肉牛为主，占比为39.2%。2017年甘肃省各县（区）畜禽养殖分布见下图。

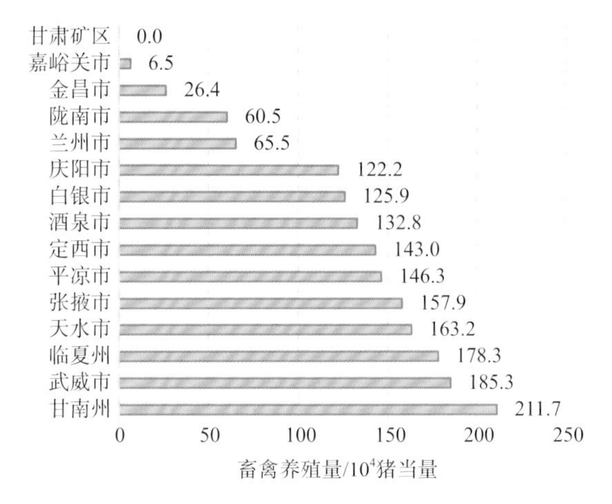

2017年甘肃省各市（州、区）畜禽养殖量

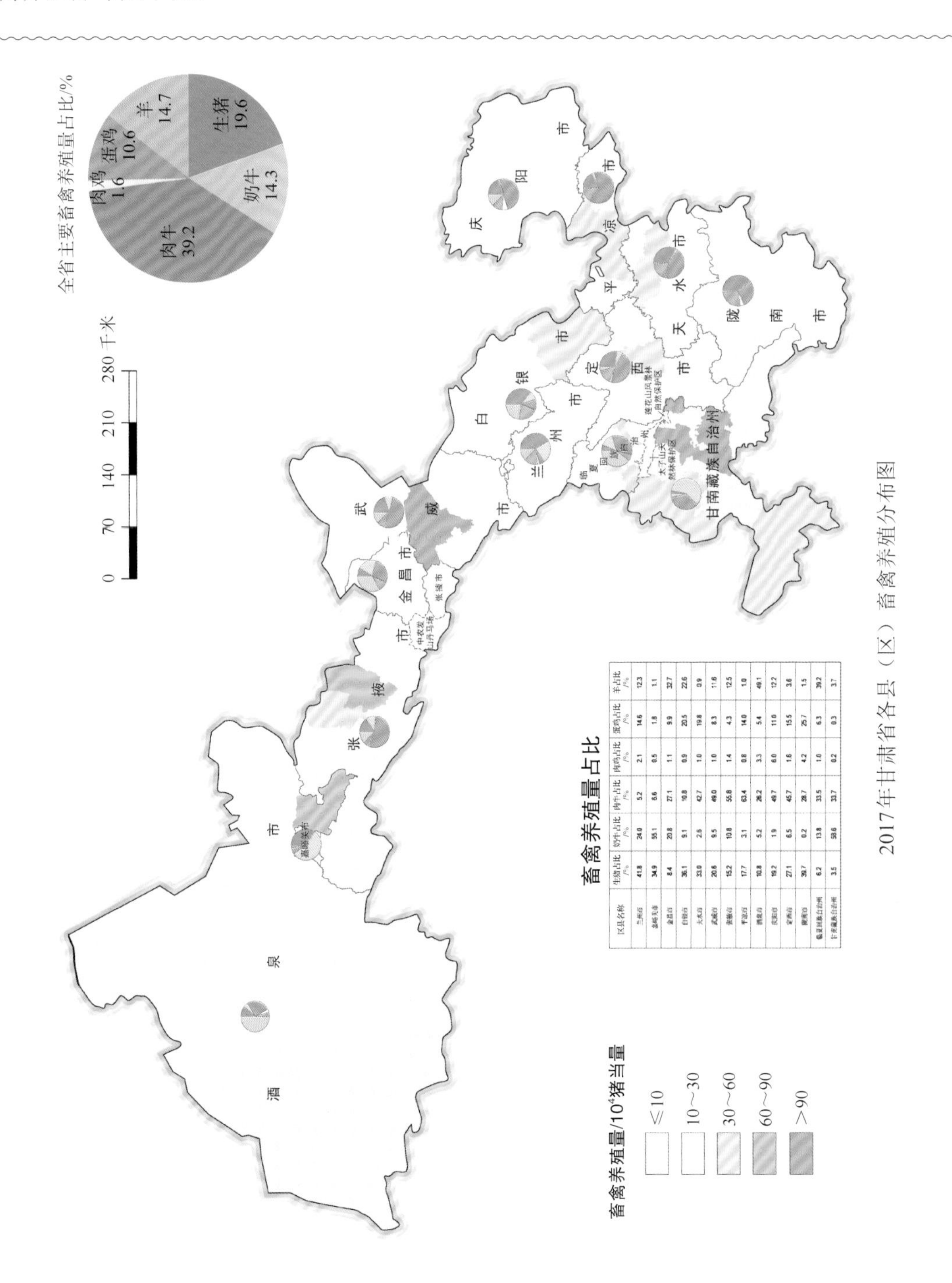

畜禽养殖量占比

区县名称	生猪占比/%	奶牛占比/%	肉牛占比/%	肉鸡占比/%	蛋鸡占比/%	羊占比/%
兰州市	41.8	24.0	5.2	2.1	14.6	12.3
嘉峪关市	34.9	55.1	6.6	0.5	1.8	1.1
金昌市	8.4	20.8	27.1	1.1	9.9	32.7
白银市	36.1	9.1	10.8	0.9	20.5	22.6
天水市	33.0	2.6	42.7	1.0	19.8	0.9
武威市	20.6	9.5	49.0	1.0	8.3	11.6
张掖市	15.2	10.8	55.8	1.4	4.3	12.5
平凉市	17.7	3.1	63.4	0.8	14.0	1.0
酒泉市	10.8	5.2	26.2	3.3	5.4	49.1
庆阳市	19.2	1.9	49.7	6.0	11.0	12.2
定西市	27.1	6.5	45.7	1.6	15.5	3.6
陇南市	39.7	0.2	28.7	4.2	25.7	1.5
临夏回族自治州	6.2	13.8	33.5	1.0	6.3	39.2
甘南藏族自治州	3.5	58.6	33.7	0.2	0.3	3.7

2017年甘肃省各县（区）畜禽养殖分布图

1.30　青海省畜禽养殖分布

青海省优化区域布局，调整产业结构。充分发挥区域优势和高原、绿色、无污染等特色资源优势，更加凸显青海高原特色。重点发展特色农畜产品加工，以县为单元建设加工基地，以乡村为单元建设原料基地和初加工基地。2017年青海省总的畜禽养殖量为487.1万头猪当量，占全国的0.7%；主要分布于西宁市，其畜禽养殖量为227.0万头猪当量，占全省畜禽养殖量高达46.6%；其次是海东市，畜禽养殖量为130.5万头猪当量，占全省26.8%。全省养殖畜种主要以奶牛和肉牛为主，分别占全省养殖量的44.4%和31.4%。2017年青海省各县（区）畜禽养殖分布见下图。

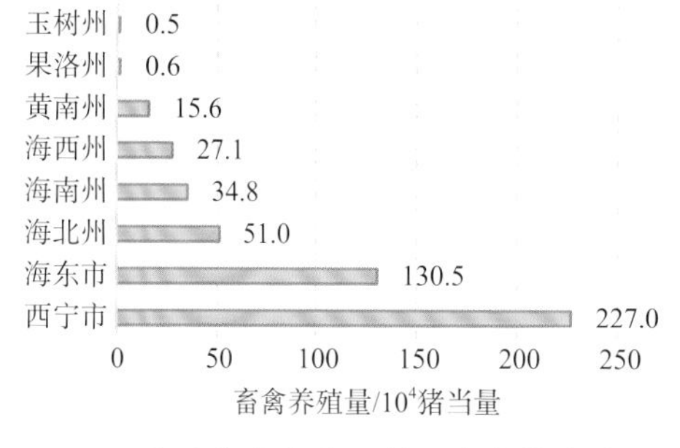

2017年青海省各市（州）畜禽养殖量

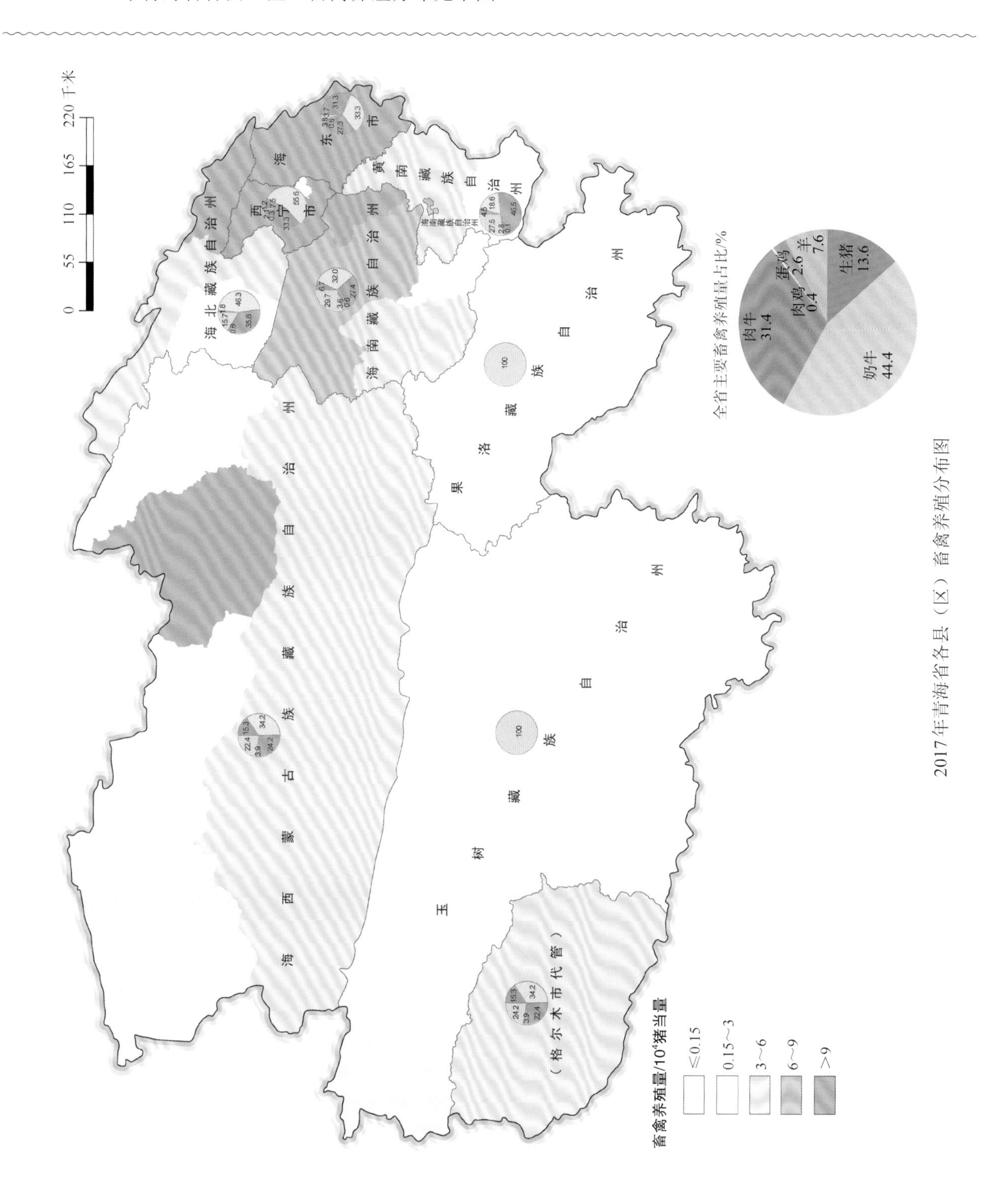

2017年青海省各县（区）畜禽养殖分布图

1.31 宁夏回族自治区畜禽养殖分布

宁夏回族自治区综合资源禀赋、生态环境、产业优势、市场供求等因素，调整优化区域布局和产业结构。巩固提升现代奶产业园区，加快发展肉牛高效育肥和优质牛肉生产，扩大生猪养殖潜力县（区）产能，巩固发展种鸡产业和商品鸡产业。2017年宁夏回族自治区总的畜禽养殖量为855.2万头猪当量，占全国的1.2%；主要分布于吴忠市、固原市、银川市和中卫市四市，其畜禽养殖量分别为264.4万头、192.7万头、188.3万头和153.2万头猪当量，分别占全自治区畜禽养殖量的30.9%、22.5%、22.0%和17.9%。全自治区养殖畜种主要以肉牛为主，占全省养殖量的44.8%，其次为奶牛，占比为27.6%。2017年宁夏回族自治区各县（区）畜禽养殖分布见下图。

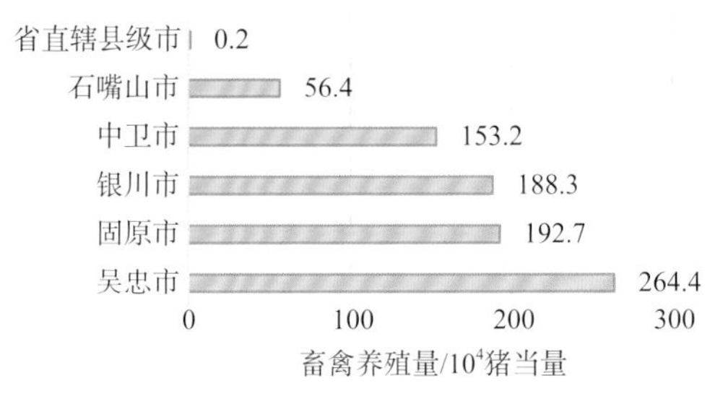

2017年宁夏回族自治区各市畜禽养殖量

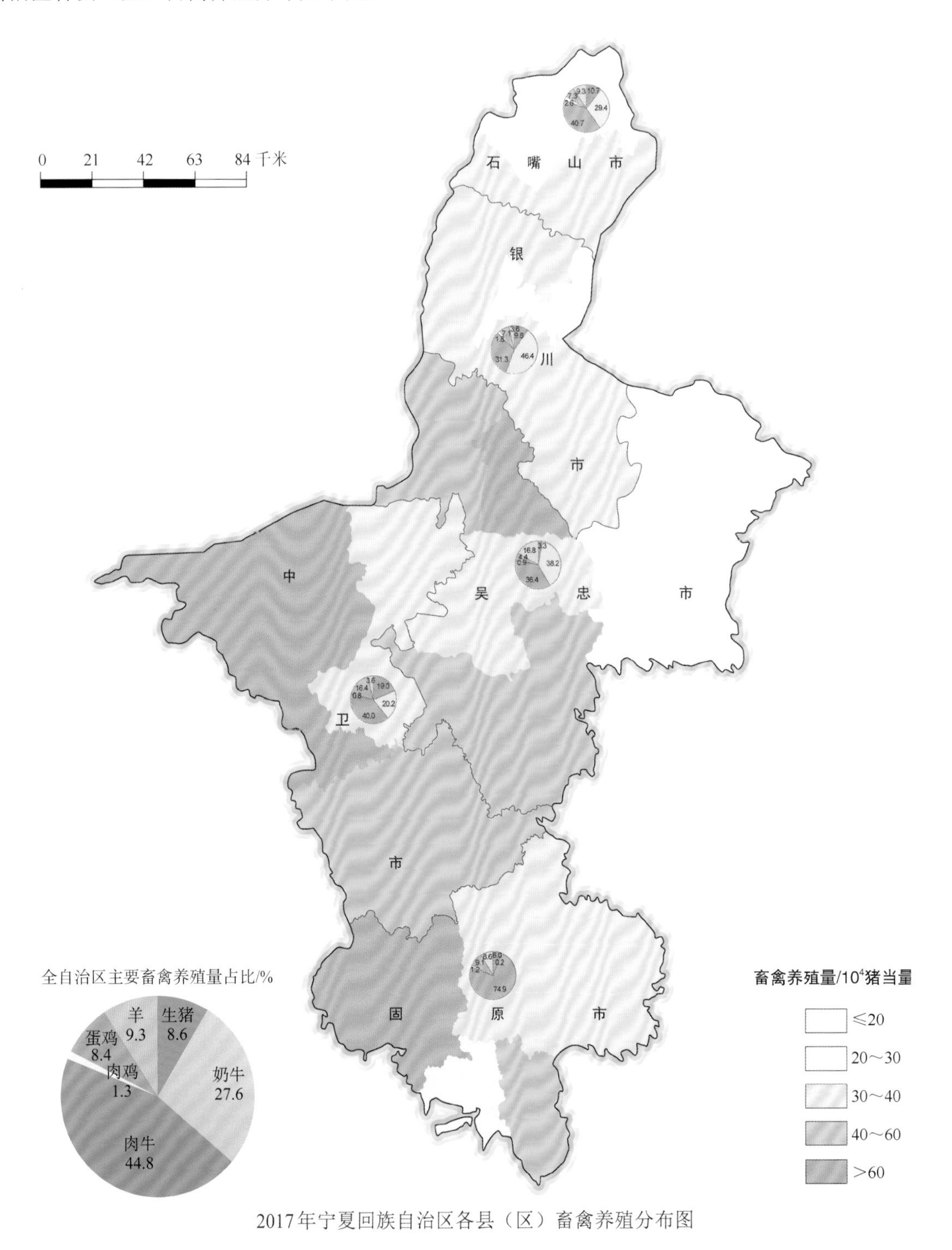

2017年宁夏回族自治区各县（区）畜禽养殖分布图

1.32　新疆维吾尔自治区畜禽养殖分布

新疆维吾尔自治区科学布局畜禽养殖，促进养殖规模与资源环境相匹配。缺水地区重点发展羊、禽、兔等低耗水畜种养殖，土地资源紧缺地区鼓励采取综合措施提高养殖业土地利用率。2017年新疆维吾尔自治区总的畜禽养殖量为2 883.4万头猪当量，占全国的4.0%；主要分布于伊犁哈萨克自治州、阿克苏地区、喀什地区、昌吉回族自治州和塔城地区，其畜禽养殖量分别为760.1万头、317.1万头、317.1万头、310.4万头和293.7万头猪当量，分别占全自治区畜禽养殖量的26.4%、11.0%、11.0%、10.8%和10.2%。全自治区养殖畜种主要以奶牛和肉牛为主，分别占全自治区养殖量的38.6%和25.9%。2017年新疆维吾尔自治区各县（区）畜禽养殖分布见下图。

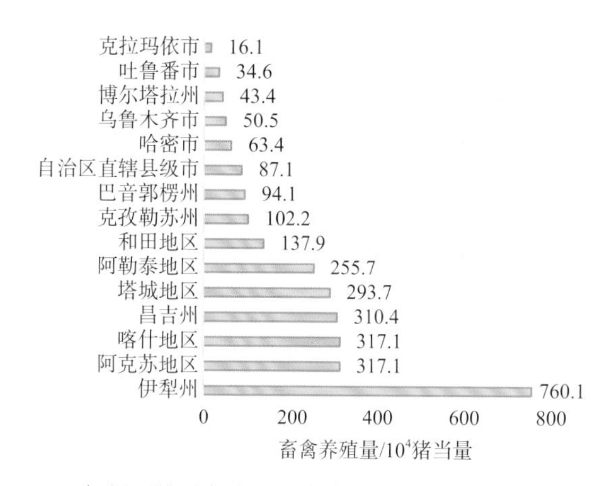

2017年新疆维吾尔自治区各市（州、区）畜禽养殖量

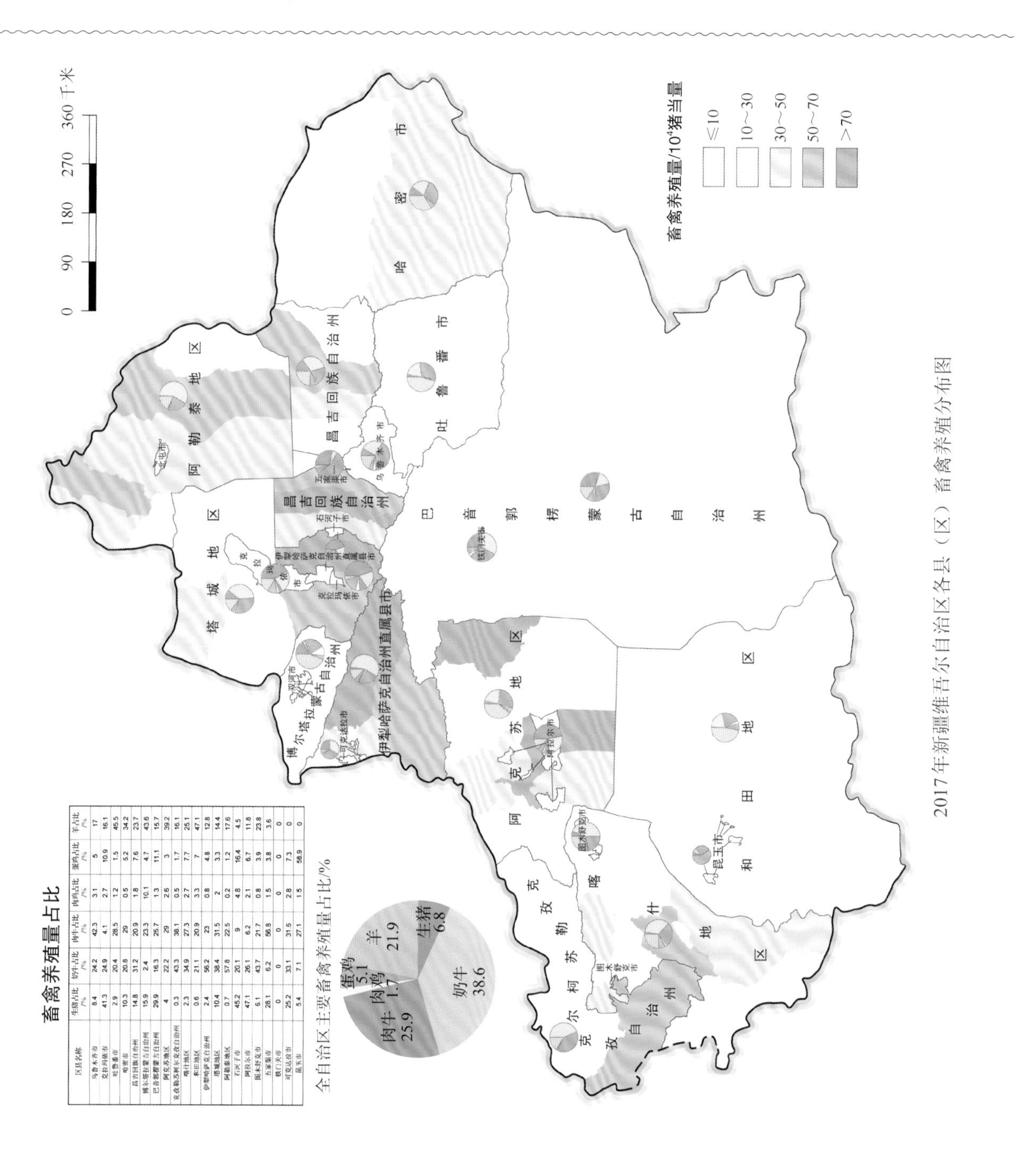

畜禽养殖量占比

区县名称	生猪占比/%	奶牛占比/%	肉牛占比/%	肉鸡占比/%	蛋鸡占比/%	羊占比/%
乌鲁木齐市	8.4	24.2	42.3	3.1	5	17
克拉玛依市	41.3	24.9	4.1	2.7	10.9	16.1
吐鲁番市	2.9	20.4	28.5	1.2	1.5	45.5
哈密市	10.3	20.8	29	0.5	5.2	34.2
昌吉回族自治州	14.8	31.2	20.9	1.8	7.6	23.7
博尔塔拉蒙古自治州	15.9	2.4	23.3	10.1	4.7	43.6
巴音郭楞蒙古自治州	29.9	16.3	25.7	1.3	11.1	15.7
阿克苏地区	4	22.2	29	2.6	3	39.2
克孜勒苏柯尔克孜自治州	0.3	43.3	38.1	0.5	1.7	16.1
喀什地区	2.3	34.9	27.3	2.7	7.7	25.1
和田地区	0.6	21.1	20.9	3.3	7	47.1
伊犁哈萨克自治州	2.4	56.2	23	0.8	4.8	12.8
塔城地区	10.4	38.4	31.5	2	3.3	14.4
阿勒泰地区	0.7	57.8	22.5	0.2	1.2	17.6
石河子市	45.2	20.1	9	4.8	16.4	4.5
阿拉尔市	47.1	26.1	6.2	2.1	6.7	11.8
图木舒克市	6.1	43.7	21.7	0.8	3.9	23.8
五家渠市	28.1	6.2	56.8	1.5	3.8	3.6
铁门关市	0	0	0	0	0	0
可克达拉市	25.2	33.1	31.5	2.8	7.3	0
昆玉市	5.4	7.1	27.1	1.5	58.9	0

2017年新疆维吾尔自治区各县（区）畜禽养殖分布图

第二部分　畜禽粪便氮供给量分布

畜禽通过粪便和尿液排放的氮等养分在收集和处理过程中通过微生物反应会出现形态变化，一部分通过气态形式损失，一部分通过生物转化损失。畜禽粪便的实际养分供给量要小于畜禽通过粪尿排泄的原始养分产量，为提升土地的实际承载能力和确保粪肥还田量充足，《畜禽粪便土地承载力测算方法》（NY/T 3877—2021）中给出了畜禽粪便养分总量、畜禽粪便养分可收集量和畜禽粪便养分供给量的计算方法，并给出了典型收集处理工艺氮养分的收集率和留存率系数。本图集基于上述方法和计算过程，结合各地不同畜禽粪便的典型收集处理工艺，测算出各县市的畜禽粪便养分供给量，图集以畜禽粪便中总氮的养分供给量为主，为各地开展编制种养循环规划和养殖污染防治规划提供科学参考。相关测算方法如下。

1. 畜禽粪便养分产生量

根据收集的信息，计算畜禽粪便总氮养分产生量$Q_{r,p}$，单位为：吨/年，按下式计算：

$$Q_{r,p} = \sum(\mathrm{AP}_{r,i} \times \mathrm{MP}_{r,i}) \times 365 \times 10^{-6} \quad (2\text{-}1)$$

式中：

$\mathrm{AP}_{r,i}$——边界内第i种畜禽年均存栏量，单位为：头或只；

$\mathrm{MP}_{r,i}$——第i种畜禽粪便中氮日排泄量，单位为：克/（天·头）或克/（天·只）；主要畜禽氮排泄量推荐值参见附录表A.3；

365——一年的天数，单位为：天/年；

10^{-6}——单位换算值，单位为：吨/克。

2. 畜禽粪便养分可收集量

畜禽粪便氮养分可收集量以$Q_{r,C}$表示，单位为：吨/年，单个畜种的粪污养分可收集量按式（2-2）计算，区域边界内所有畜种的粪污养分可收集量按式（2-3）计算：

$$Q_{r,C,i} = \sum Q_{r,p,i} \times \mathrm{PC}_{i,j} \times \mathrm{PL}_j \quad (2\text{-}2)$$

$$Q_{r,C} = \sum Q_{r,C,i} \quad (2\text{-}3)$$

式中：

$Q_{r,C,i}$——边界内第i种畜禽粪便养分可收集量，单位为：吨/年；

$Q_{r,p,i}$——边界内第i种畜禽粪便养分产生量，单位为：吨/年；

$\mathrm{PC}_{i,j}$——边界内第i种畜禽在第j种清粪方式所占比例，单位为：%；

PL_j——第j种清粪方式氮养分收集率，单位为：%；主要清粪方式粪污养分收集率推荐值参见附录表A.4。

3. 畜禽粪便养分供给量

畜禽粪便氮养分供给量以$Q_{r,Tr}$表示，单位为：吨/年，单个畜种的粪污养分供给量按式（2-4）计算，边界内所有畜种的粪污养分供给量按式（2-5）计算：

$$Q_{r,Tr,i} = \sum Q_{r,c,i} \times \mathrm{PT}_{i,k} \times \mathrm{PL}_k \quad (2\text{-}4)$$

$$Q_{r,Tr} = \sum Q_{r,Tr,i} \tag{2-5}$$

式中：

$Q_{r,Tr,i}$——边界内第 i 种畜禽粪便处理后养分供给量，单位为：吨/年；

$Q_{r,c,i}$——边界内第 i 种畜禽粪便养分可收集量，单位为：吨/年；

$PT_{i,k}$——边界内第i种畜禽的粪污在第k种处理方式所占比例，单位为：%，该比例根据调研实际获得；

PL_k——第 k 种粪污处理方式下氮养分留存率，单位为：%；主要粪污处理方式氮养分留存率推荐值参见附录表A.5。

2.1　全国畜禽粪便氮供给量分布

畜禽粪便的不合理处理利用，是我国农业面源污染的主要来源，但粪便本身也是有机养分资源，畜禽粪便处理后是有机肥中主要氮素来源。基于畜禽粪便土地承载力方法测算，2017年全国畜禽粪便中养分氮供给量为445.3万吨；各省（区、市）间差异明显，其中山东省和云南省的畜禽粪便中氮的养分供给量占比较高，分别占全国的8.4%和7.0%，分别为37.3万吨和31.3万吨；而相比之下，占比较低的是上海市和北京市，分别占全国的0.1%和0.3%，其畜禽粪便中氮的养分供给量分别为0.5万吨和1.3万吨。2017年全国各省（区、市）畜禽粪便氮供量分布见下图。

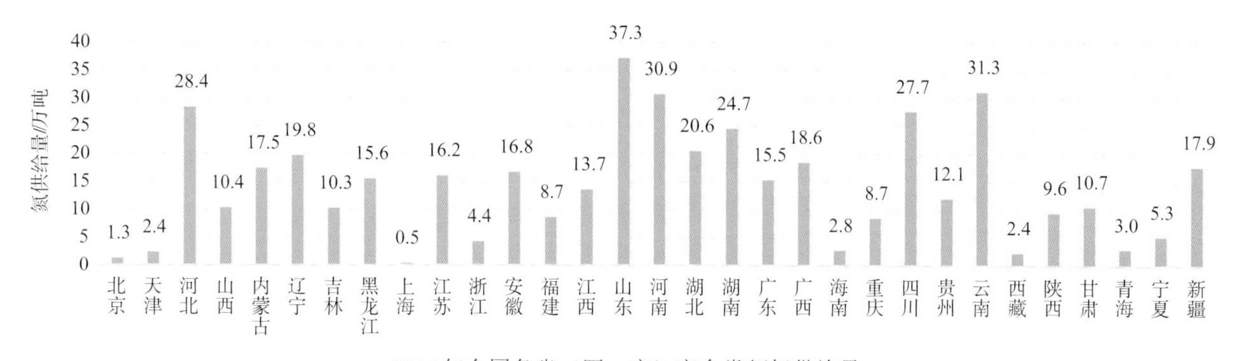

2017年全国各省（区、市）畜禽粪便氮供给量

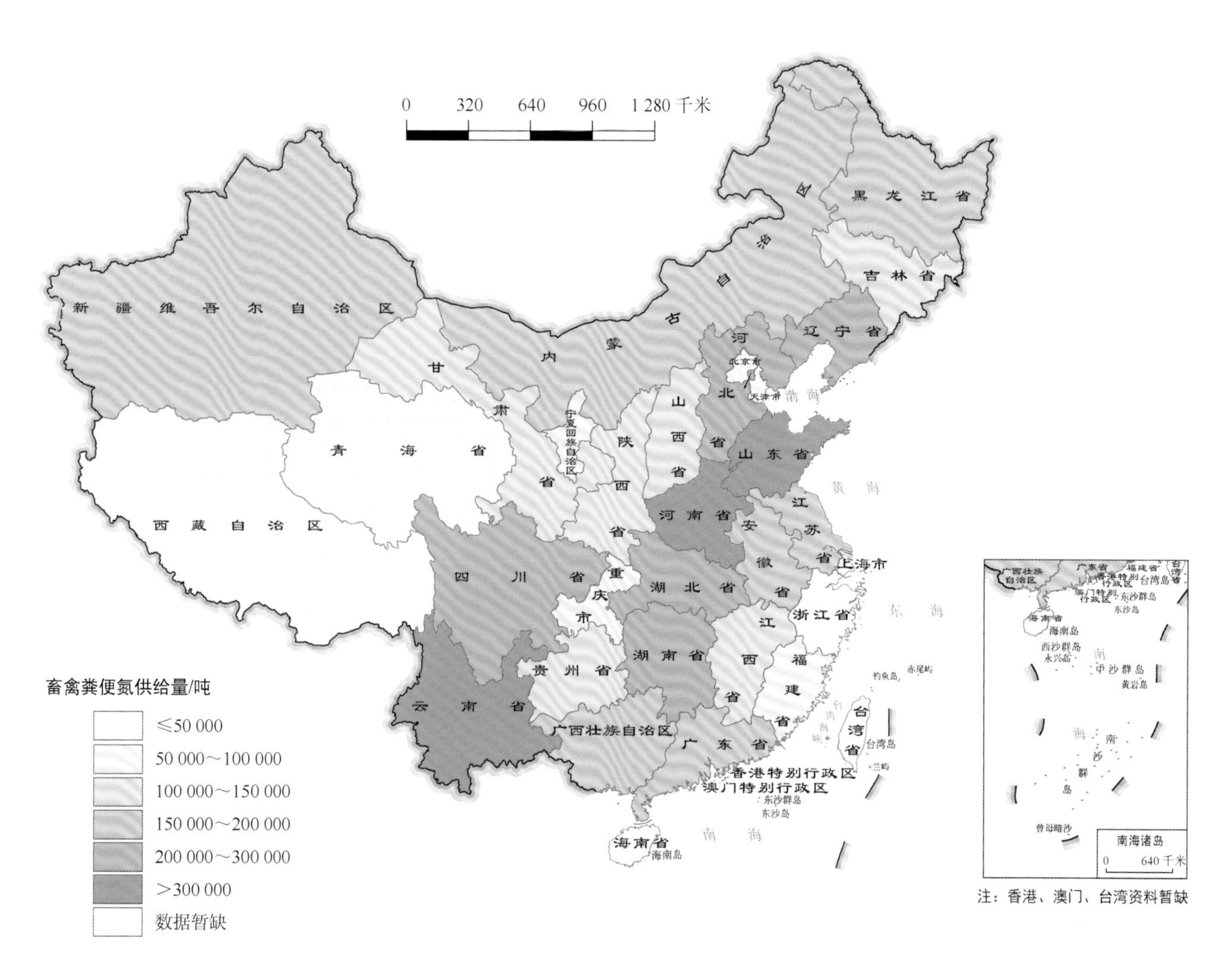

2017年全国各省（区、市）畜禽粪便氮供给量分布图

2.2 北京市畜禽粪便氮供给量分布

北京市强化畜禽粪污的肥料资源属性，突出养分综合利用，畜禽粪便经好氧堆肥无害化处理后，就地还田利用或转化生产为有机肥后还田利用。北京市为鼓励种植户施用有机肥，实施有机肥替代化肥行动，通过政府采购方式，推动有机肥还田利用；加强粪肥还田技术指导，加大有机肥、肥水使用装备研发推广力度，支持在田间地头配套建设管网和储粪（液）池，解决粪肥还田“最后一公里”问题。2017年北京市总的畜禽粪便中氮的养分供给量为1.3万吨，占全国的0.3%；其中主要以平谷区、通州区和顺义区为主，其畜禽粪便中氮的养分供给量分别占到全市的20.3%、18.1%和17.5%，分别为0.3万吨、0.2万吨和0.2万吨。2017年北京市各区畜禽粪便氮供给量分布见下图。

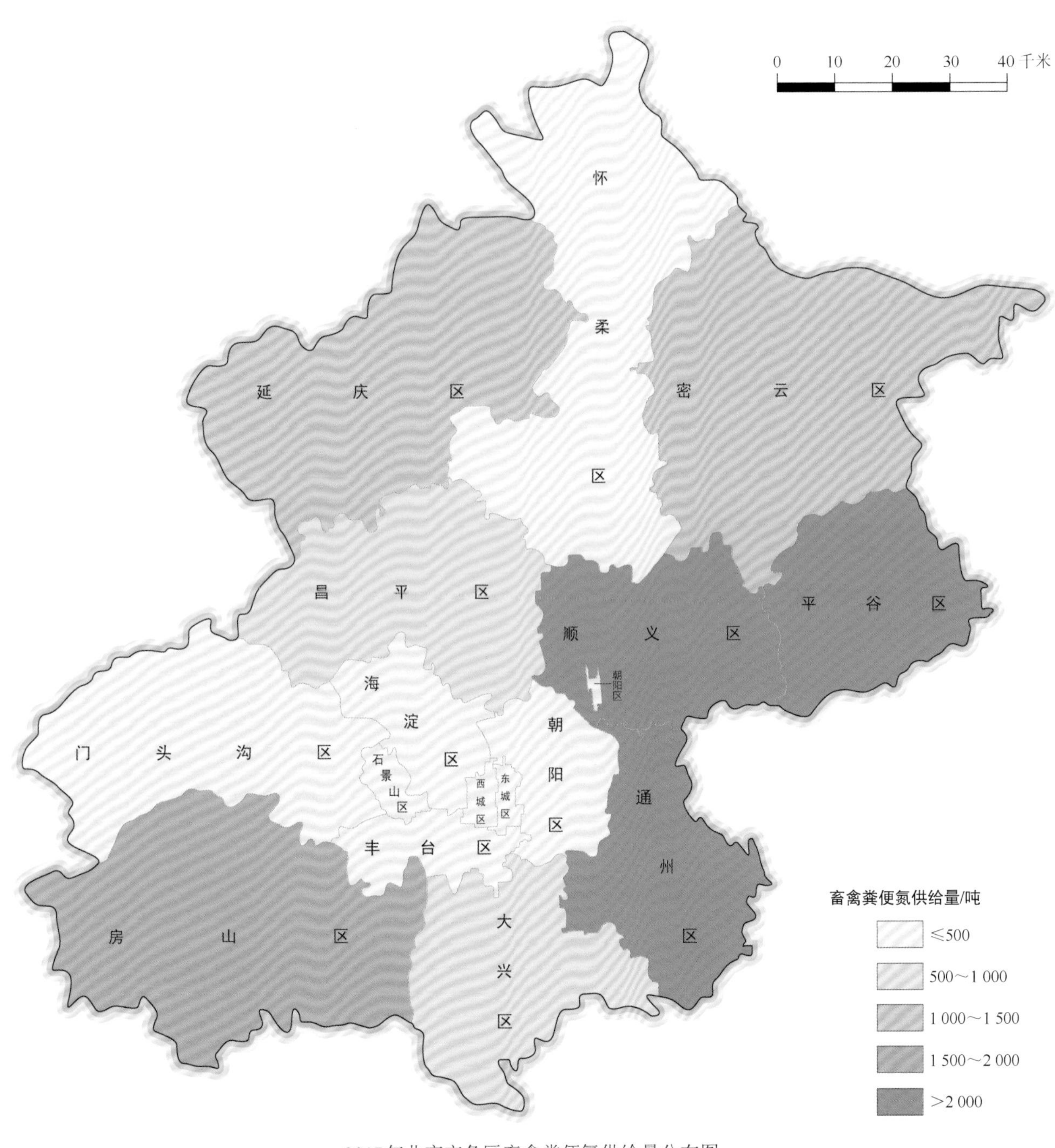

2017年北京市各区畜禽粪便氮供给量分布图

2.3 天津市畜禽粪便氮供给量分布

天津市统筹兼顾，有序推进。统筹资源环境承载能力、畜产品供给保障能力和养殖废弃物资源化利用能力，协同推进生产发展和环境保护，奖惩并举，疏堵结合，加快畜牧业转型升级和绿色发展，保障畜产品供给稳定。2017年天津市总的畜禽粪便中氮的养分供给量为2.4万吨，占全国的0.6%；其中主要以武清区、宝坻区和静海区为主，其畜禽粪便中氮的养分供给量分别占到全市的19.6%、18.3%和15.8%，分别为0.5万吨、0.4万吨和0.4万吨。2017年天津市各区畜禽粪便氮供给量分布见下图。

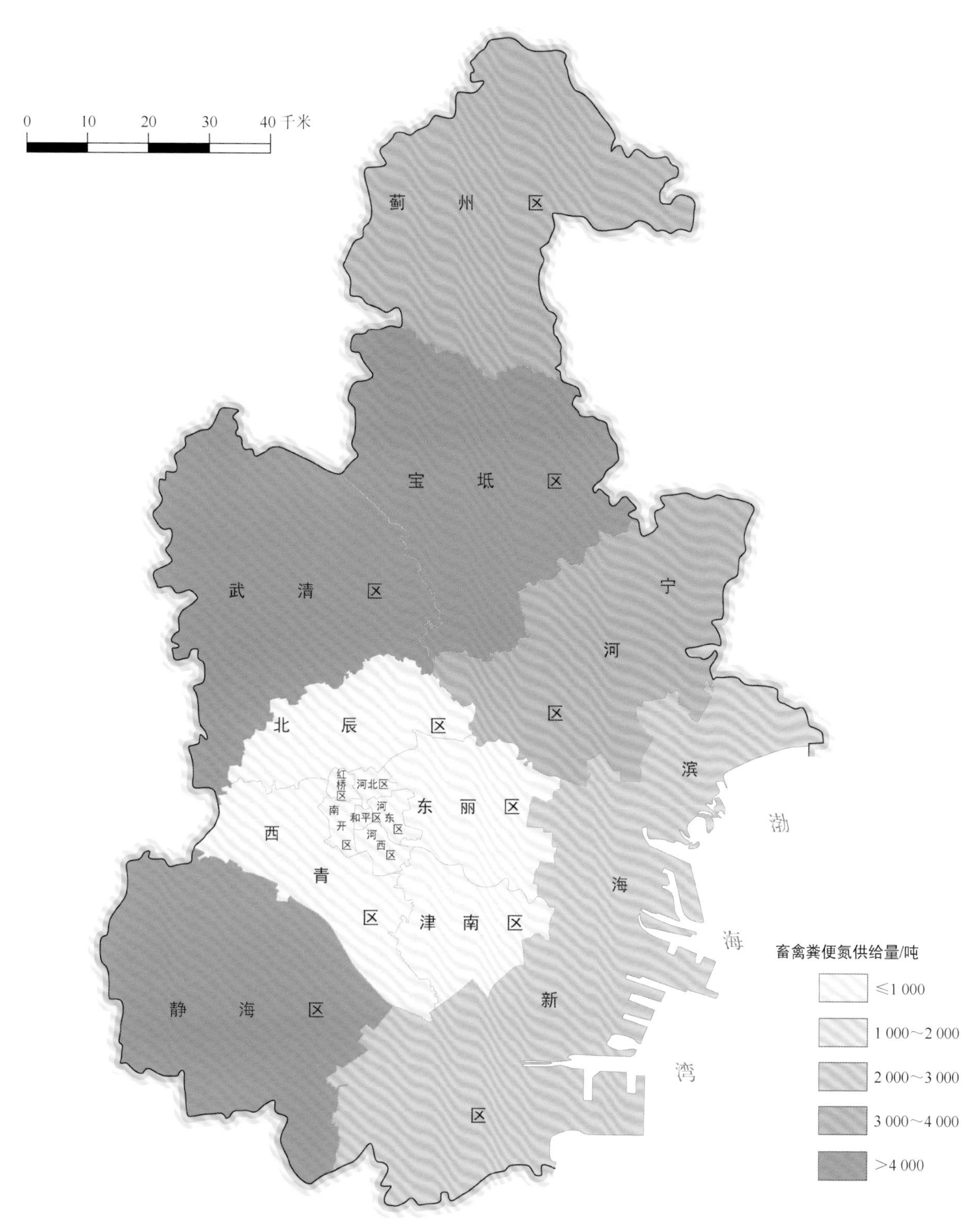

2017年天津市各区畜禽粪便氮供给量分布图

2.4 河北省畜禽粪便氮供给量分布

河北省地处华北平原，畜牧业较为发达，畜禽养殖规模也随国家政策调整有序发展。2017年，河北全省总的畜禽粪便中氮的养分供给量为28.4万吨，占全国的6.4%；其中石家庄市、唐山市、保定市、邯郸市和张家口市五市的畜禽粪便中氮的养分供给量分别占到全省的12.3%、12.3%、12.3%、11.1%和10.7%，分别为3.5万吨、3.5万吨、3.5万吨、3.1万吨和3.0万吨，是全省畜禽粪肥中氮供给量主要的贡献区域。2017年河北省各县（区）畜禽粪便氮供给量分布见下图。

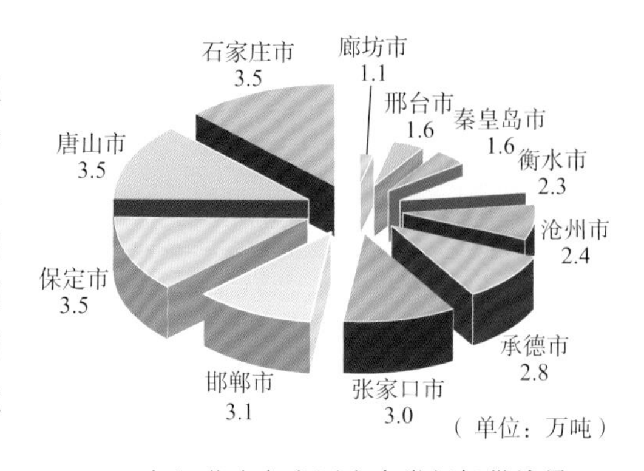

2017年河北省各市区畜禽粪便氮供给量

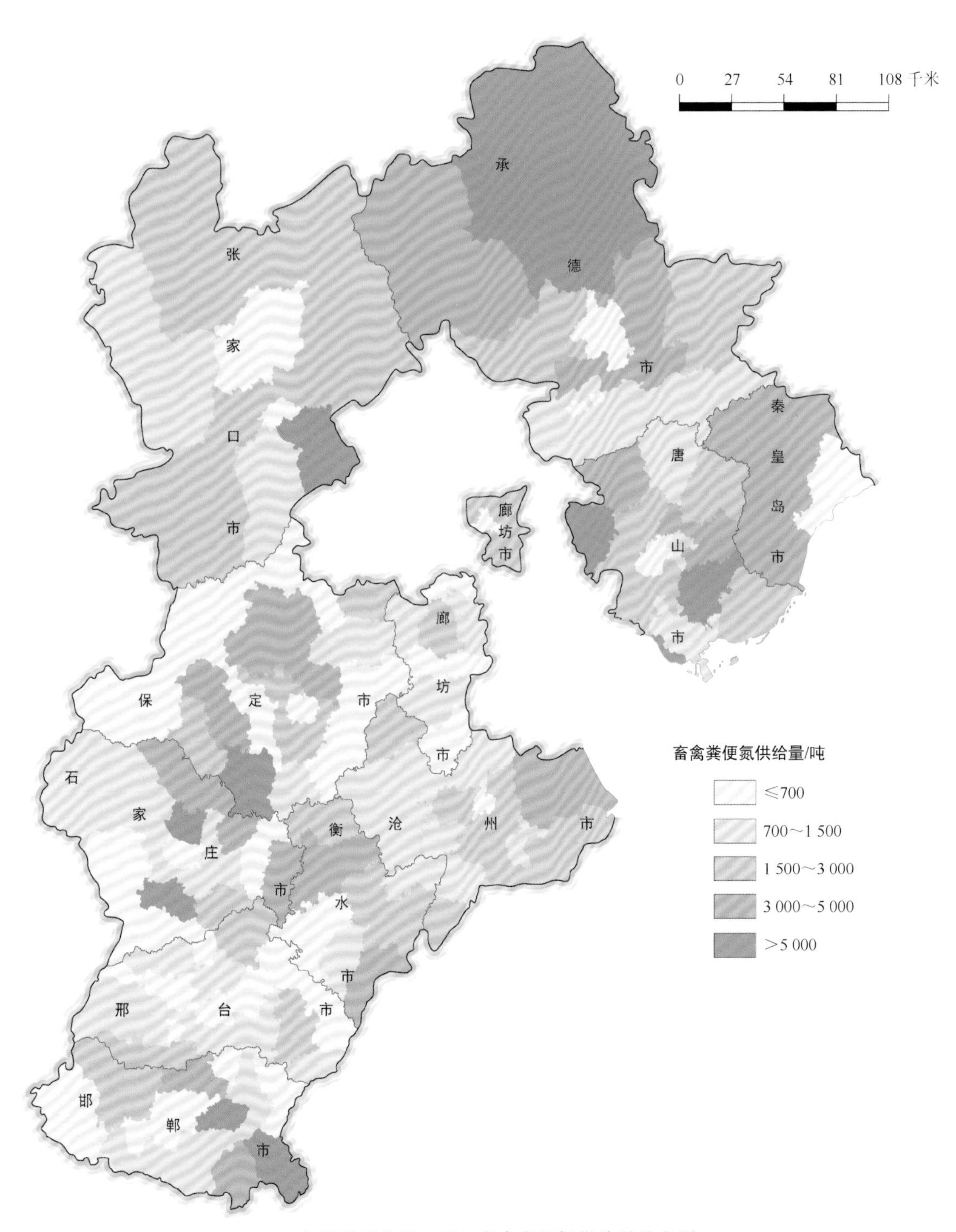

2017年河北省各县（区）畜禽粪便氮供给量分布图

2.5　山西省畜禽粪便氮供给量分布

山西省种植业生产能力和产业结构与养殖业发展规模在空间上不匹配，导致了畜禽粪便产生与消纳的空间错位，影响畜禽粪污资源化利用。2017年畜禽粪便氮素产生量为26.0万吨，粪肥资源主要集中在省北部。2017年山西省总的畜禽粪便中氮的养分供给量为10.4万吨，占全国的2.3%；其中晋中市、运城市、大同市、吕梁市四市的畜禽粪便中氮的养分供给量分别占到全省的16.4%、14.2%、12.9%、11.1%，分别为1.7万吨、1.5万吨、1.3万吨、1.1万吨。2017年山西省各县（区）畜禽粪便氮供给量分布见下图。

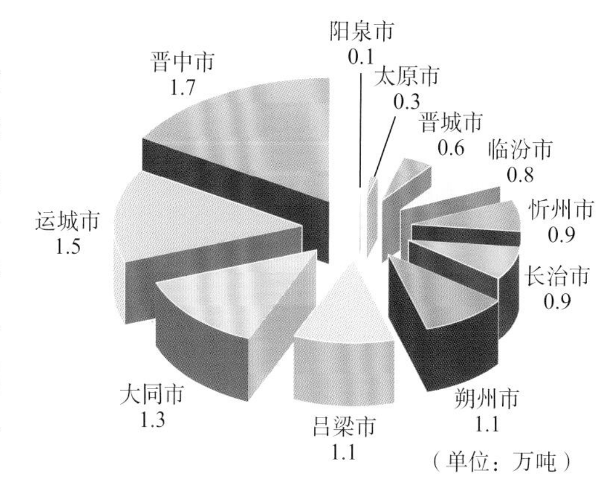

2017年山西省各市畜禽粪便氮供给量

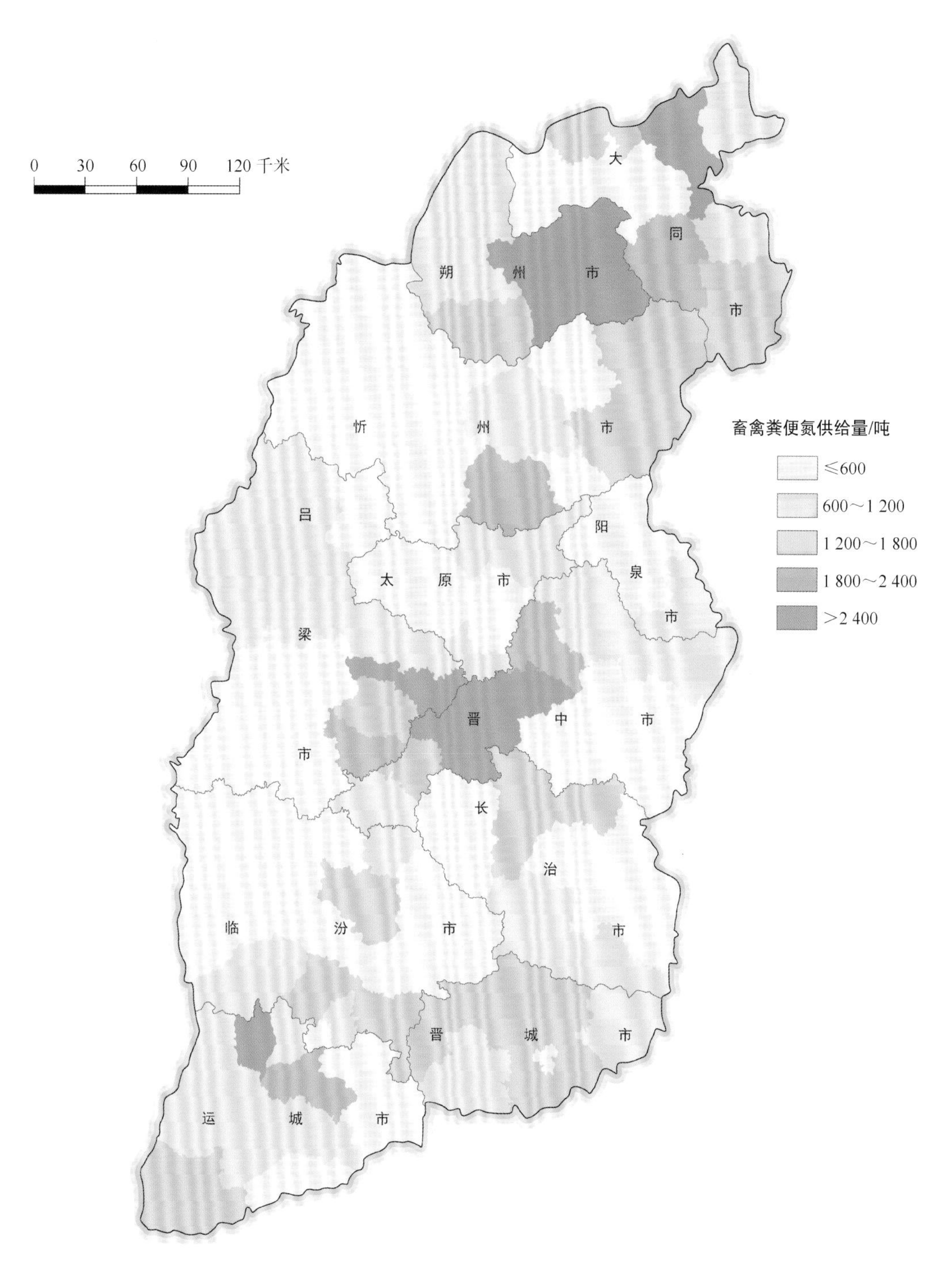

2017年山西省各县（区）畜禽粪便氮供给量分布图

2.6 内蒙古自治区畜禽粪便氮供给量分布

畜牧业是内蒙古自治区的传统支柱产业，在内蒙古自治区经济发展中起着非常重要的作用。2017年内蒙古自治区总的畜禽粪便中氮的养分供给量为17.5万吨，占全国的3.9%；其中赤峰市、通辽市、乌兰察布市、巴彦淖尔市四市的畜禽粪便中氮的养分供给量分别占到全自治区的22.2%、16.3%、9.2%和9.0%，分别为3.9万吨、2.8万吨、1.6万吨、1.6万吨。2017年内蒙古自治区各县（区、旗）畜禽粪便氮供给量分布见下图。

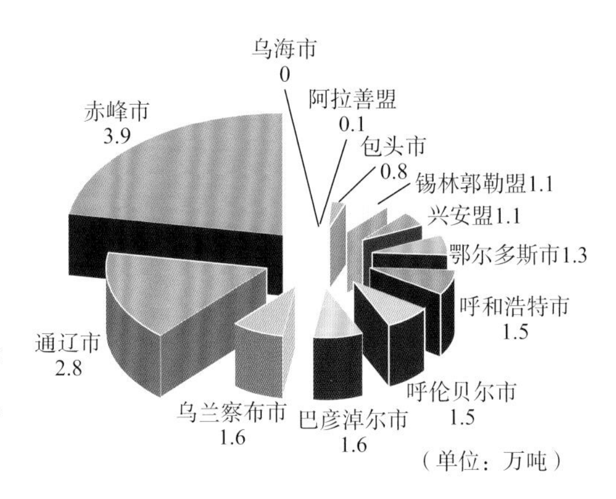

2017年内蒙古自治区各市（盟）
畜禽粪便氮供给量

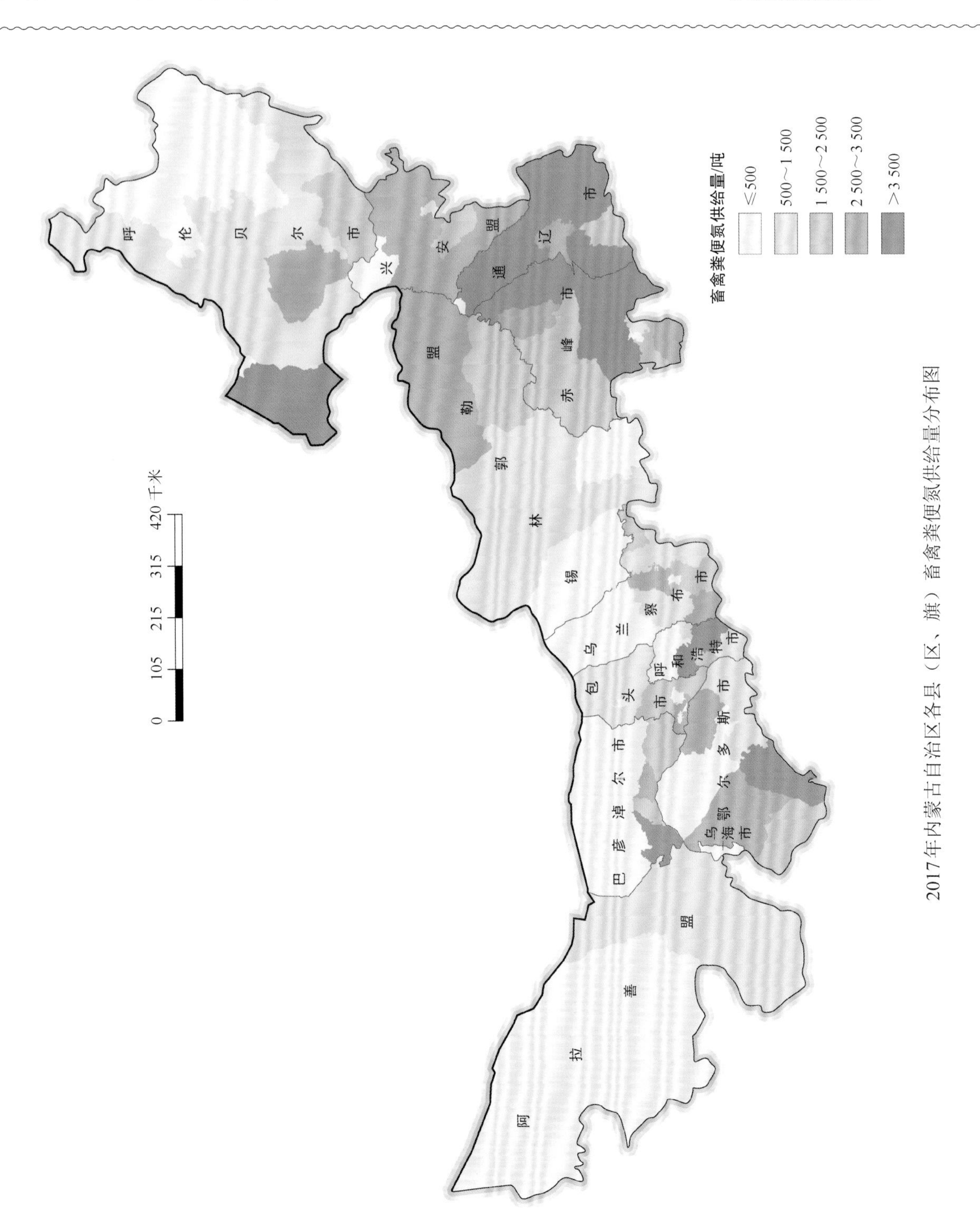

2017年内蒙古自治区各县（区、旗）畜禽粪便氮供给量分布图

2.7　辽宁省畜禽粪便氮供给量分布

辽宁省传统畜牧养殖业快速转型进入规模化养殖，畜禽粪污数量、集中度猛增，导致畜禽粪污资源化利用与种植业关系不紧密问题加剧，规模化养殖发展使得“种养脱节”问题愈加严重。2017年辽宁省总的畜禽粪便中氮的养分供给量为19.8万吨，占全国的4.4%；其中大连市、锦州市、沈阳市、朝阳市四市的畜禽粪便中氮的养分供给量分别占到全省的15.7%、14.4%、12.0%和11.7%，分别为3.1万吨、2.9万吨、2.4万吨、2.3万吨。2017年辽宁省各县（区）畜禽粪便氮供给量分布见下图。

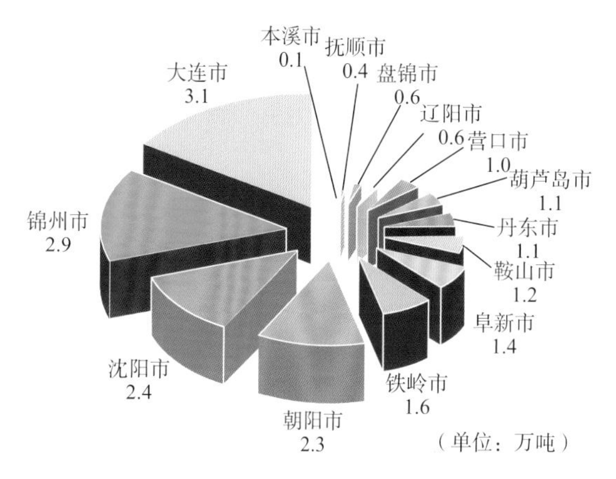

2017年辽宁省各市畜禽粪便氮供给量

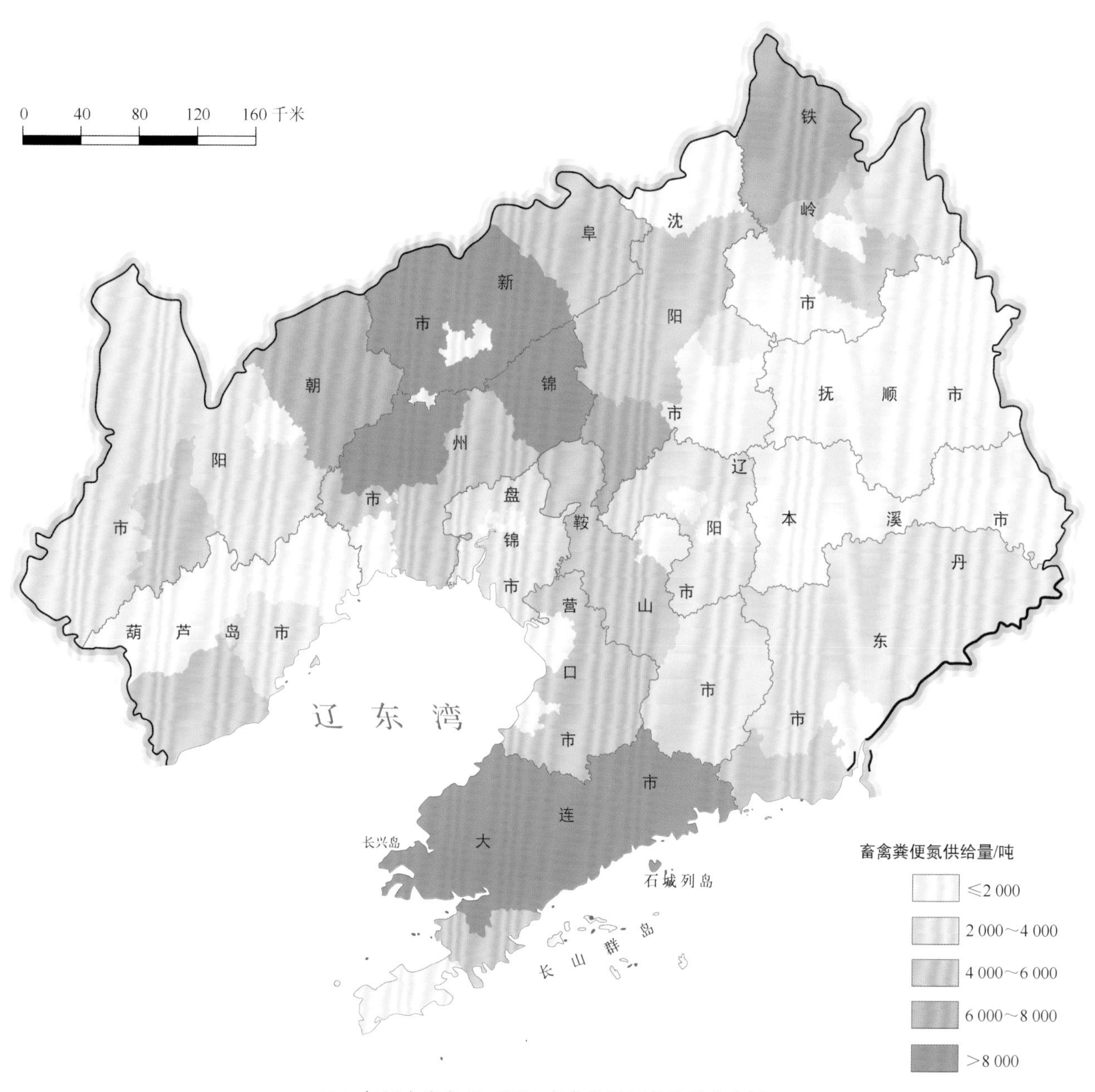

2017年辽宁省各县（区）畜禽粪便氮供给量分布图

2.8 吉林省畜禽粪便氮供给量分布

吉林省是我国重要的农业生产大省，畜禽养殖业是吉林省农民的主要收入来源。吉林省根据养殖区域布局情况，科学推广不同适宜模式，东部畜禽养殖业发展适合采取牧鱼一体模式；中部与南部应采取防治结合的原则；中南部及西北部可大力促进农牧结合方式。2017年吉林省总的畜禽粪便中氮的养分供给量为10.3万吨，占全国的2.3%；其中长春市、四平市、松原市和白城市四市的畜禽粪便中氮的养分供给量分别占到全省的29.7%、16.7%、13.0%、13.0%，分别为3.1万吨、1.7万吨、1.3万吨、1.3万吨。2017年吉林省各县（区）畜禽粪便氮供给量分布见下图。

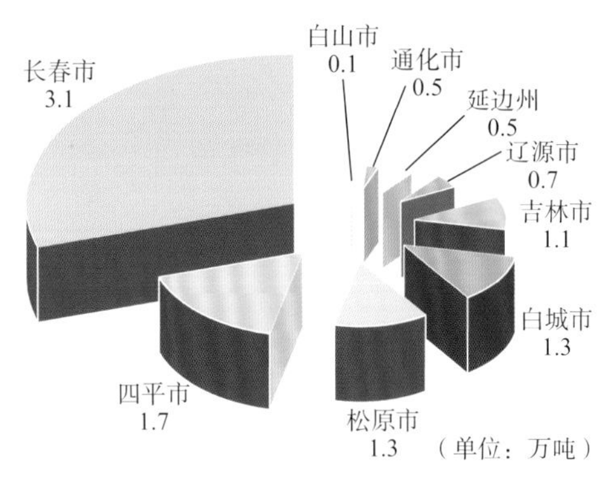

2017年吉林省各市（州）畜禽粪便氮供给量

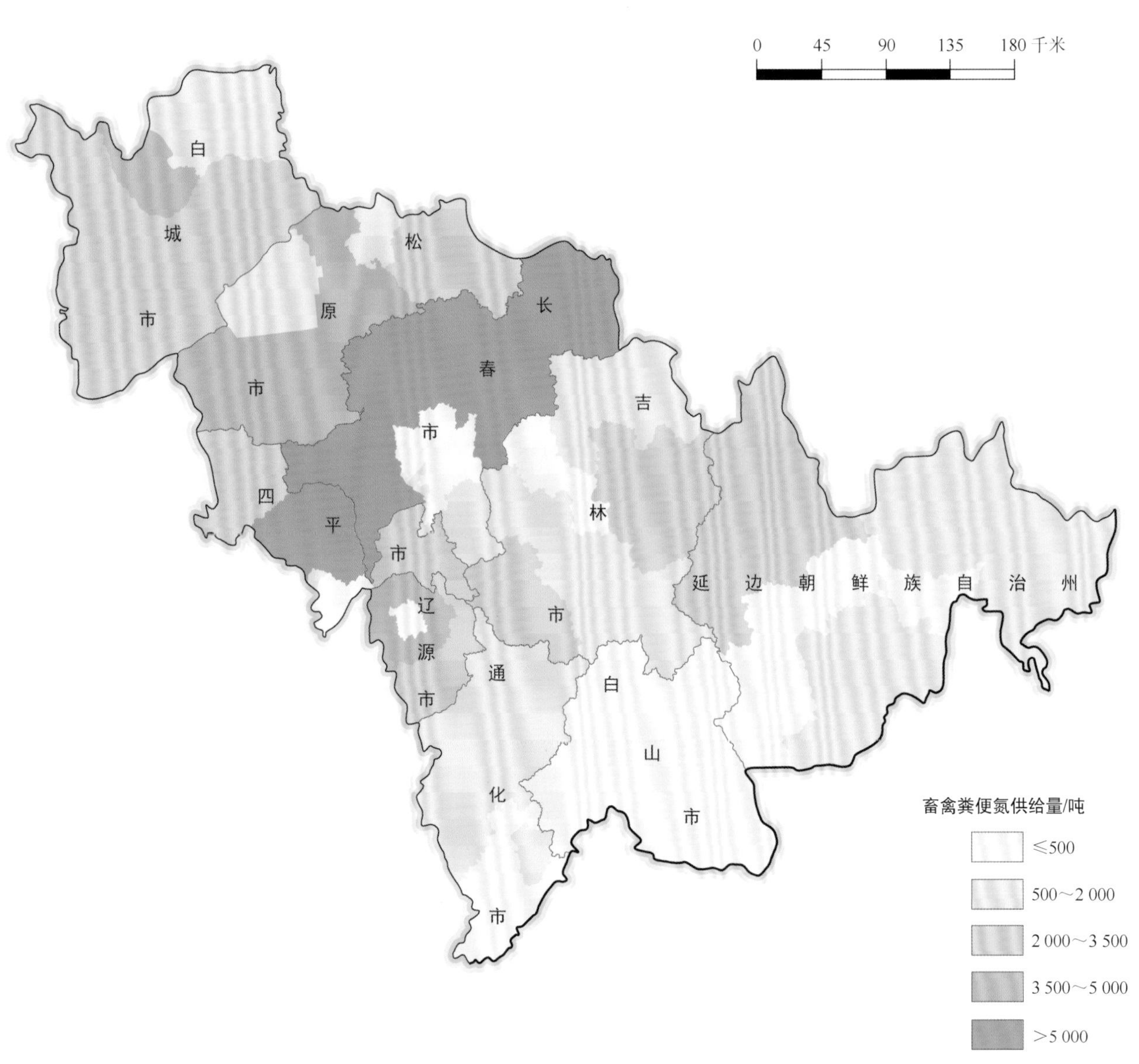

2017年吉林省各县（区）畜禽粪便氮供给量分布图

2.9　黑龙江省畜禽粪便氮供给量分布

黑龙江省畜禽养殖业发展在空间分布上表现不平衡。西部松嫩平原地区畜禽养殖量约为东部三江平原的4.5倍。黑龙江省畜禽粪便总量在地理学上呈由东向西、自边界向内陆逐渐增大趋势，即牧业产值高地区畜禽粪便产生量大。2017年黑龙江省总的畜禽粪便中氮的养分供给量为15.6万吨，占全国的3.5%；其中绥化市、齐齐哈尔市和哈尔滨市三市的畜禽粪便中氮的养分供给量分别占到全省的18.6%、18.2%、18.1%，分别为2.9万吨、2.8万吨、2.8万吨。2017年黑龙江省各县（区）畜禽粪便氮供给量分布见下图。

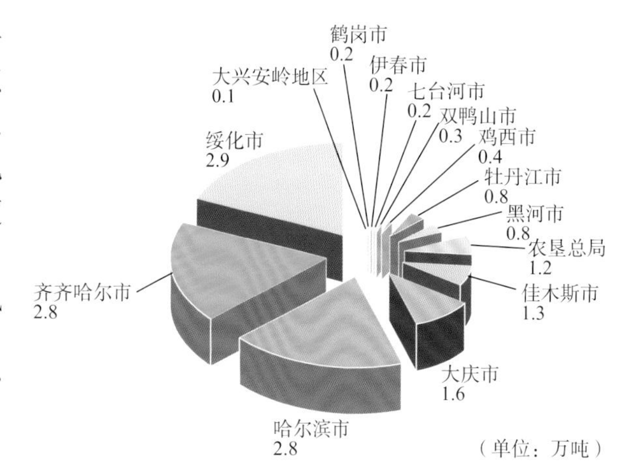

2017年黑龙江省各市（区）畜禽粪便氮供给量

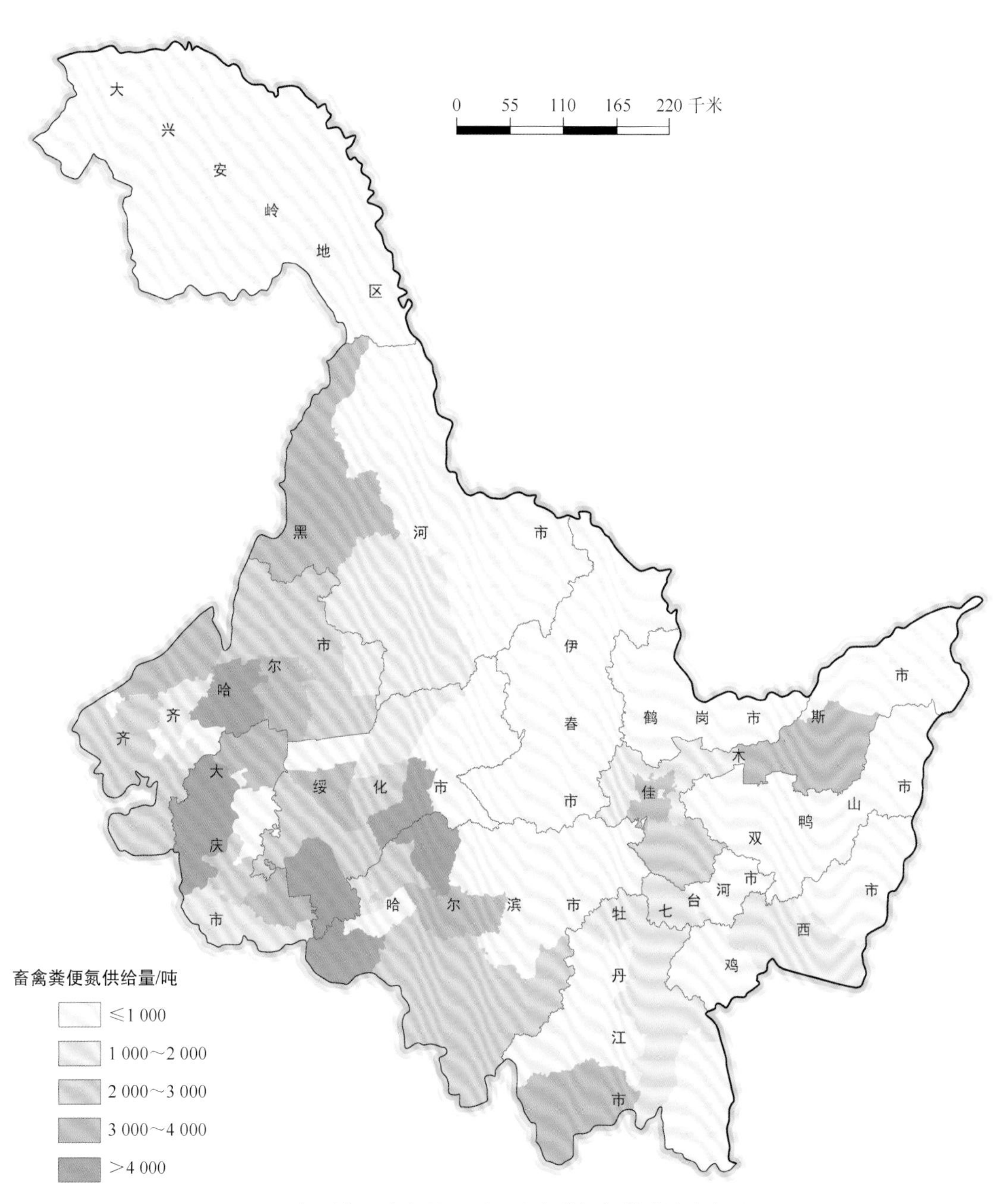

2017年黑龙江省各县（区）畜禽粪便氮供给量分布图

2.10 上海市畜禽粪便氮供给量分布

上海市畜禽养殖业总体规模较小，但也是上海市农业的重要组成部分，集约化养殖场几乎都分布于郊县，由于养殖业的地理分布过于集中，造成局部区域养殖污染负荷过高，环境风险大。2017年上海市总的畜禽粪便中氮的养分供给量为0.5万吨，占全国的0.1%；其中主要以崇明区、金山区和松江区为主，其畜禽粪便中氮的养分供给量分别占到全市的37.9%、20.5%和18.5%，分别为0.2万吨、0.1万吨和0.1万吨。2017年上海市各区畜禽粪便氮供给量分布见下图。

2017年上海市各区畜禽粪便氮供给量分布图

2.11　江苏省畜禽粪便氮供给量分布

江苏省是工业经济强省，同时江苏省畜牧业较为发达；江苏省也在积极致力于促进种养循环，减少农业面源污染。2017年江苏省总的畜禽粪便中氮的养分供给量为16.2万吨，占全国的3.6%；其中盐城市、南通市和徐州市三市的畜禽粪便中氮的养分供给量分别占到全省的25.4%、15.4%、13.9%，分别为4.1万吨、2.5万吨、2.2万吨。2017年江苏省各县（区）畜禽粪便氮供给量分布见下图。

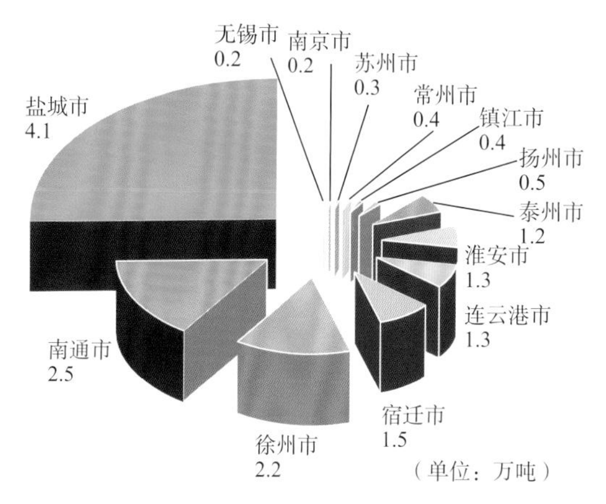

2017年江苏省各市畜禽粪便氮供给量

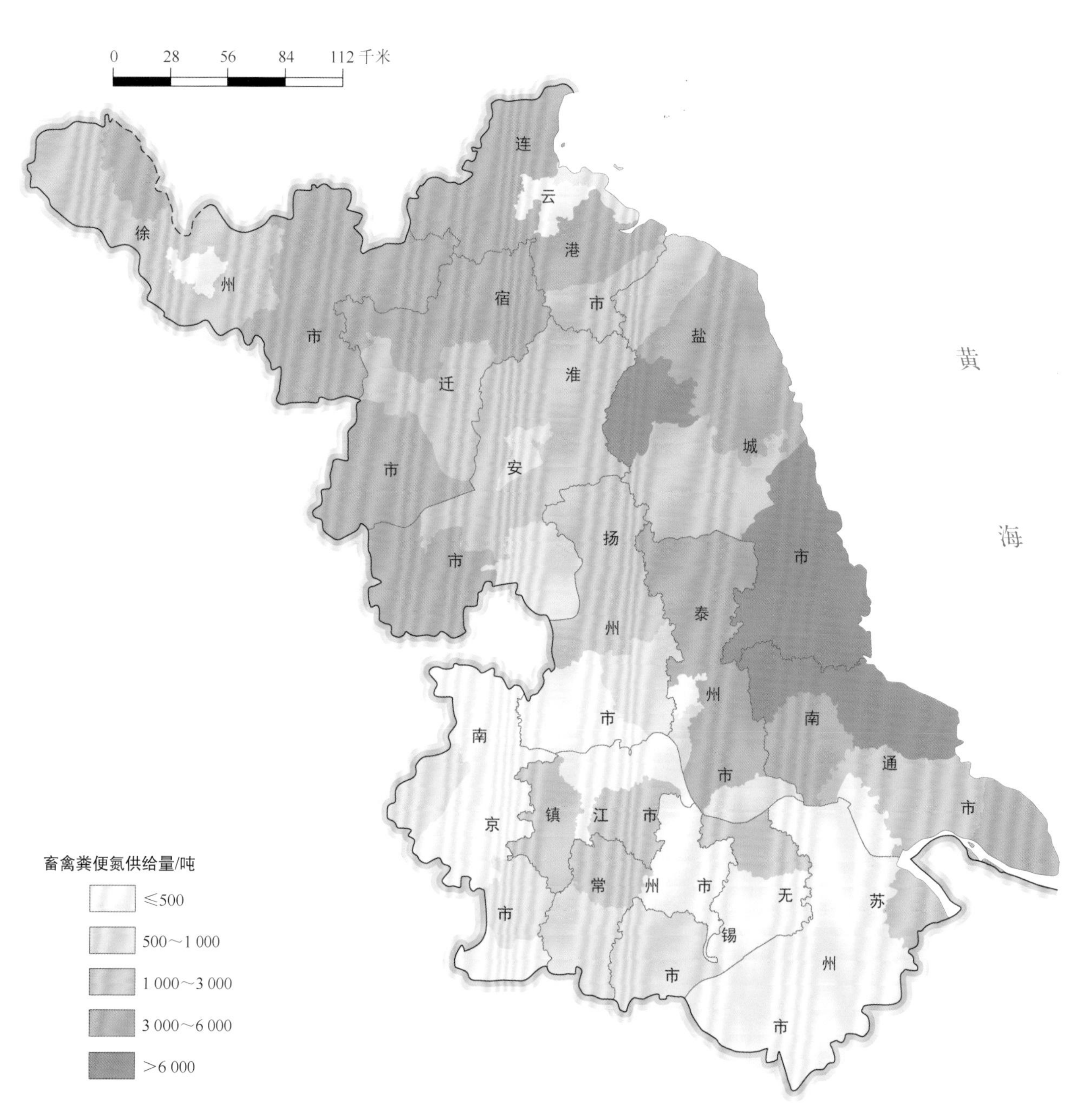

2017年江苏省各县（区）畜禽粪便氮供给量分布图

2.12 浙江省畜禽粪便氮供给量分布

浙江省畜牧业总体养殖量不大，但是主要以规模养殖为主；由于耕地面积有限，种养循环合作机制有待进一步完善。2017年浙江省总的畜禽粪便中氮的养分供给量为4.4万吨，占全国的1.1%；其中杭州市、衢州市、金华市和温州市四市的畜禽粪便中氮的养分供给量分别占到全省的17.1%、14.9%、12.6%、9.7%，分别为0.8万吨、0.7万吨、0.6万吨、0.4万吨。2017年浙江省各县（区）畜禽粪便氮供给量分布见下图。

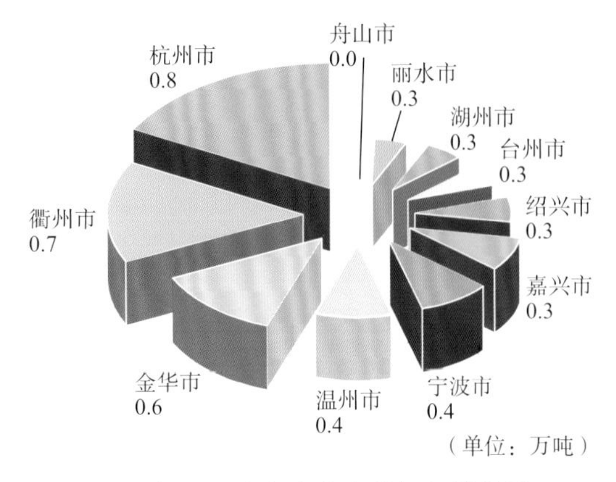

2017年浙江省各市畜禽粪便氮供给量

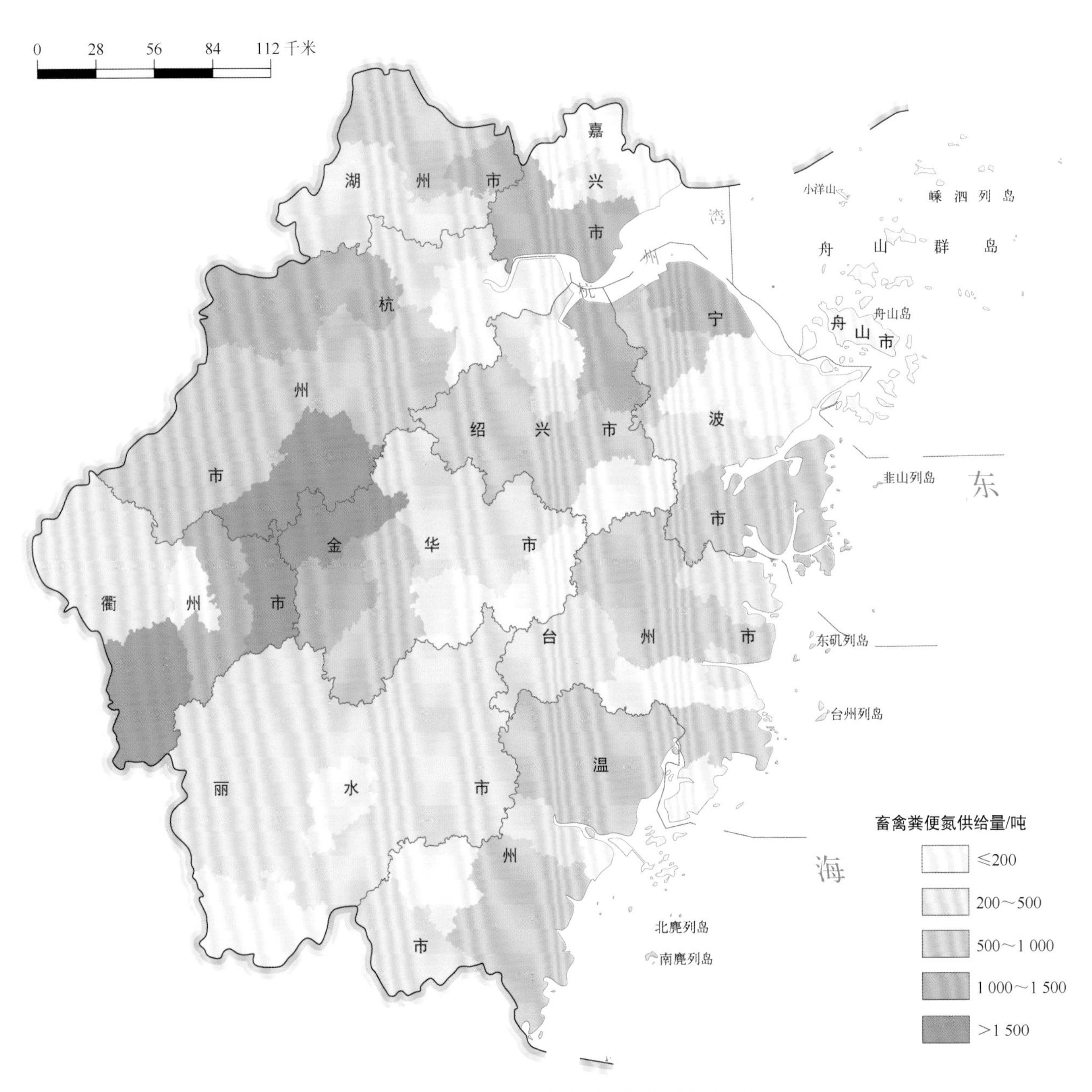

2017年浙江省各县（区）畜禽粪便氮供给量分布图

2.13　安徽省畜禽粪便氮供给量分布

安徽省是农业大省，拥有近万个规模化养殖场，不同区域畜禽养殖氮排放差别较大，整体来看，安徽省畜禽粪便养分代替化肥的潜力大，应加大畜禽粪污处理利用，调整种植业结构，提高畜禽粪便的资源化利用率，减少化肥的施用。2017年安徽省总的畜禽粪便中氮的养分供给量为16.8万吨，占全国的3.8%；其中阜阳市、宿州市、滁州市和六安市的畜禽粪便中氮的养分供给量分别占到全省的18.0%、12.7%、9.9%和9.7%，分别为2.8万吨、2.0万吨、1.6万吨和1.5万吨。2017年安徽省各县（区）畜禽粪便氮供给量分布见下图。

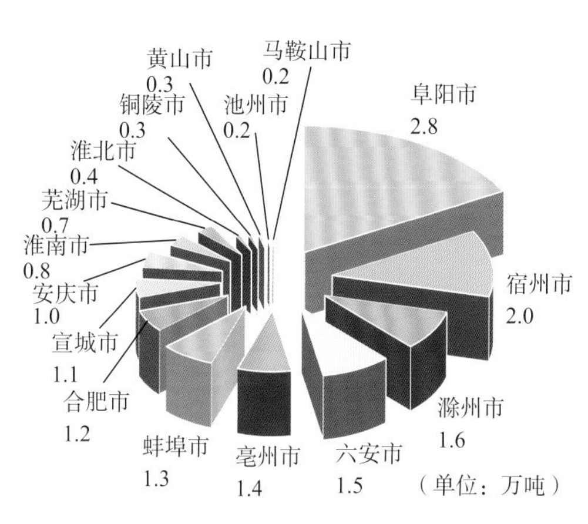

2017年安徽省各市畜禽粪便氮供给量

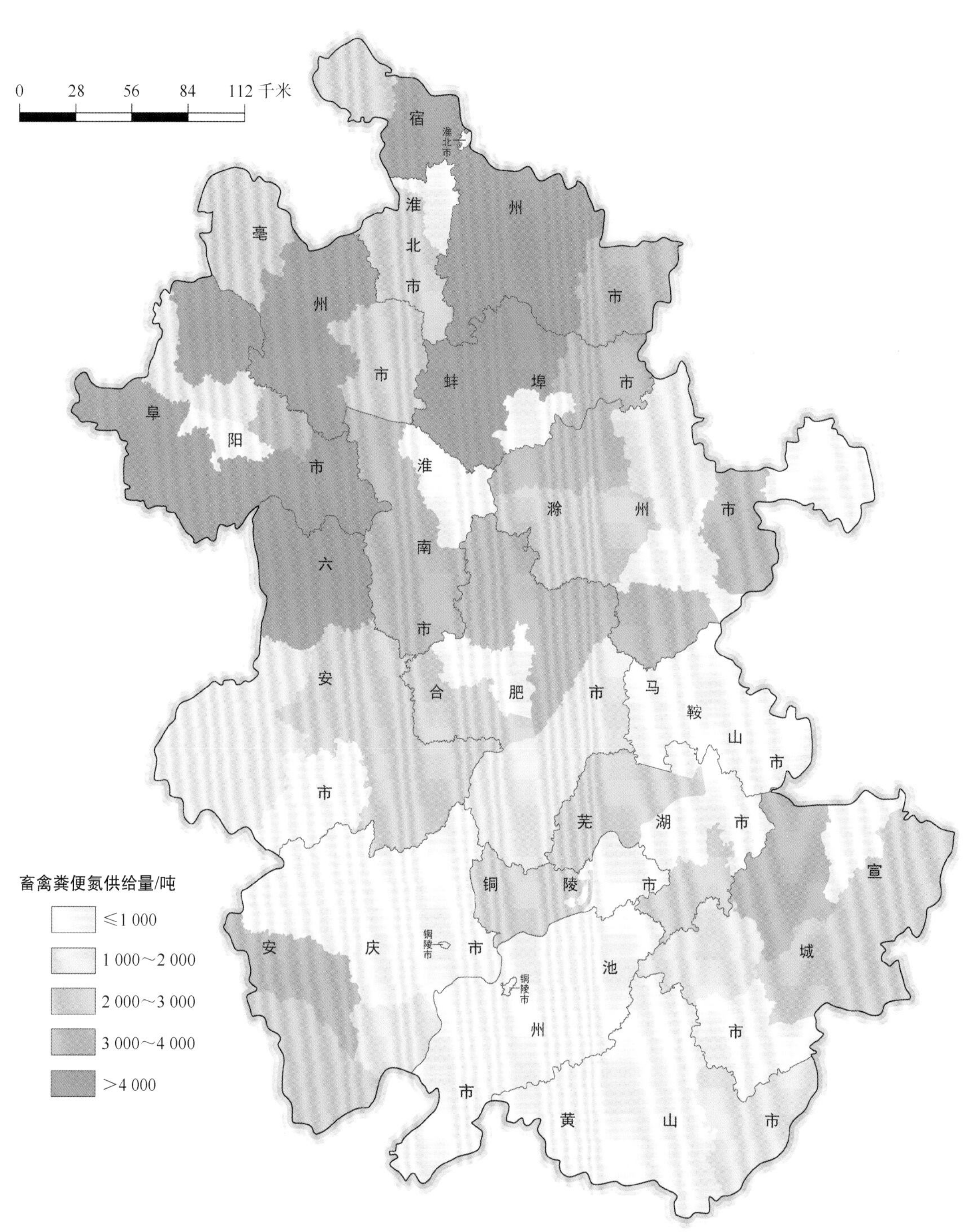

2017年安徽省各县（区）畜禽粪便氮供给量分布图

2.14 福建省畜禽粪便氮供给量分布

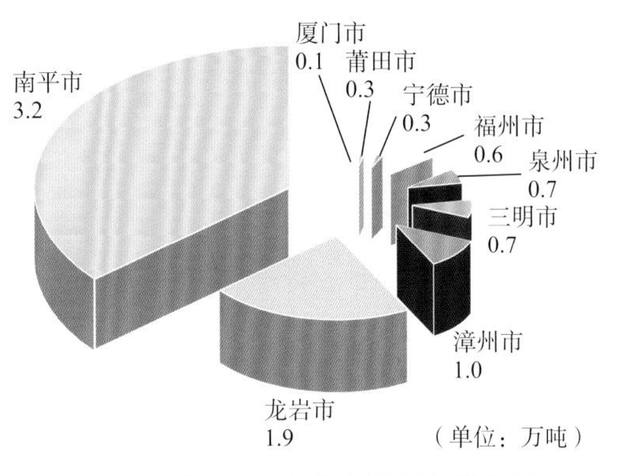

2017年福建省各市畜禽粪便氮供给量

福建省畜牧业发展呈现良好态势，在粪污处理利用方面，坚持农牧结合、种养结合、循环发展的生态理念，持续推进生态农业建设。2017年福建省总的畜禽粪便中氮的养分供给量为8.7万吨，占全国的2.0%；其中南平市、龙岩市的畜禽粪便中氮的养分供给量分别占到全省的36.8%、21.8%，分别为3.2万吨、1.9万吨。2017年福建省各县（区）畜禽粪便氮供给量分布见下图。

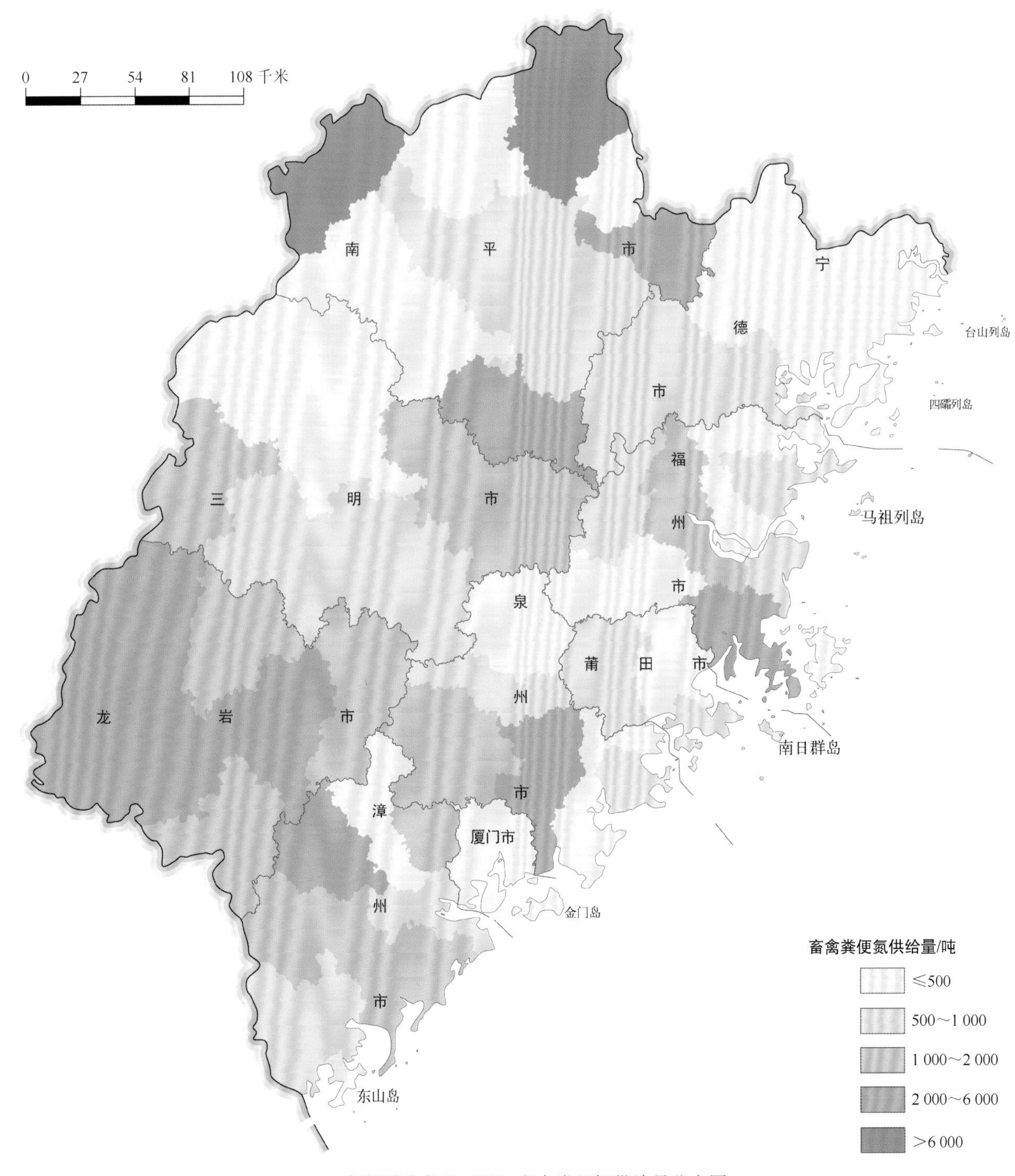

2017年福建省各县（区）畜禽粪便氮供给量分布图

2.15　江西省畜禽粪便氮供给量分布

近年来，江西省的畜禽养殖业得到了快速发展，同时大力推进畜禽粪污资源化利用，通过农田自身消化，既可以节约化肥用量，降低农业生产成本，又可以维持土壤肥力，减少环境污染。2017年江西省总的畜禽粪便中氮的养分供给量为13.7万吨，占全国的3.1%；其中赣州市、宜春市、吉安市的畜禽粪便中氮的养分供给量分别占到全省的22.1%、20.6%、17.1%，分别为3.0万吨、2.8万吨、2.3万吨。2017年江西省各县（区）畜禽粪便氮供给量分布见下图。

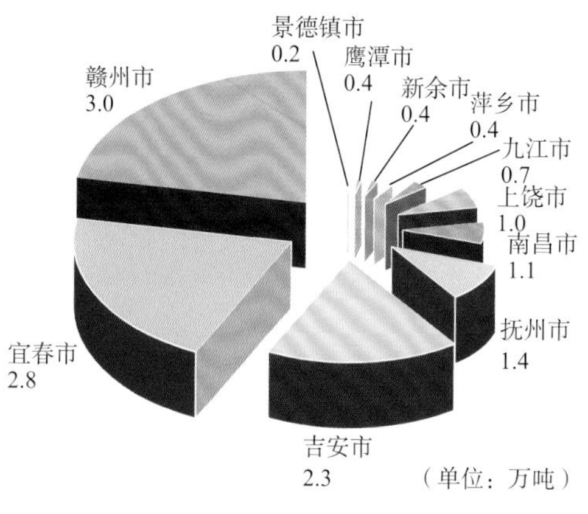

2017年江西省各市畜禽粪便氮供给量

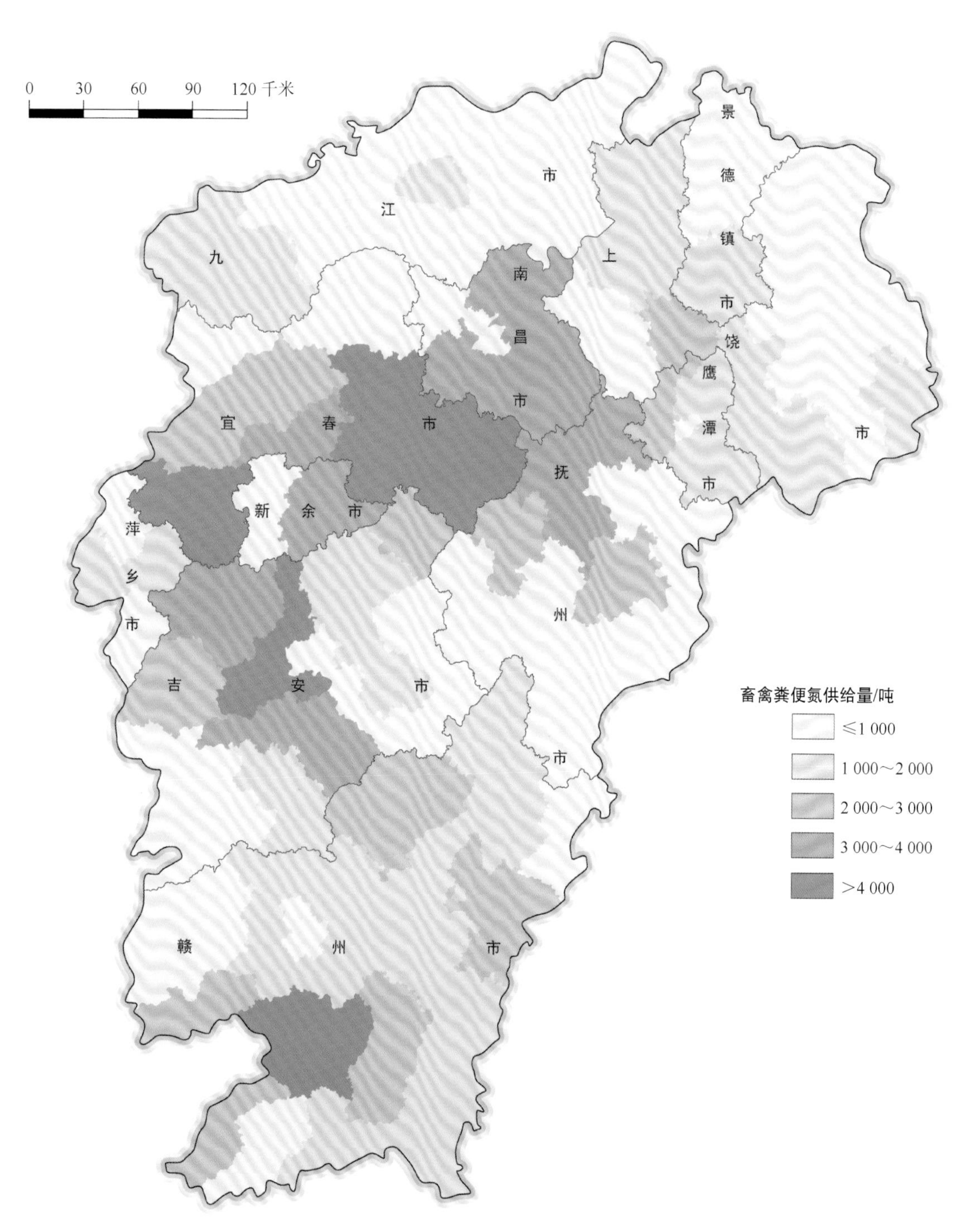

2017年江西省各县（区）畜禽粪便氮供给量分布图

2.16 山东省畜禽粪便氮供给量分布

山东省是我国的养殖和种植大省，针对山东化肥用量大、种养有机废弃物肥料化利用水平低的问题，提升山东省的种养结合能力是关键。山东省畜禽粪污资源丰富，在德州市、菏泽市、潍坊市、济南市等城市，畜禽粪便年度资源量超过1 000万吨，折算成纯氮养分，能够减少大量的化肥施用。2017年山东省总的畜禽粪便中氮的养分供给量为37.3万吨，占全国的8.4%；其中烟台市、临沂市、潍坊市、菏泽市和青岛市的畜禽粪便中氮的养分供给量分别占到全省的11.8%、11.4%、11.4%、10.2%、7.5%，分别为4.4万吨、4.3万吨、4.2万吨、3.8万吨、2.8万吨。2017年山东省各县（区）畜禽粪便氮供给量分布见下图。

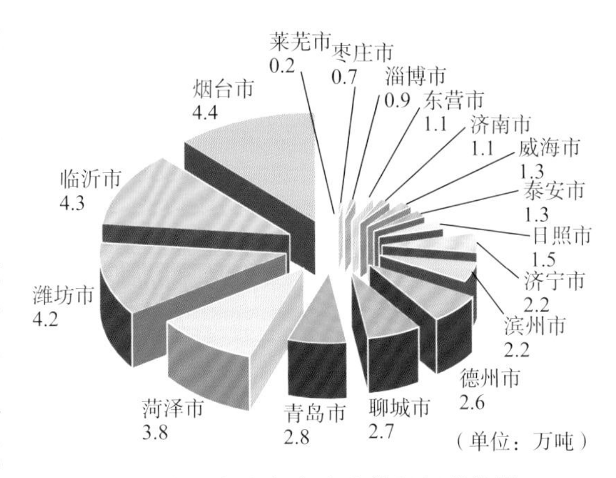

2017年山东省各市畜禽粪便氮供给量

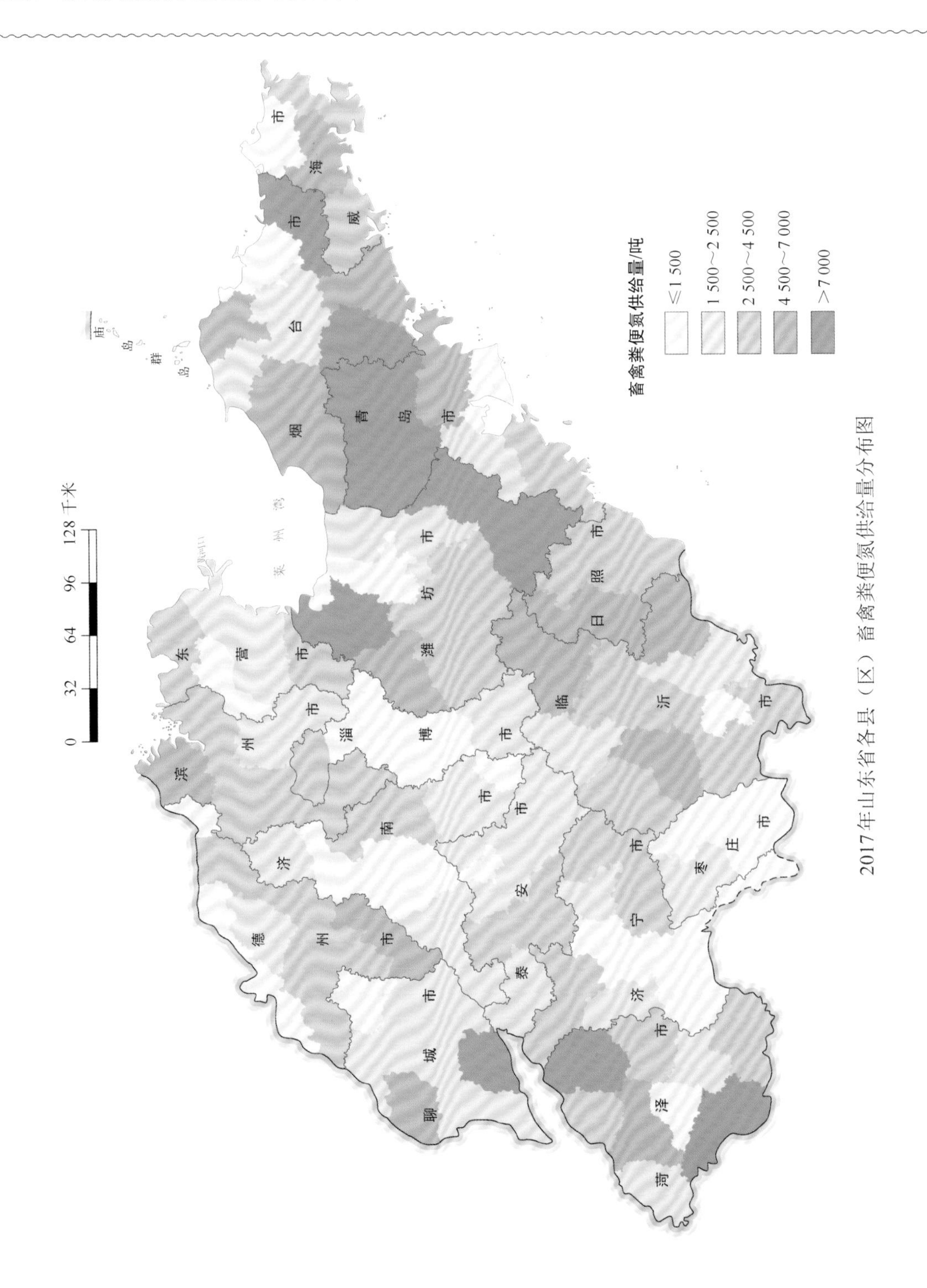

2017年山东省各县（区）畜禽粪便氮供给量分布图

2.17　河南省畜禽粪便氮供给量分布

河南省是重要商品粮基地，也是畜牧业大省。河南省总体畜禽粪肥氮养分供给潜力巨大，主要集中在豫南地区。2017年河南省总的畜禽粪便中氮的养分供给量为30.9万吨，占全国的6.8%；其中南阳市、周口市、驻马店市、开封市和商丘市的畜禽粪便中氮的养分供给量分别占到全省的15.5%、10.2%、9.8%、8.3%、7.7%，分别为4.8万吨、3.1万吨、3.0万吨、2.6万吨、2.4万吨。2017年河南省各县（区）畜禽粪便氮供给量分布见下图。

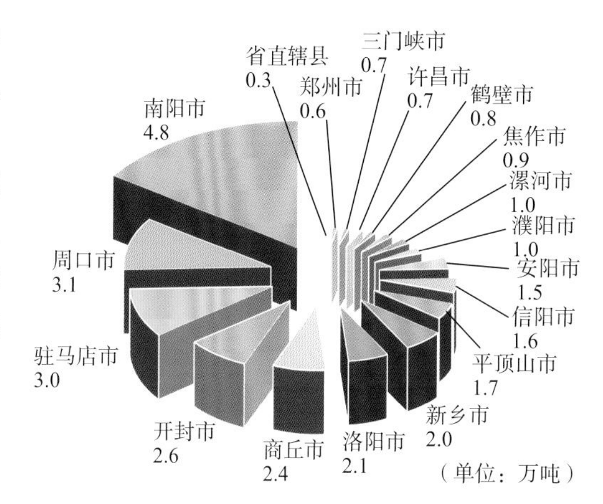

2017年河南省各市畜禽粪便氮供给量

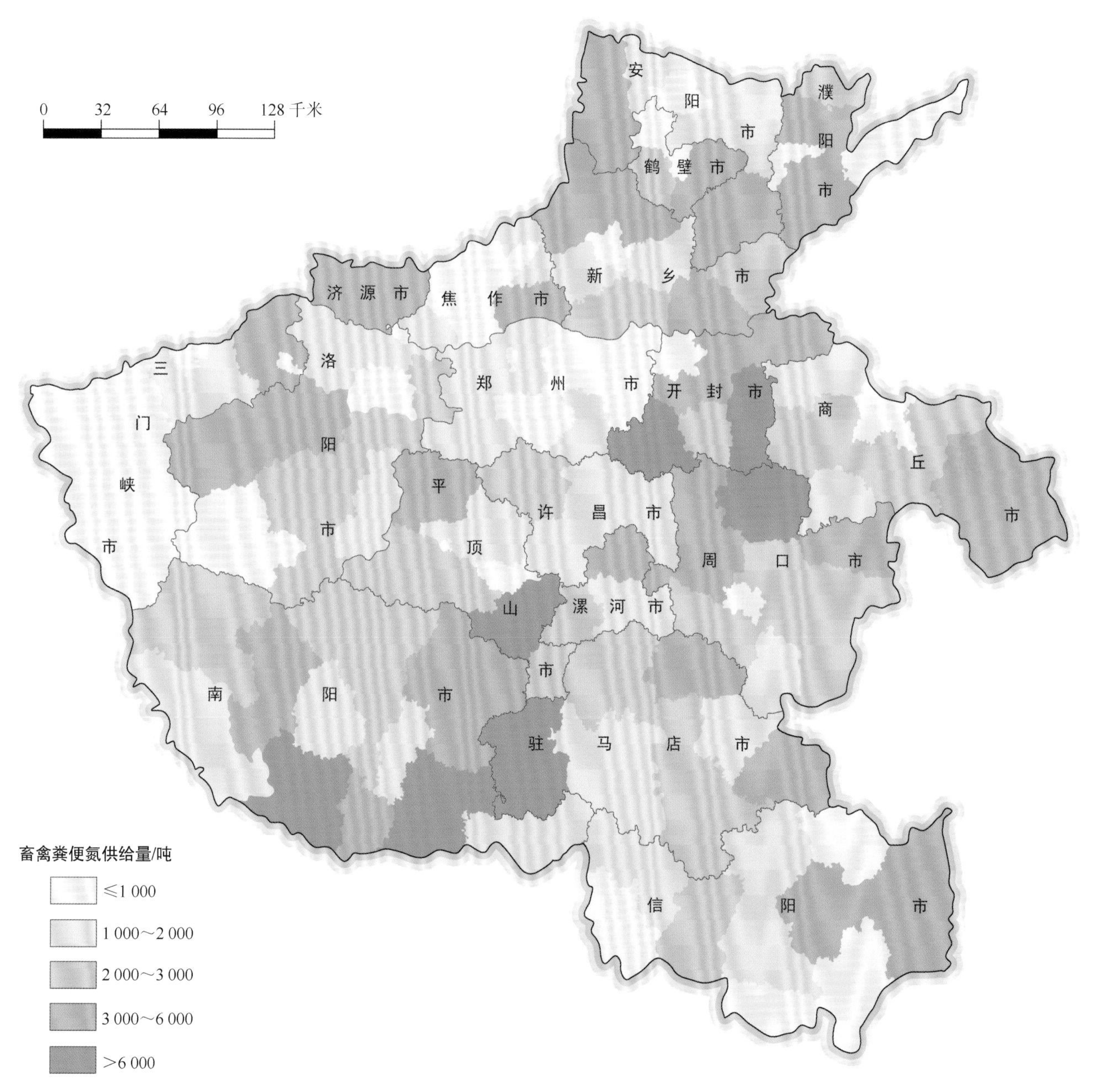

2017年河南省各县（区）畜禽粪便氮供给量分布图

2.18 湖北省畜禽粪便氮供给量分布

湖北省是养殖大省，但是湖北省规模化养殖场集中分布在某些区域，导致畜禽粪便的产生在地域上不均匀。2017年湖北省总的畜禽粪便中氮的养分供给量为20.6万吨，占全国的4.6%；其中襄阳市、黄冈市、宜昌市和恩施土家族自治州的畜禽粪便中氮的养分供给量分别占到全省的14.0%、13.2%、10.6%、10.0%，分别为2.9万吨、2.7万吨、2.2万吨、2.1万吨。2017年湖北省各县（区）畜禽粪便氮供给量分布见下图。

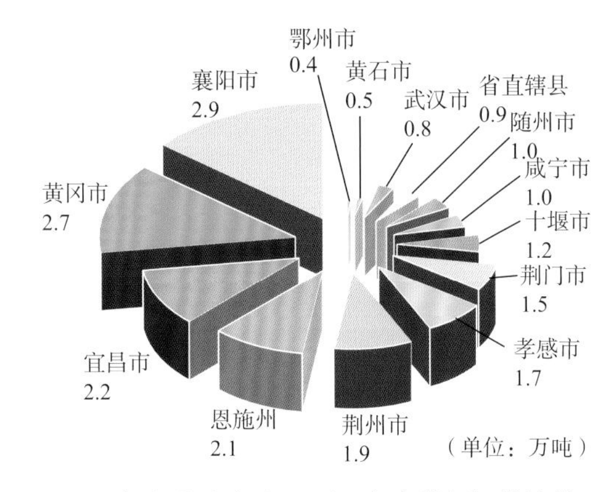

2017年湖北省各市（州）畜禽粪便氮供给量

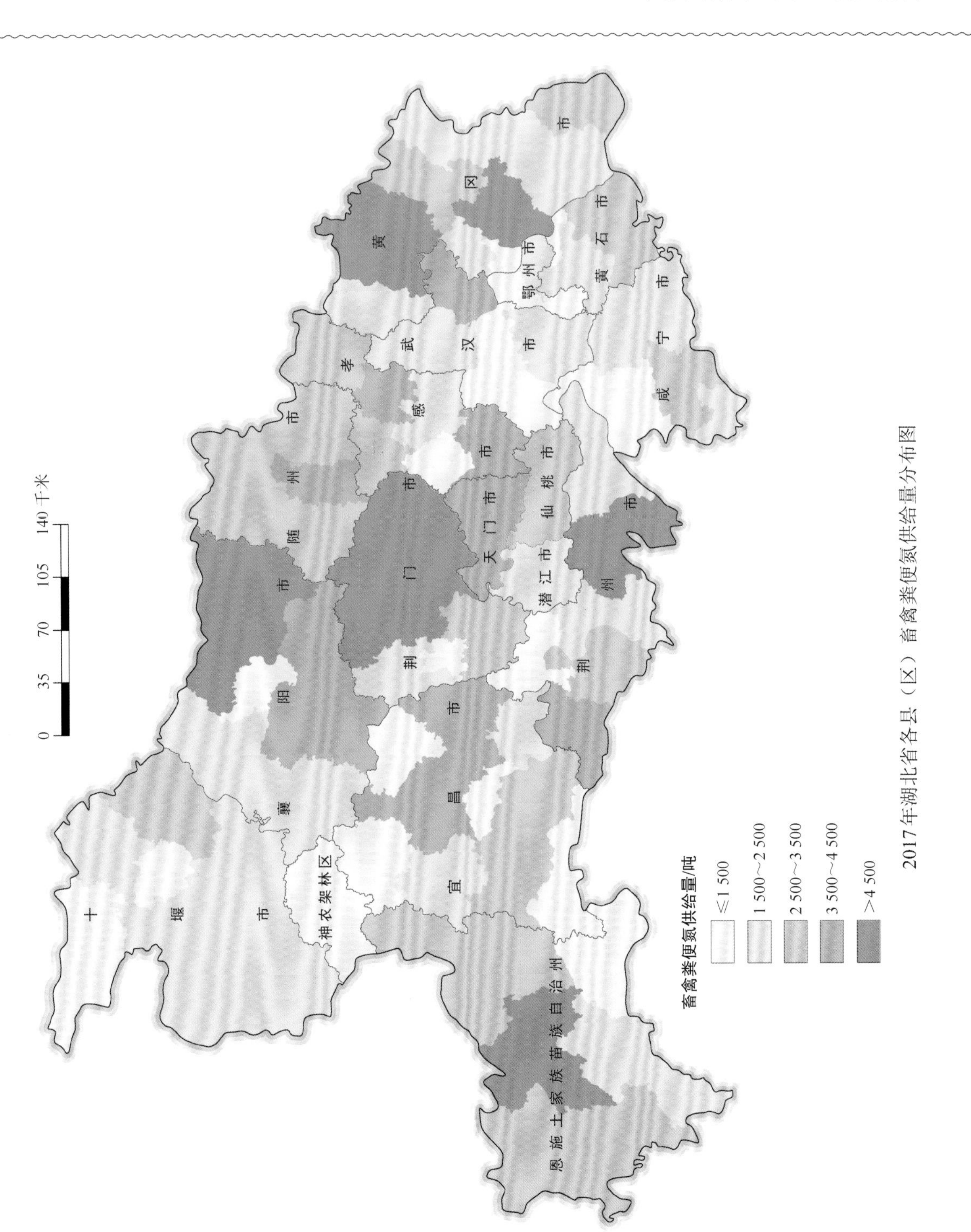

2017年湖北省各县（区）畜禽粪便氮供给量分布图

2.19　湖南省畜禽粪便氮供给量分布

湖南省基于“以种定养，种养平衡”的基本思路将畜禽养殖和农业种植有机结合。湖南省畜禽养殖业发展呈现不平衡态势，湖南中西部较集中，而湖南中部以及东南部分地区仍存在一定的发展空间，湖南东北及中南部分地区存在较大的发展空间。2017年湖南省总的畜禽粪便中氮的养分供给量为24.7万吨，占全国的5.5%；其中永州市、常德市、邵阳市、衡阳市和岳阳市的畜禽粪便中氮的养分供给量分别占到全省的11.3%、11.0%、10.4%、10.3%和8.9%，分别为2.8万吨、2.7万吨、2.6万吨、2.5万吨和2.2万吨。2017年湖南省各县（区）畜禽粪便氮供给量分布见下图。

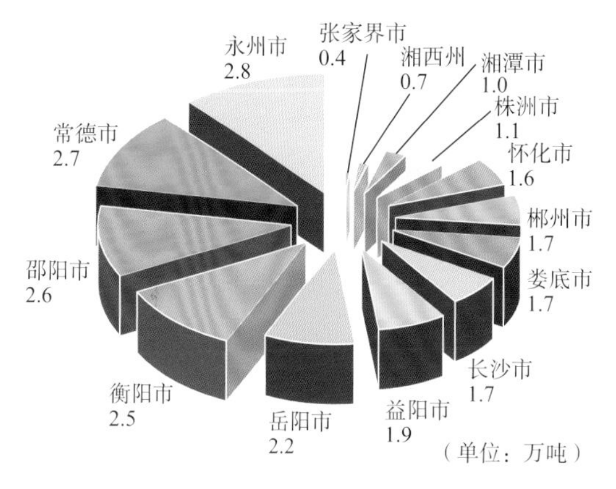

2017年湖南省各市（州）畜禽粪便氮供给量

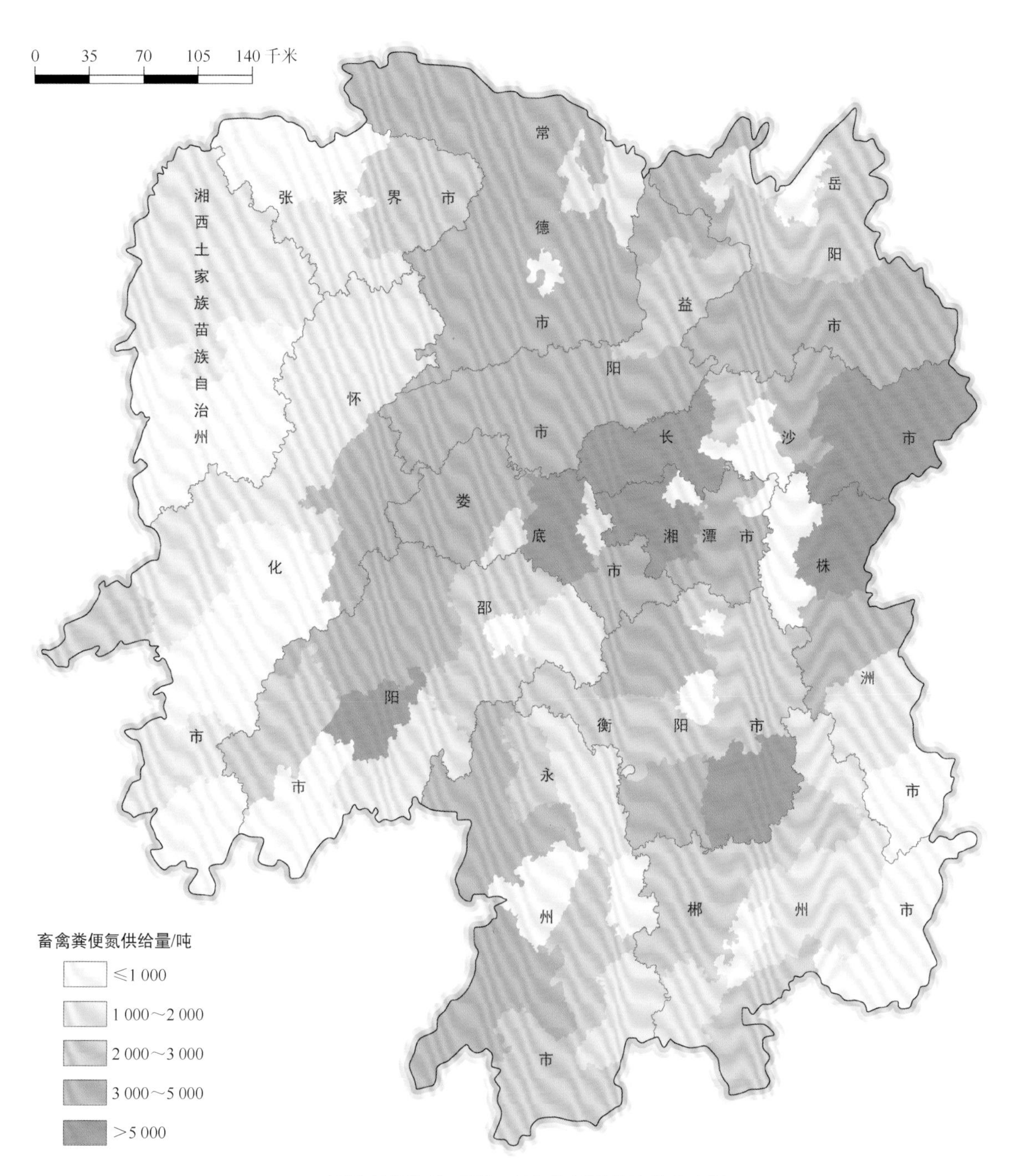

2017年湖南省各县（区）畜禽粪便氮供给量分布图

2.20 广东省畜禽粪便氮供给量分布

广东省畜禽粪便年产生量区域分布差异较大，不同区域畜禽粪便年产生量随时间变化也有明显差异。2017年广东省总的畜禽粪便中氮的养分供给量为15.5万吨，占全国的3.5%；其中茂名市、江门市、清远市、湛江市和韶关市的畜禽粪便中氮的养分供给量分别占到全省的12.0%、11.7%、9.9%、9.0%、8.1%，分别为1.8万吨、1.8万吨、1.5万吨、1.4万吨、1.2万吨。2017年广东省各县（区）畜禽粪便氮供给量分布见下图。

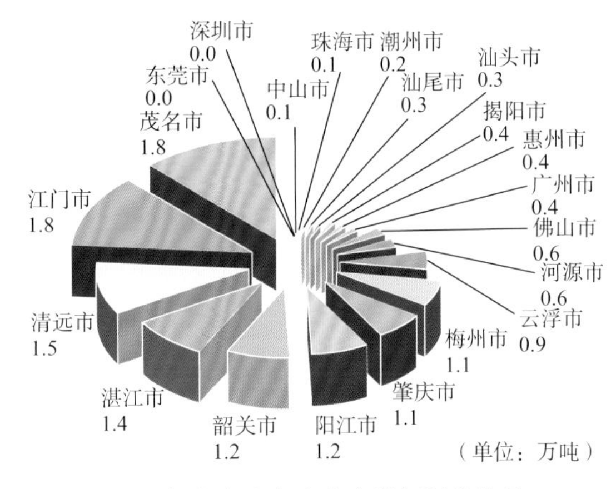

2017年广东省各市畜禽粪便氮供给量

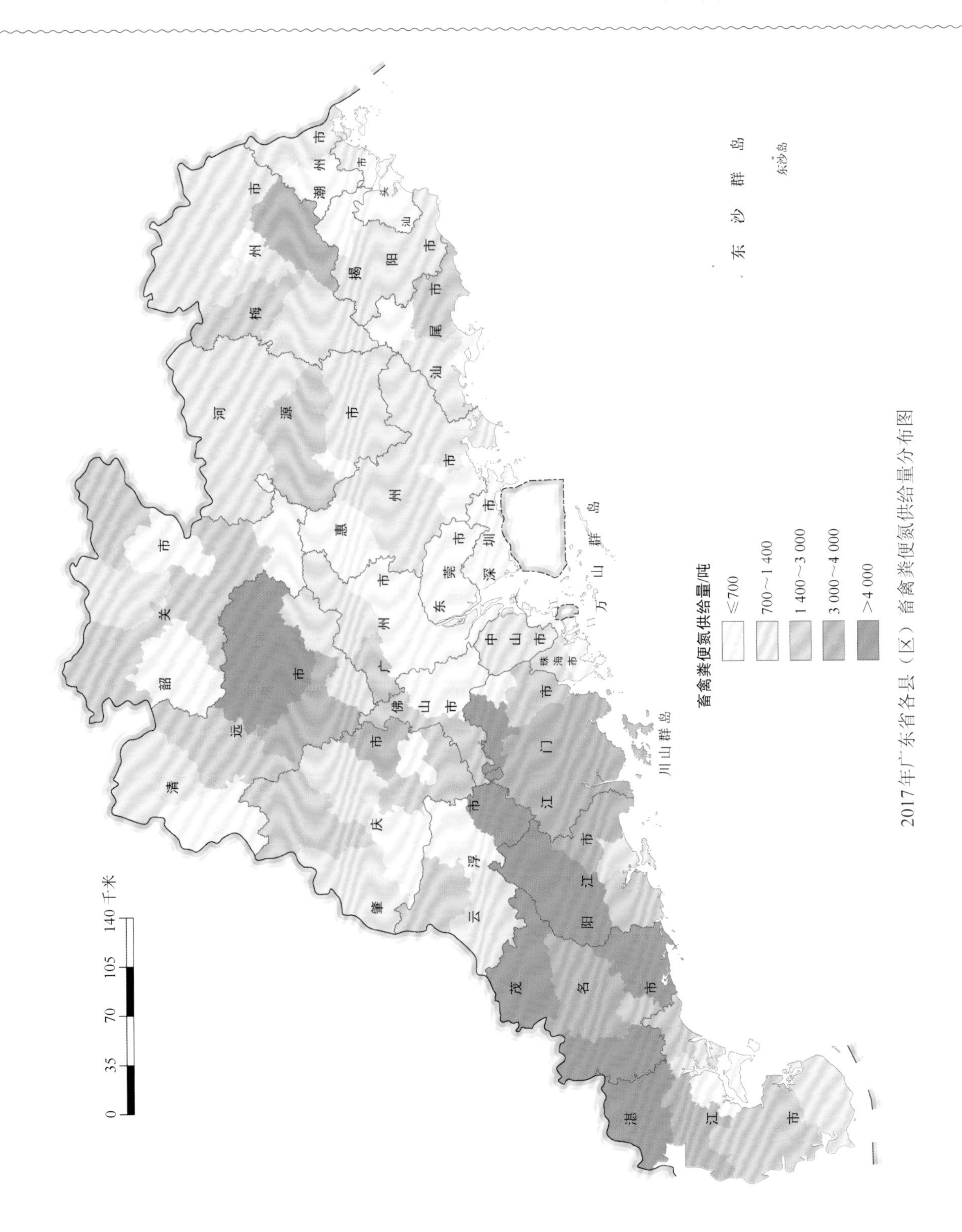

2017年广东省各县（区）畜禽粪便氮供给量分布图

2.21 广西壮族自治区畜禽粪便氮供给量分布

广西壮族自治区粪便资源较丰富，主要集中在东部和南部。2017年广西壮族自治区总的畜禽粪便中氮的养分供给量为18.6万吨，占全国的4.2%；其中玉林市、南宁市、桂林市、贵港市的畜禽粪便中氮的养分供给量分别占到全自治区的15.0%、13.7%、12.1%和9.4%，分别为2.8万吨、2.6万吨、2.2万吨和1.8万吨。2017年广西壮族自治区各县（区）畜禽粪便氮供给量分布见下图。

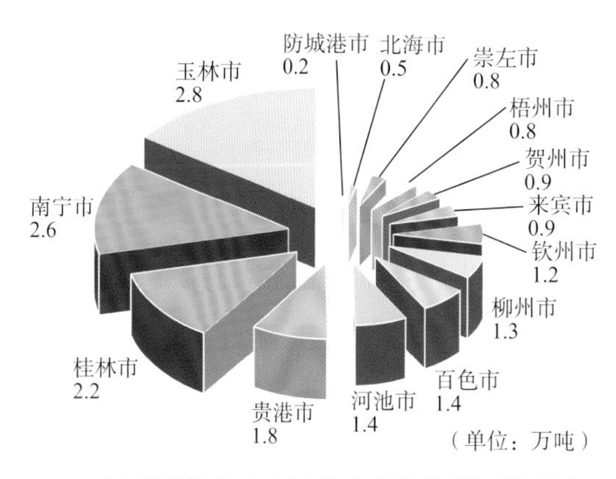

2017年广西壮族自治区各市畜禽粪便氮供给量

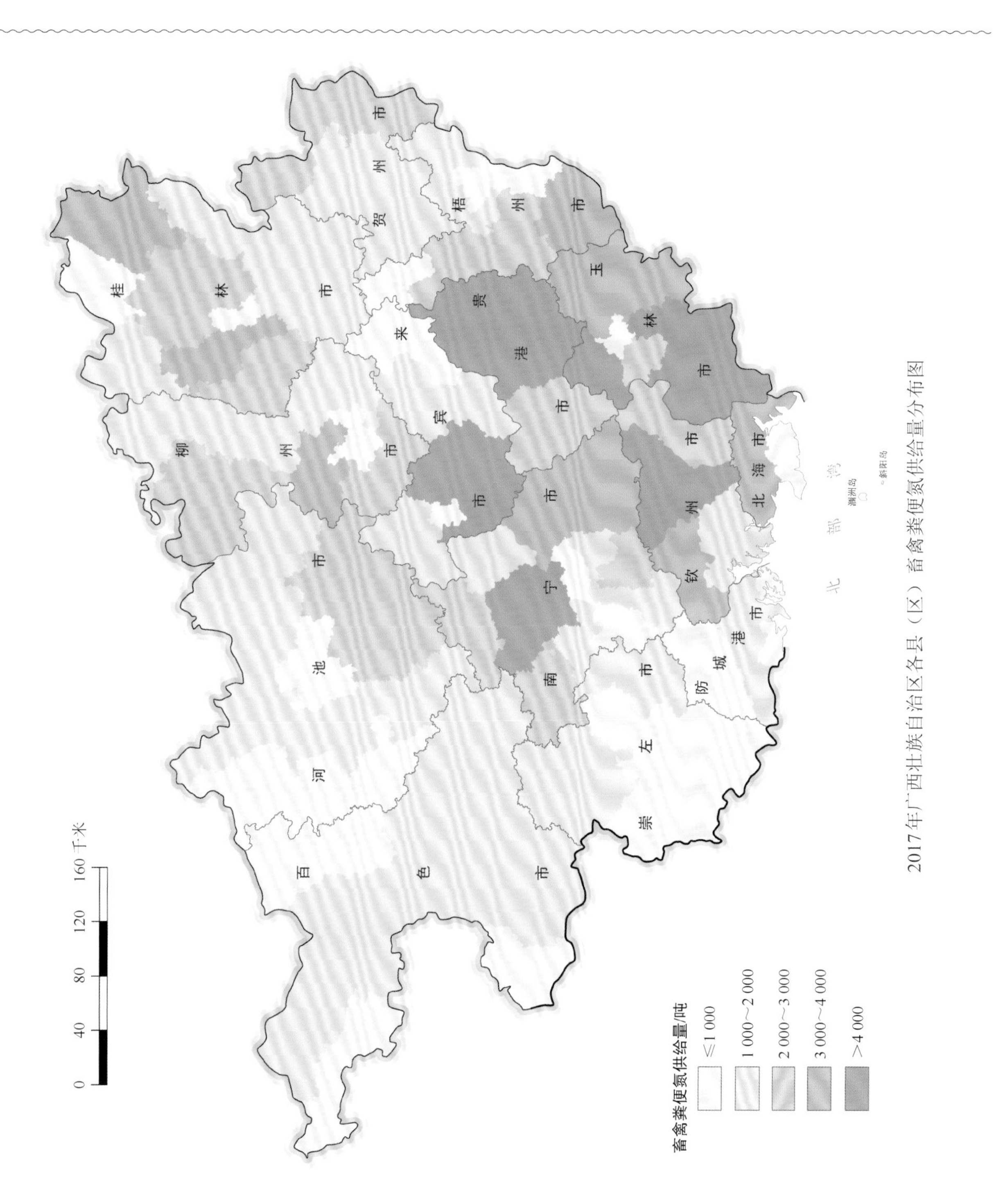

2017年广西壮族自治区各县（区）畜禽粪便氮供给量分布图

2.22 海南省畜禽粪便氮供给量分布

海南省畜禽养殖业随着经济增长和政策的扶持发展迅速，畜禽养殖呈现规模化发展趋势。2017年海南省总的畜禽粪便中氮的养分供给量为2.8万吨，占全国的0.7%；其中省直辖县级市的畜禽粪便中氮的养分供给量占到全省的74.5%，为2.1万吨。2017年海南省各县（区）畜禽粪便氮供给量分布见下图。

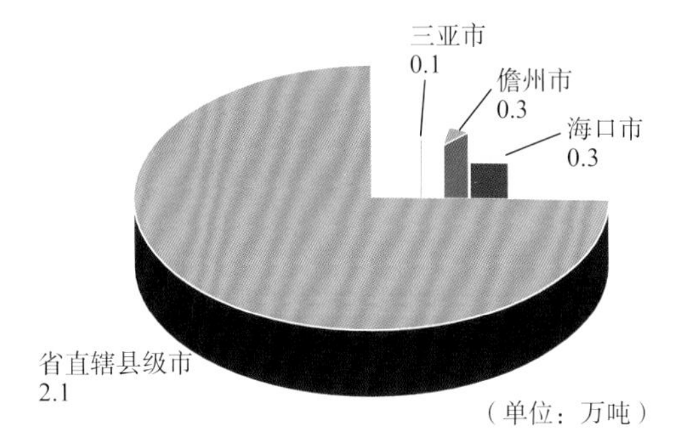

2017年海南各市畜禽粪便氮供给量

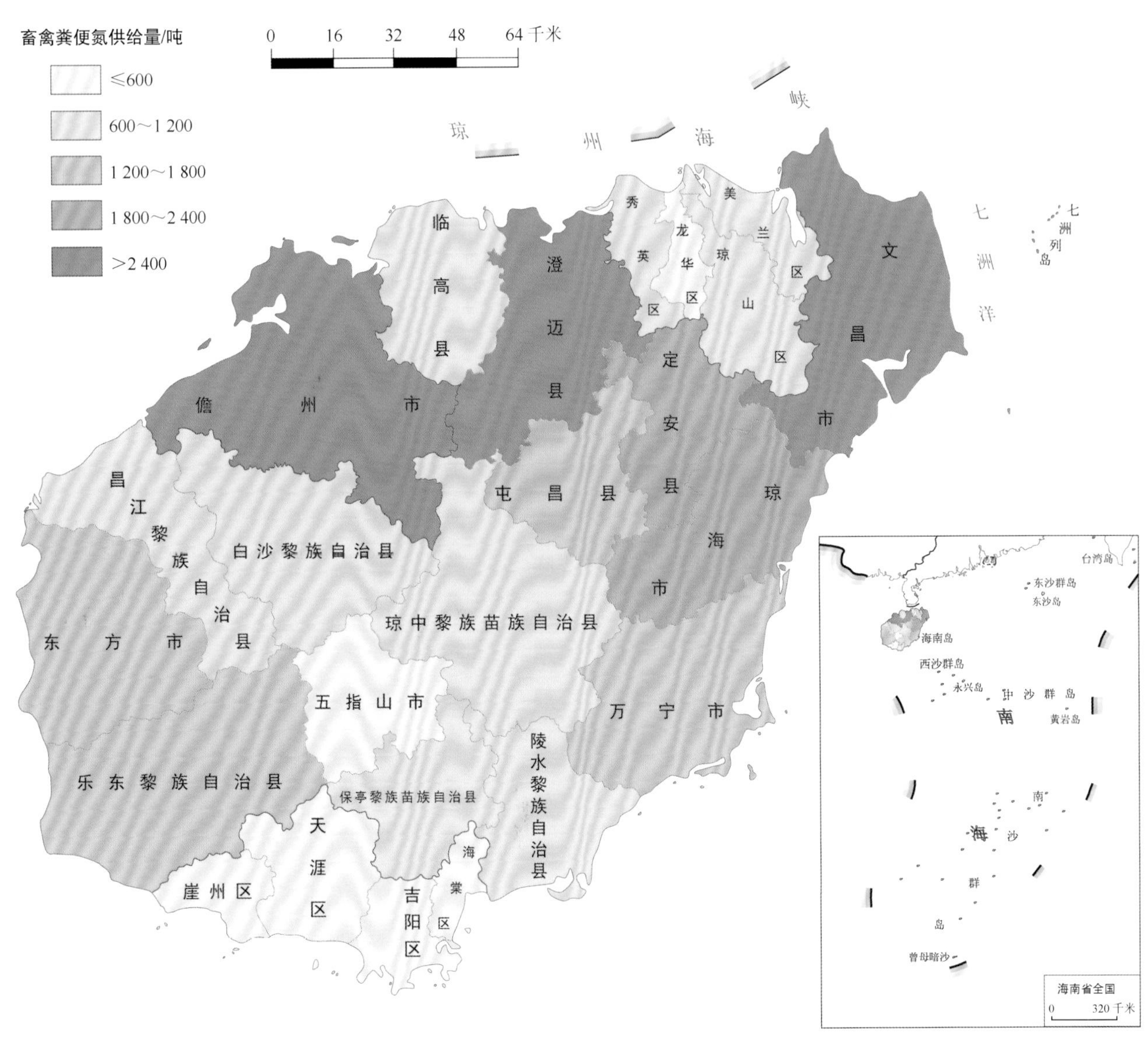

2017年海南省各县（区）畜禽粪便氮供给量分布图

2.23　重庆市畜禽粪便氮供给量分布

重庆市各区域养殖数量和种类分布不均，畜禽粪便产生形成空间差异。畜禽粪便中氮负荷最大与最小地区差异非常显著。2017年重庆市总的畜禽粪便中氮的养分供给量为8.7万吨，占全国的1.9%；其中云阳县、奉节县和酉阳土家族苗族自治县的畜禽粪便中氮的养分供给量分别占全市的5.6%、5.4%和5.1%，分别为0.5万吨、0.5万吨和0.4万吨。2017年重庆市各县（区）畜禽粪便氮供给量分布见下图。

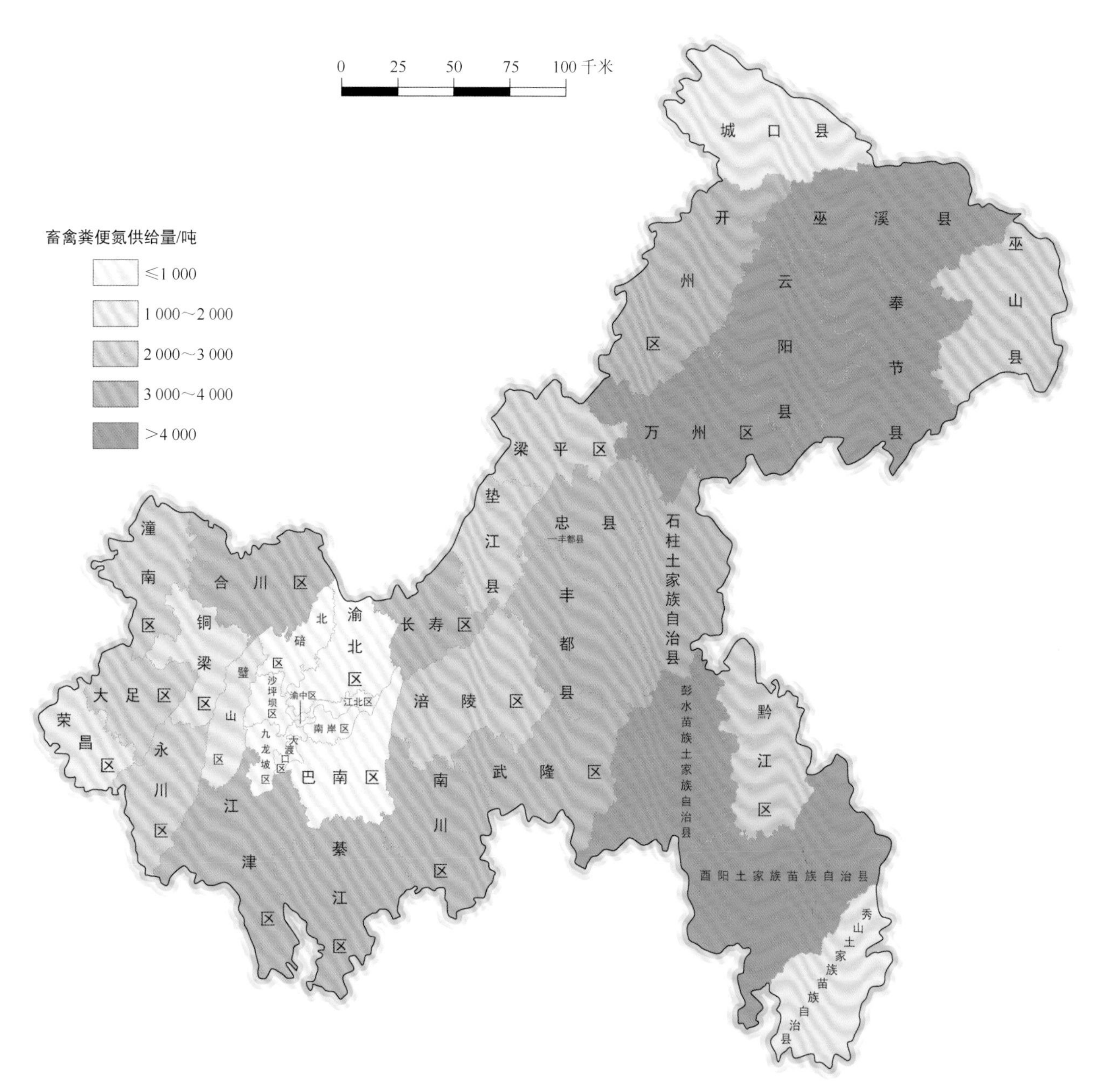

2017年重庆市各县（区）畜禽粪便氮供给量分布图

2.24 四川省畜禽粪便氮供给量分布

四川省畜禽粪便收集、转化和利用体系亟待健全完善，收、运、储困难仍制约省内畜禽粪便综合利用发展，科学规划、布设各类利用设施工作有待深入。2017年四川省总的畜禽粪便中氮的养分供给量为27.7万吨，占全国的6.2%；其中凉山彝族自治州、成都市、南充市、绵阳市和达州市的畜禽粪便中氮的养分供给量分别占到全省的10.7%、8.7%、8.0%、6.8%和6.7%，分别为3.0万吨、2.4万吨、2.2万吨、1.9万吨和1.9万吨。2017年四川省各县（区）畜禽粪便氮供给量分布见下图。

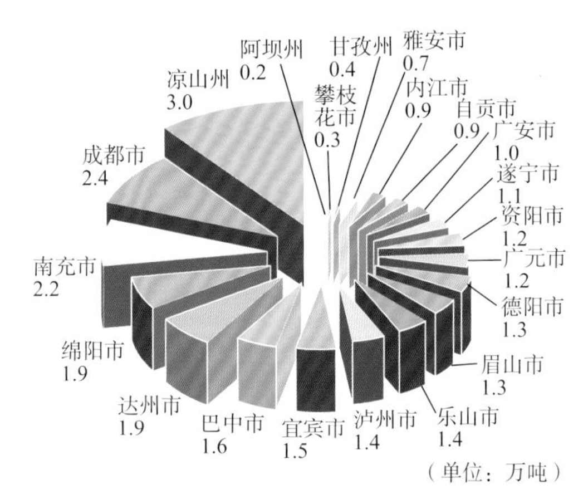

2017年四川省各市（州）畜禽粪便氮供给量

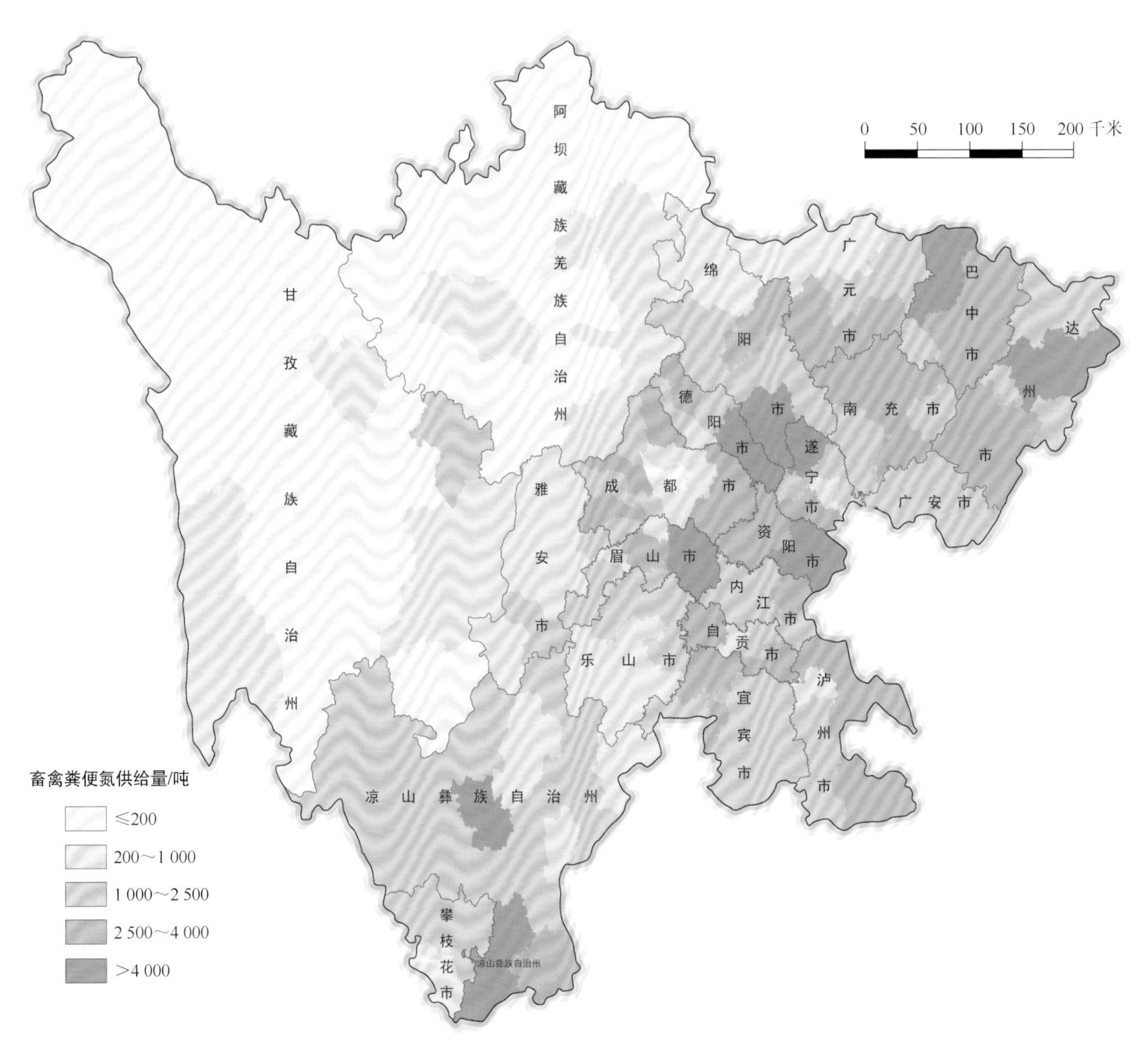

2017年四川省各县（区）畜禽粪便氮供给量分布图

2.25　贵州省畜禽粪便氮供给量分布

贵州省畜禽粪便资源分布具有明显的地域性，空间分布差异较大，需要进一步科学合理开展种养循环利用。2017年贵州省总的畜禽粪便中氮的养分供给量为12.1万吨，占全国的2.7%；其中主要以遵义市、毕节市、黔南布依族苗族自治州三市为主，其畜禽粪便中氮的养分供给量分别占到全省的22.0%、17.1%和11.4%，分别为2.7万吨、2.1万吨和1.4万吨。2017年贵州省各县（区）畜禽粪便氮供给量分布见下图。

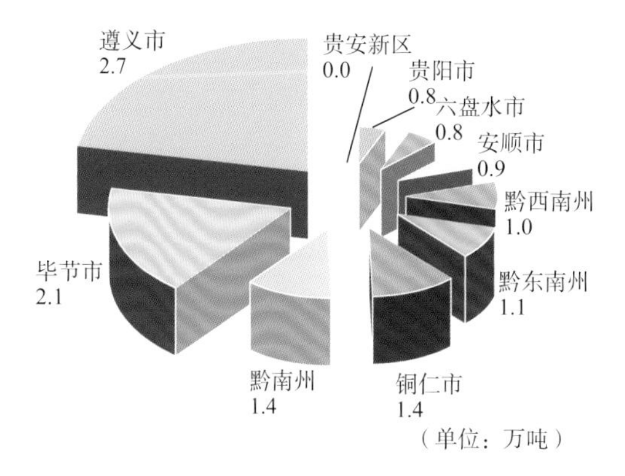

2017年贵州省各市（州、区）畜禽粪便氮供给量

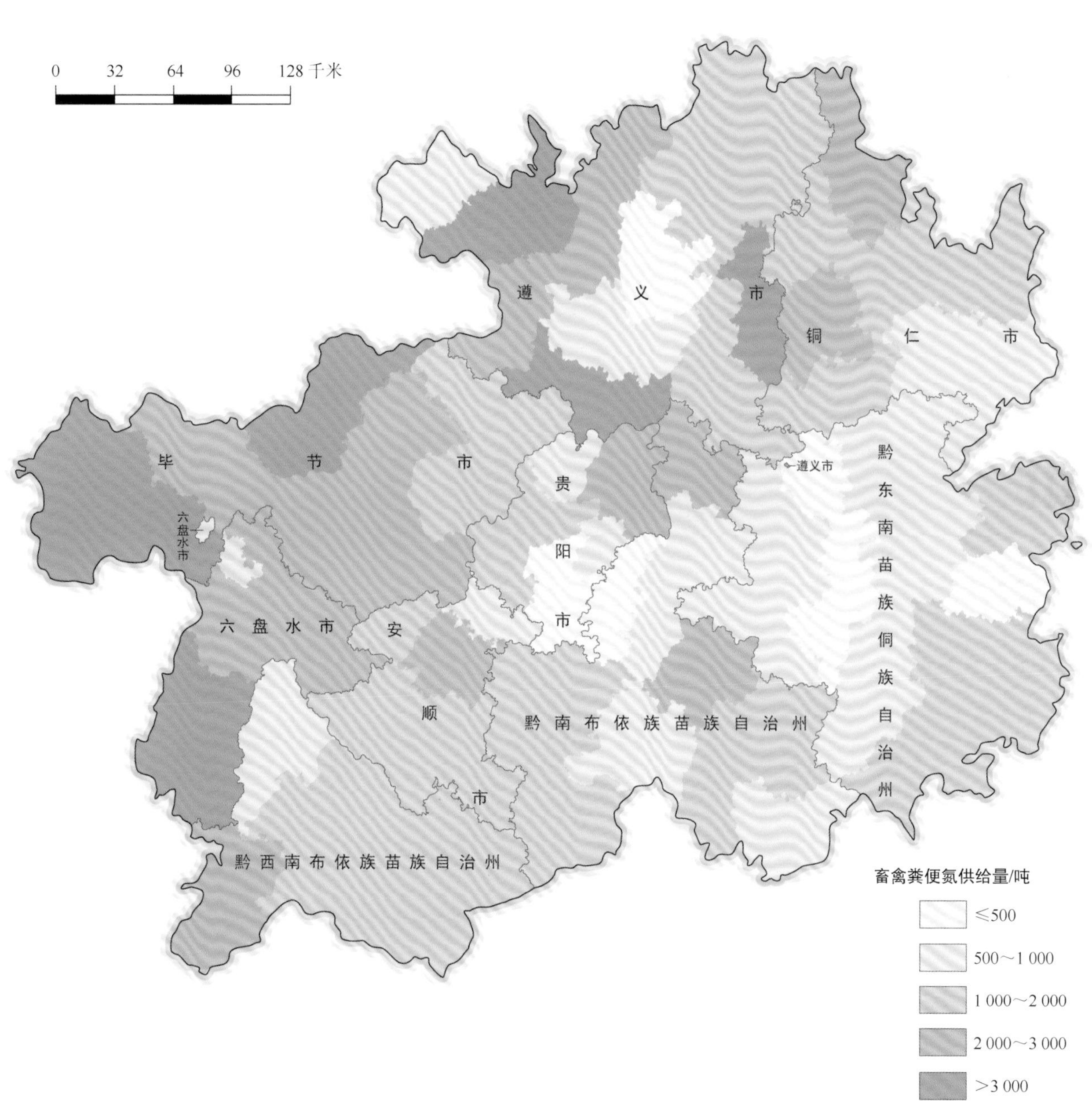

2017年贵州省各县（区）畜禽粪便氮供给量分布图

2.26 云南省畜禽粪便氮供给量分布

云南省以畜禽粪便为原料的有机肥生产，面临技术水平低、生产运输成本高、消费者观念落后和社会化服务不足等诸多问题，影响畜禽粪肥的推广施用。2017年云南省总的畜禽粪便中氮的养分供给量为31.3万吨，占全国的7.0%；其中主要以曲靖市、红河哈尼族彝族自治州、文山壮族苗族自治州、昆明市为主，其畜禽粪便中氮的养分供给量分别占到全省的21.3%、9.9%、9.5%和9.5%，分别为6.7万吨、3.1万吨、3.0万吨和3.0万吨。2017年云南省各县（区）畜禽粪便氮供给量分布见下图。

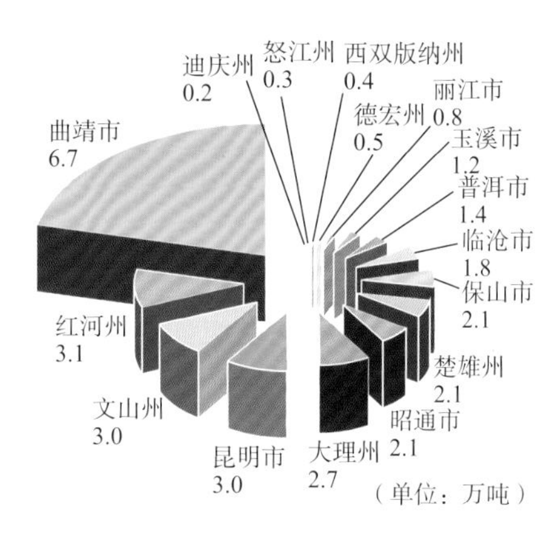

2017年云南省各市（州）畜禽粪便氮供给量

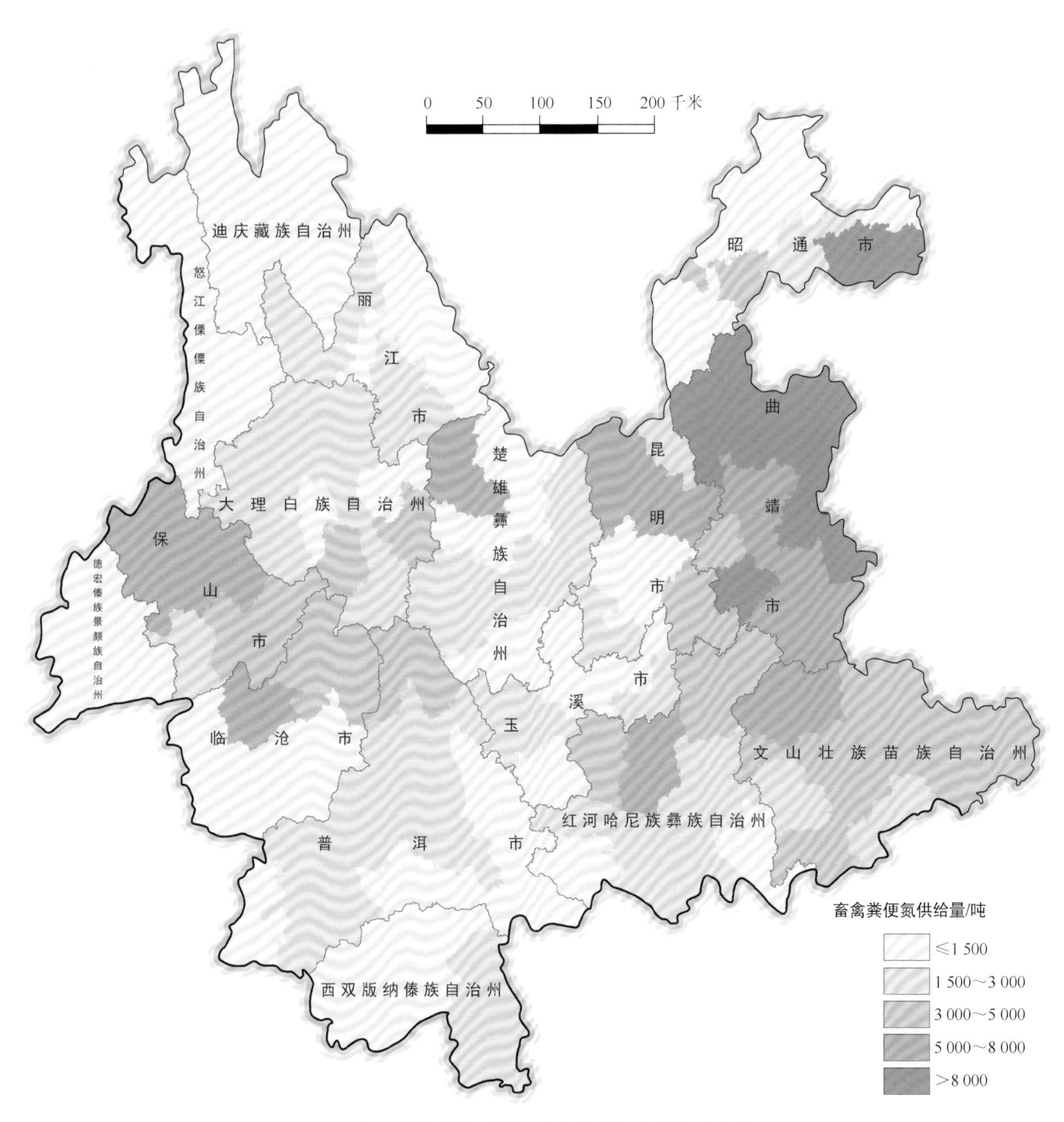

2017年云南省各县（区）畜禽粪便氮供给量分布图

2.27　西藏自治区畜禽粪便氮供给量分布

畜禽养殖是西藏自治区主导产业，但是畜禽粪污资源化利用水平不高，种养循环有待进一步提升。2017年西藏自治区总的畜禽粪便中氮的养分供给量为2.4万吨，占全国的0.5%；其中主要以山南市、日喀则市、昌都市三市为主，其畜禽粪便中氮的养分供给量分别占到全自治区的28.9%、26.1%和15.2%，分别为0.7万吨、0.6万吨和0.4万吨。2017年西藏自治区各县（区）畜禽粪便氮供给量分布见下图。

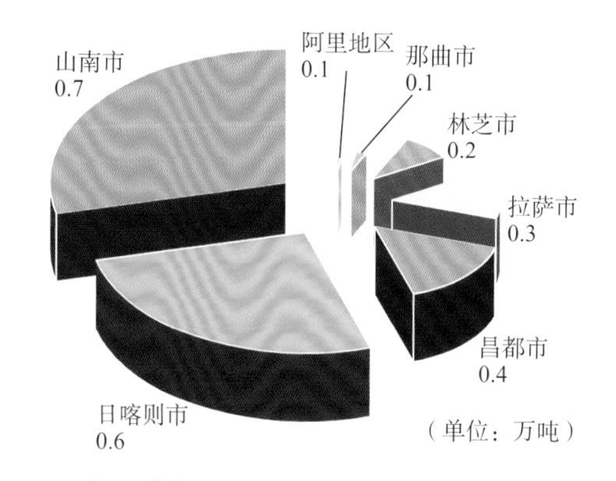

2017年西藏自治区各市（区）畜禽粪便氮供给量

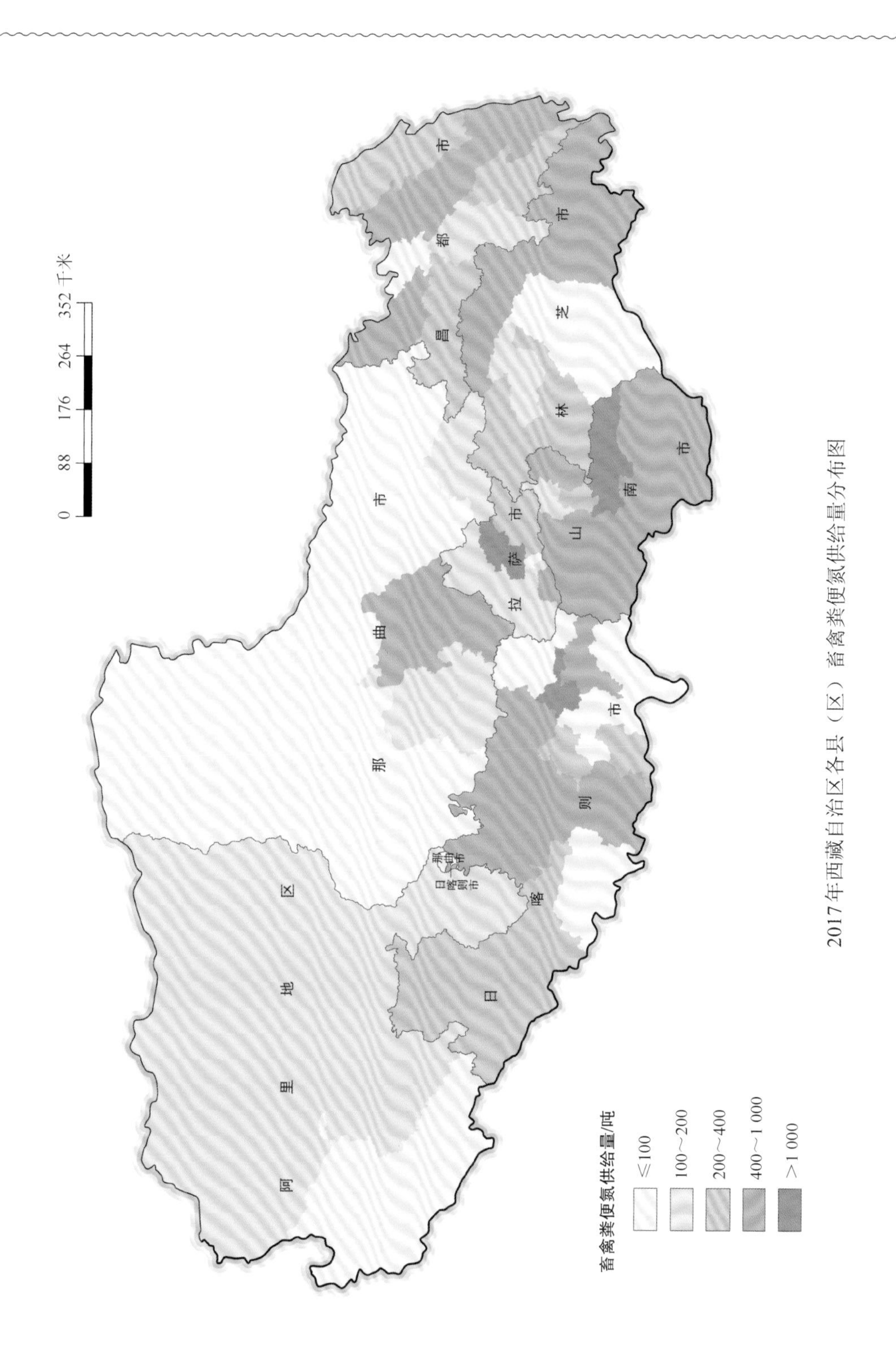

2017年西藏自治区各县（区）畜禽粪便氮供给量分布图

2.28 陕西省畜禽粪便氮供给量分布

近年来，陕西省积极推进畜禽粪污的资源化利用，畜禽粪便综合利用率不断提升。2017年陕西省总的畜禽粪便中氮的养分供给量为9.6万吨，占全国的2.2%；其中宝鸡市、榆林市、咸阳市、渭南市和汉中市的畜禽粪便中氮的养分供给量分别占到全省的16.2%、14.3%、13.2%、12.9%和12.9%，分别为1.6万吨、1.4万吨、1.3万吨、1.2万吨和1.2万吨。2017年陕西省各县（区）畜禽粪便氮供给量分布见下图。

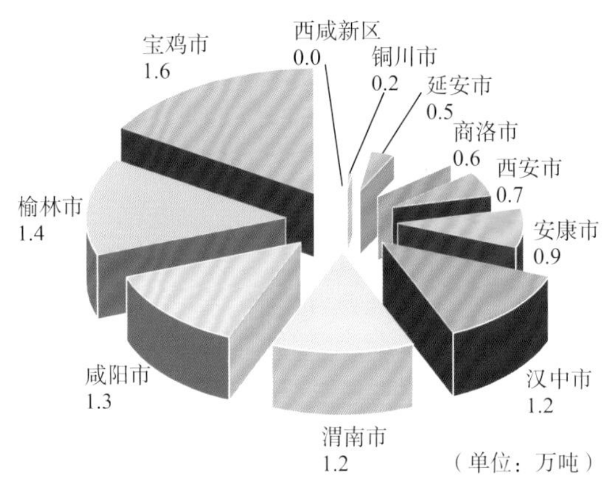

2017年陕西省各市（区）畜禽粪便氮供给量

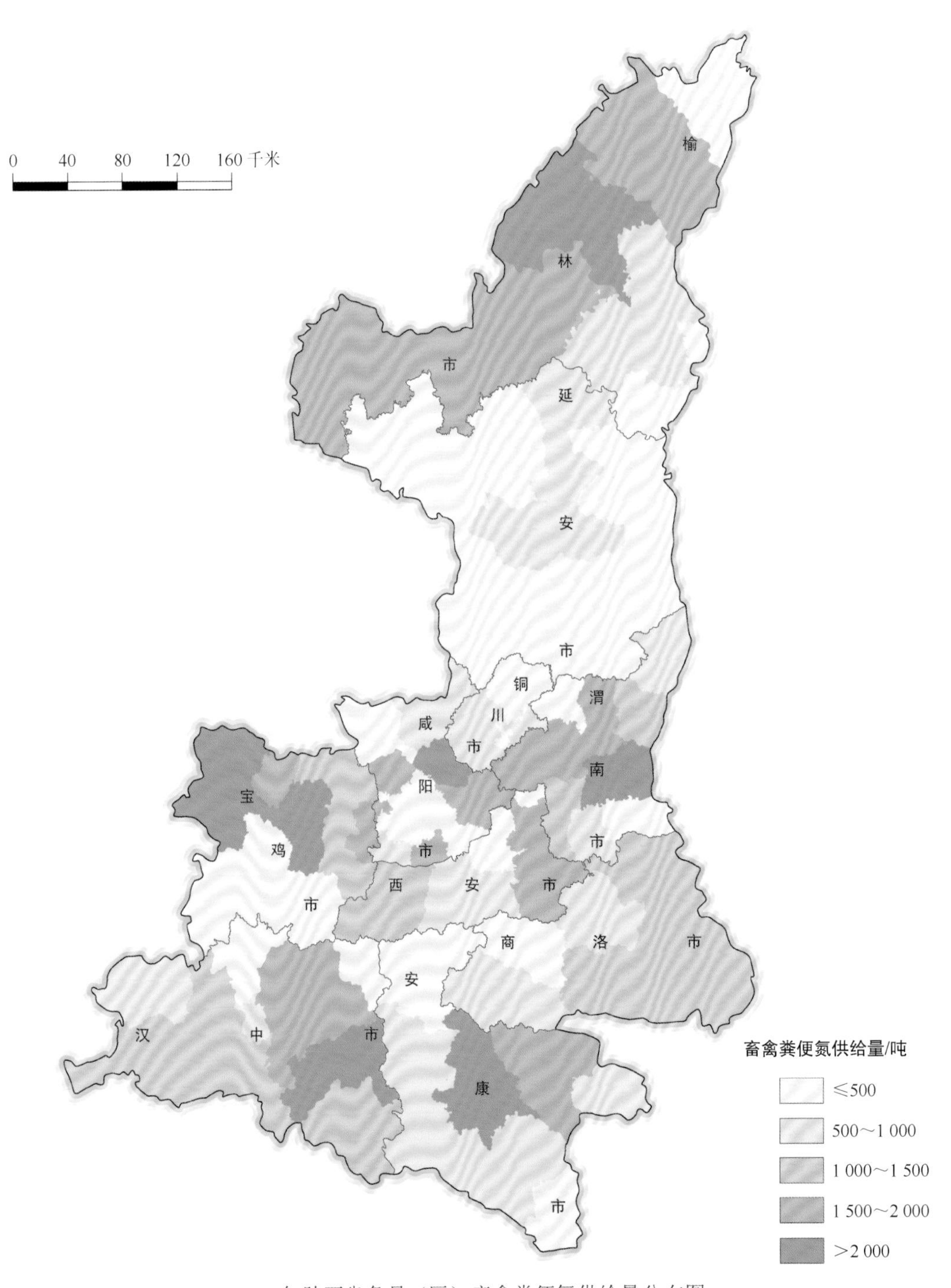

2017年陕西省各县（区）畜禽粪便氮供给量分布图

2.29　甘肃省畜禽粪便氮供给量分布

甘肃省稳步推进畜牧业向着标准化、集约化、粪污无害化的现代畜牧业生产模式发展。2017年甘肃省总的畜禽粪便中氮的养分供给量为10.7万吨，占全国的2.4%；其中甘南藏族自治州、武威市、临夏回族自治州、天水市和张掖市的畜禽粪便中氮的养分供给量分别占到全省的12.3%、10.7%、10.3%、9.5%和9.1%，分别为1.3万吨、1.1万吨、1.1万吨、1.0万吨和1.0万吨。2017年甘肃省各县（区）畜禽粪便氮供给量分布见下图。

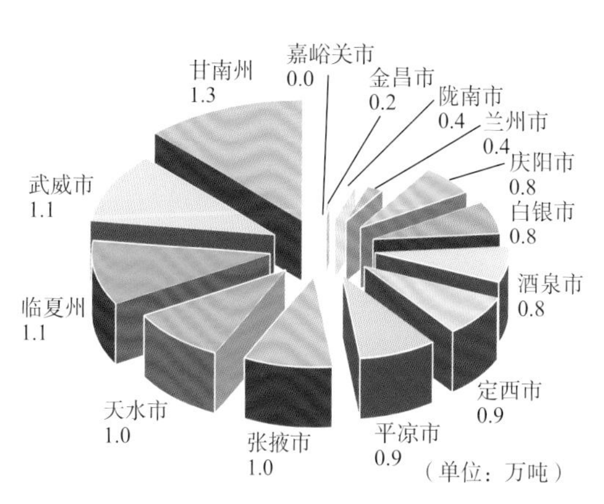

2017年甘肃省各市（州、区）畜禽粪便氮供给量

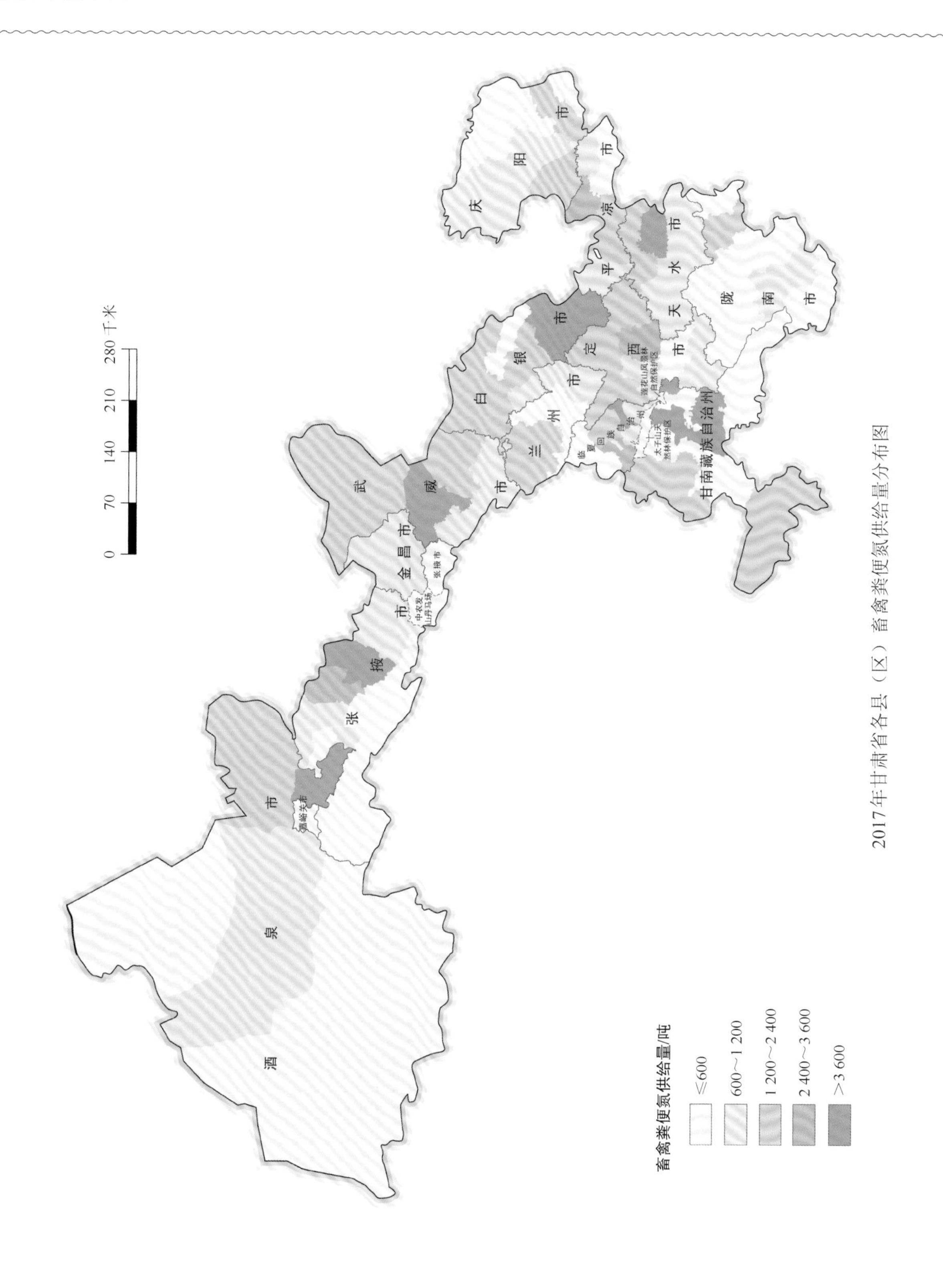

2017年甘肃省各县（区）畜禽粪便氮供给量分布图

2.30 青海省畜禽粪便氮供给量分布

青海省畜牧业发展具有其自身特点，畜禽以放牧养殖为主，规模化和农户养殖畜禽粪污资源化利用设施有待完善。2017年青海省总的畜禽粪便中氮的养分供给量为3.0万吨，占全国的0.7%；其中西宁市畜禽粪便中氮的养分供给量占全省的46.6%，为1.4万吨。2017年青海省各县（区）畜禽粪便氮供给量分布见下图。

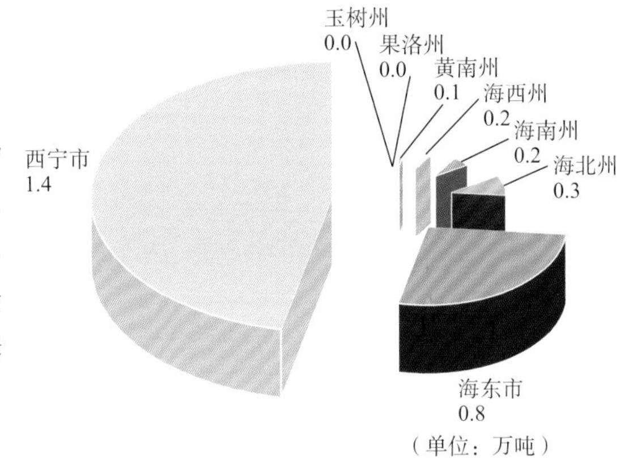

2017年青海省各市（州）畜禽粪便氮供给量

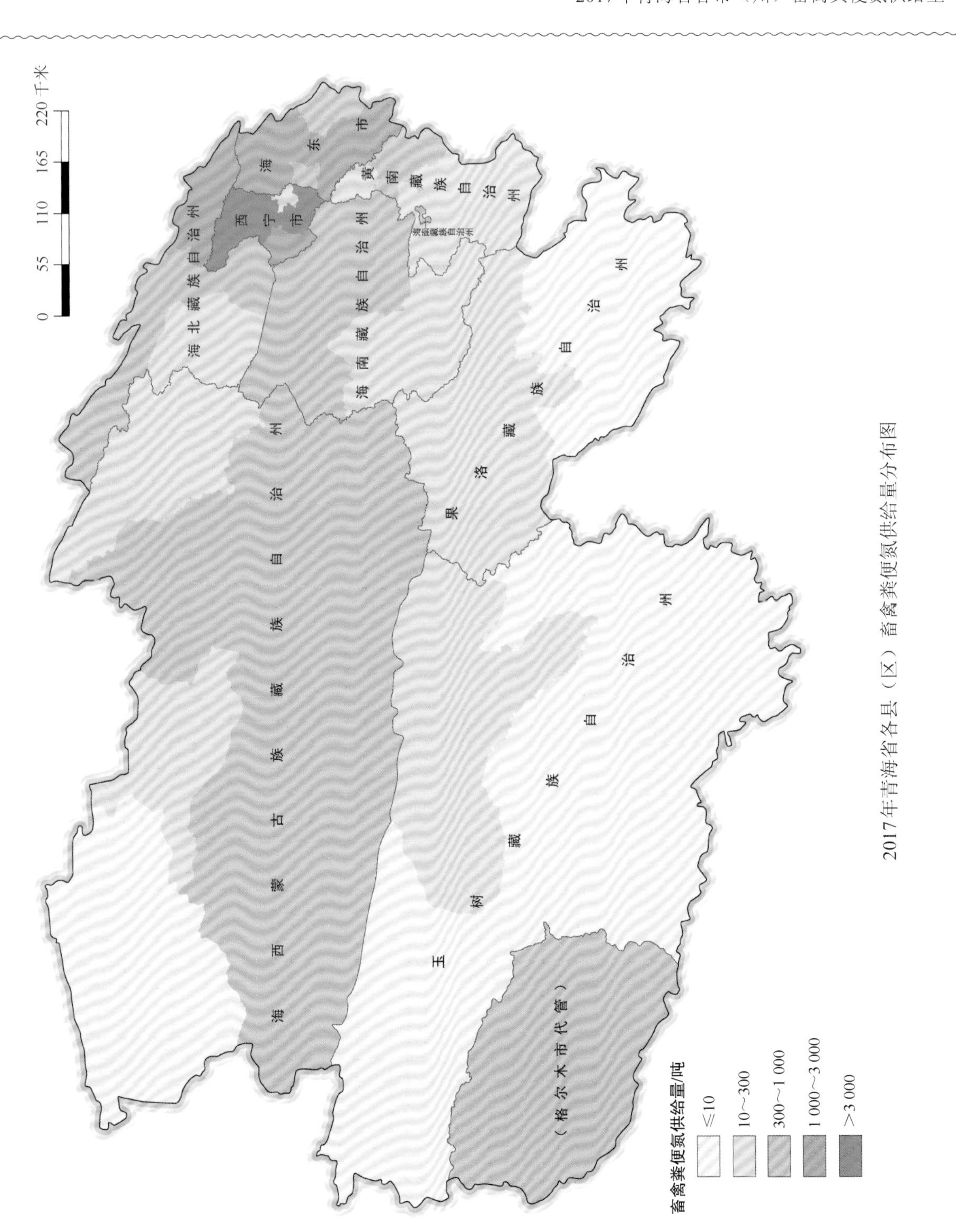

2017年青海省各县（区）畜禽粪便氮供给量分布图

2.31　宁夏回族自治区畜禽粪便氮供给量分布

宁夏回族自治区是我国优势畜牧业生产基地，近年来，通过优化种养布局结构，加强源头减量，加强畜禽粪便中氮养分的回收利用等，逐步提升了畜禽粪污资源化利用水平。2017年宁夏回族自治区总的畜禽粪便中氮的养分供给量为5.3万吨，占全国的1.2%；其中主要以吴忠市、固原市、银川市为主，其畜禽粪便中氮的养分供给量分别占到全自治区的30.2%、22.6%和22.6%，分别为1.6万吨、1.2万吨、1.2万吨。2017年宁夏回族自治区各县（区）畜禽粪便氮供给量分布见下图。

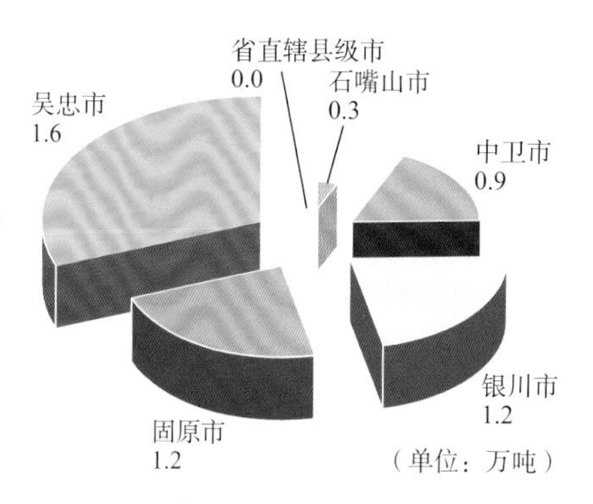

2017年宁夏回族自治区各市畜禽粪便氮供给量

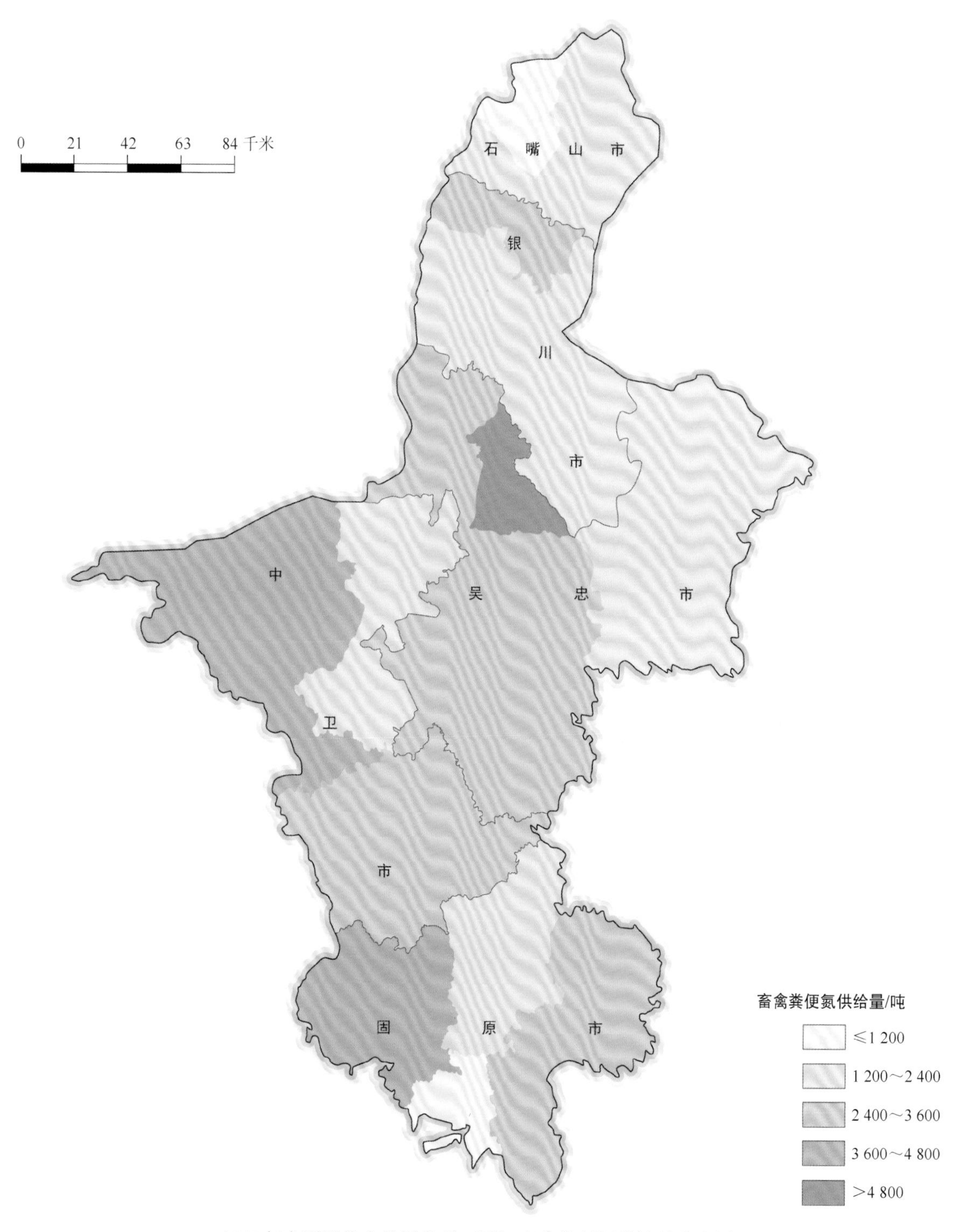

2017年宁夏回族自治区各县（区）畜禽粪便氮供给量分布图

2.32 新疆维吾尔自治区畜禽粪便氮供给量分布

新疆维吾尔自治区地域辽阔，种植和畜禽养殖存在地域差异，畜禽粪污资源化利用水平和种养循环合作机制有待完善。2017年新疆维吾尔族自治区总的畜禽粪便中氮的养分供给量为17.9万吨，占全国的4.0%；其中主要以伊犁哈萨克自治州、阿克苏地区、喀什地区为主，其畜禽粪便中氮的养分供给量分别占到全自治区的26.4%、11.0%和11.0%，分别为4.7万吨、2.0万吨和2.0万吨。2017年新疆维吾尔自治区各县（区）畜禽粪便氮供给量分布见下图。

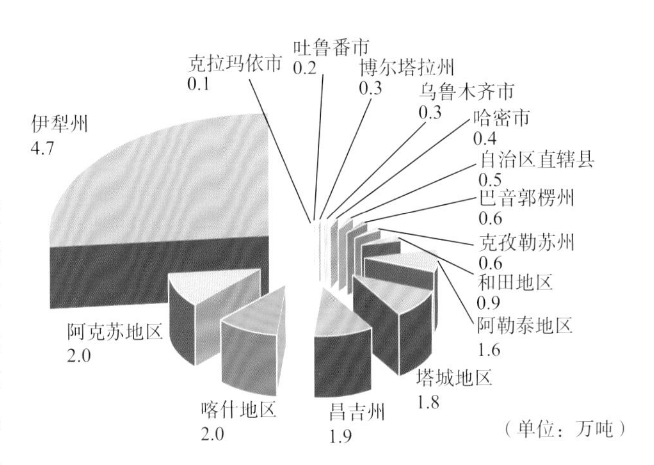

2017年新疆维吾尔自治区各市（州、区）畜禽粪便氮供给量

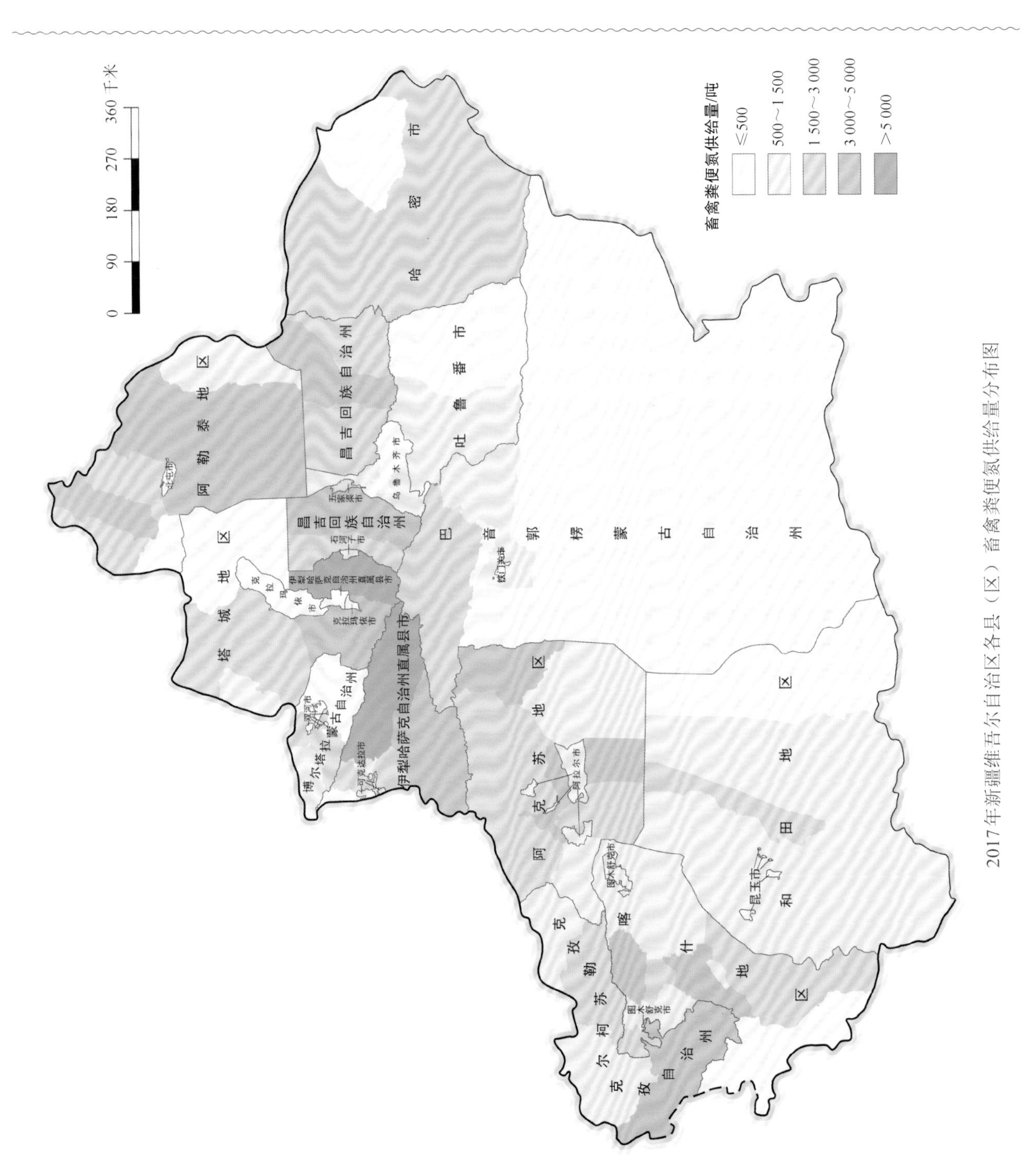

2017年新疆维吾尔自治区各县（区）畜禽粪便氮供给量分布图

第三部分　作物氮需求量分布

区域作物种植养分需求量的测算是合理确定区域可承载养殖量的基础数据，本图集根据各地区统计年鉴获取了2017年各种主要农作物、经济作物、水果和蔬菜的产量，基于《畜禽粪便土地承载力测算方法》中给出的典型作物单位产量下所需要吸收的氮养分量，根据不同区域的土壤养分含量情况，测算出该区域主要农作物的养分需求量。通过图集可以了解各地种植的主要农作物养分带走量，并以氮养分需求量分别绘制了县级负荷图；在分县作物养分需求量负荷图基础上，并以扇形图列出了地级市农作物养分需求量及其占比，便于直观比较。相关测算方法如下。

根据获得的信息，计算边界内植物总氮养分需求量$\mathrm{NU}_{r,n}$，单位为：千克/年，按下式计算：

$$\mathrm{NU}_{r,n} = \sum(P_{r,i} \times Q_i \times 10) + \sum(A_{t,j} \times \mathrm{AA}_{t,j} \times Q_j) \tag{3-1}$$

式中：

$P_{r,i}$——边界内第i种作物（或人工牧草）总产量，单位为：吨/年；

Q_i——边界内第i种作物形成100千克产量所需要吸收的氮养分量，单位为：千克/100千克，主要植物生长养分需求量推荐值参见附录表A.1；

10——换算系数，将千克/100千克换算为千克/吨；

$A_{t,j}$——边界内第j种人工林地总的种植面积，单位为：公顷；

$\mathrm{AA}_{t,j}$——边界内第j种人工林地单位面积年生长量，单位为：立方米/（公顷·年），主要人工林地单位面积年生长量推荐值参见附录表A.6；

Q_j——边界内第j种人工林地的单位体积的生长量所需要吸收的氮养分量，单位为：千克/立方米；主要人工林地生长养分需求量推荐值参见附录表A.1。

3.1 全国作物氮需求量分布

在中国大规模农业产业的背景下，氮素是作物生长的重要养分。2017年，全国主要农作物氮（折纯）的养分需求量为2 350.1万吨，从区域上看，主要集中在东北、华东、华中和西北地区，这些地区的农业活动高度集中，是主要粮食和经济作物的主产地，因此对养分氮的需求量较大。在所有省（区、市）中，河南省、黑龙江省和山东省排在前三位，其农作物的氮养分需求量分别为256.3万吨、207.8万吨、203.7万吨，仅这三个省就占了全国氮养分需求总量的28.4%，这凸显了这些省（区、市）对氮素养分的大量需求。可持续的氮回收循环管理方法的重要性在于可以满足区域作物养分需求，同时尽量减少氮养分流失对环境的影响。2017年全国各省（区、市）作物氮需求量分布见下图。

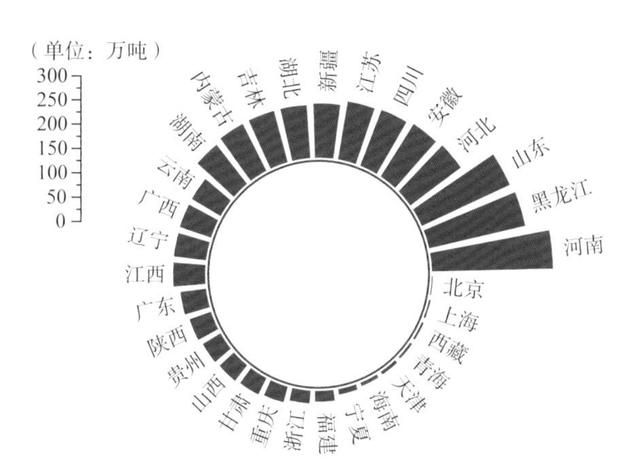

2017年全国各省（区、市）作物氮需求量

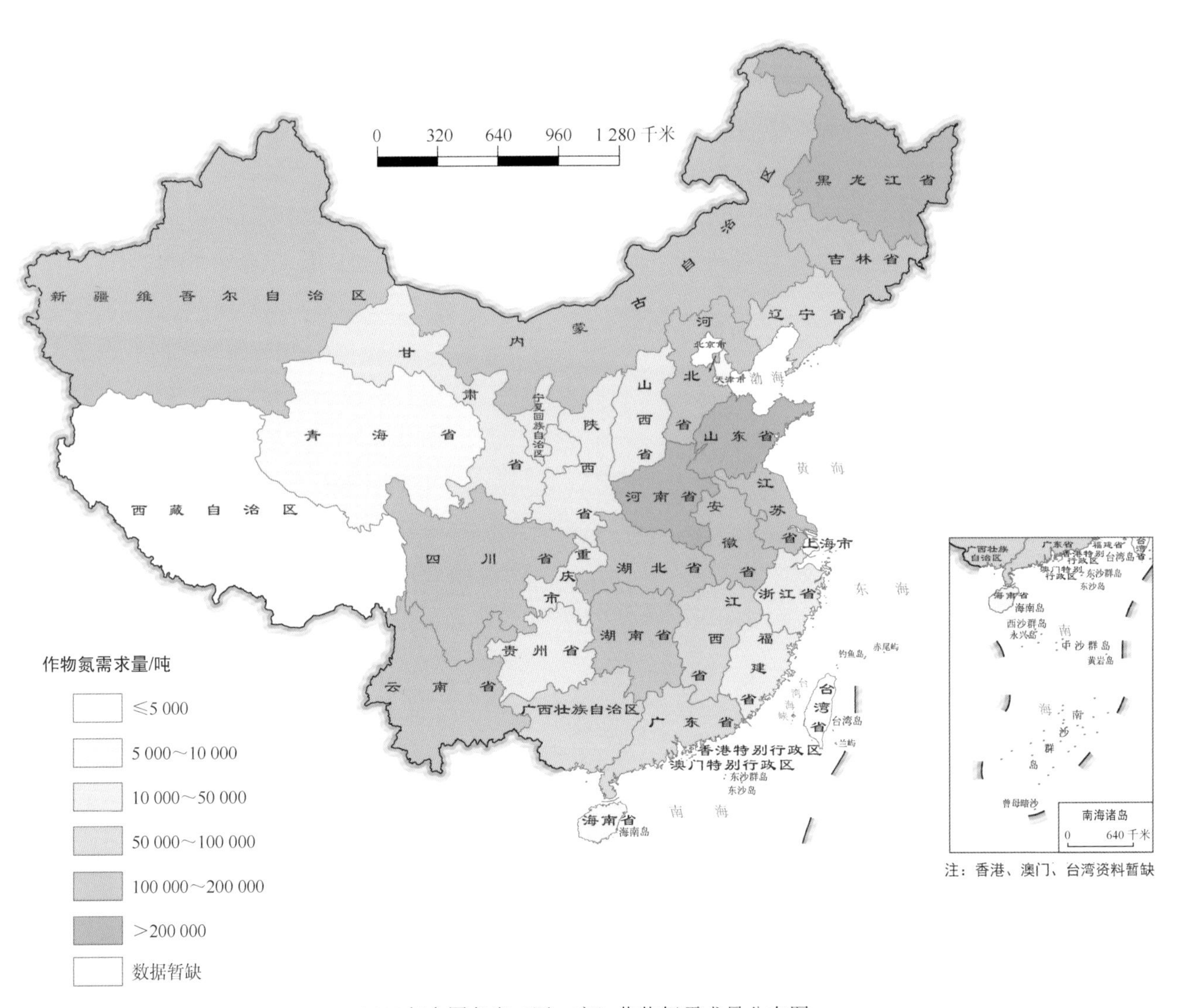

2017年全国各省（区、市）作物氮需求量分布图

3.2　北京市作物氮需求量分布

北京市主要种植的作物为玉米，氮肥来源主要为尿素。2017年北京市主要作物氮的养分需求量为1.9万吨，占全国的0.1%；其中大兴区、顺义区和通州区三区的作物氮养分需求量共占到全市的48.7%，分别为0.4万吨、0.3万吨、0.2万吨。2017年北京市各区作物氮需求量分布见下图。

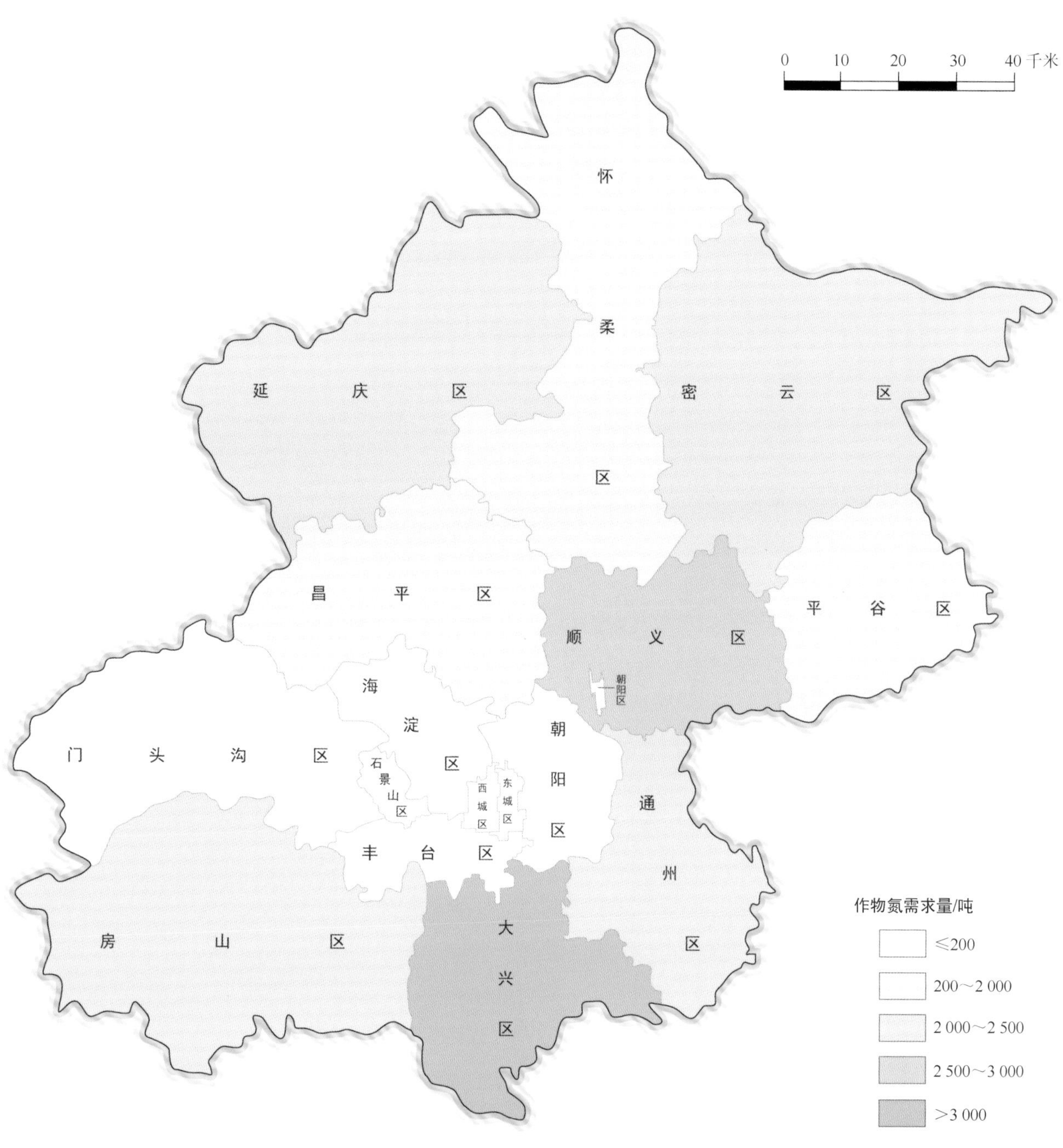

2017年北京市各区作物氮需求量分布图

3.3 天津市作物氮需求量分布

天津市现代都市型农业持续优化，近几年来肥料施用量略有降低。2017年天津市主要作物氮的养分需求量为6.8万吨，占全国的0.3%；其中宝坻区、武清区和静海区的作物氮养分需求量分别为1.5万吨、1.5万吨、1.1万吨，分别占到全市的22.1%、22.1%和16.2%。天津市作物氮需求量地区分布与畜禽粪肥氮供给地区分布重合，可建立种养结合联结机制，因地制宜，满足氮肥资源化利用条件。2017年天津市各区作物氮需求量分布见下图。

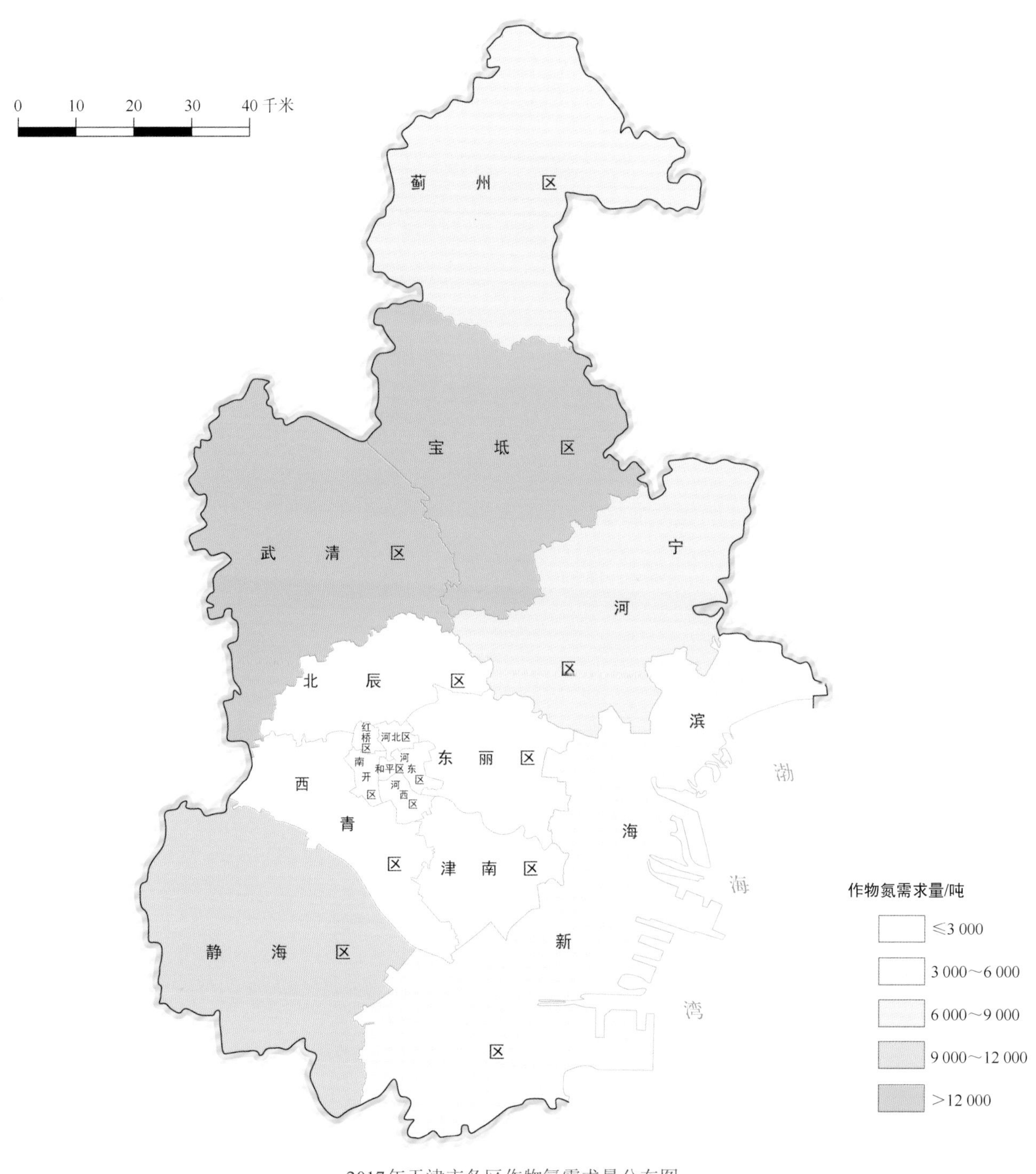

2017年天津市各区作物氮需求量分布图

3.4　河北省作物氮需求量分布

河北省作为种植大省，其对氮肥的需求量大。2017年，河北省主要作物氮的养分需求量约为132.5万吨，占全国的5.6%；其中邢台市、沧州市、石家庄市和邯郸市四市的作物氮养分需求量占到全省的55.4%，分别为19.6万吨、18.4万吨、17.7万吨、17.7万吨。河北省作物种植对于氮肥的需求量主要集中在河北省中南部。2017年河北省各县（区）作物氮需求量分布见下图。

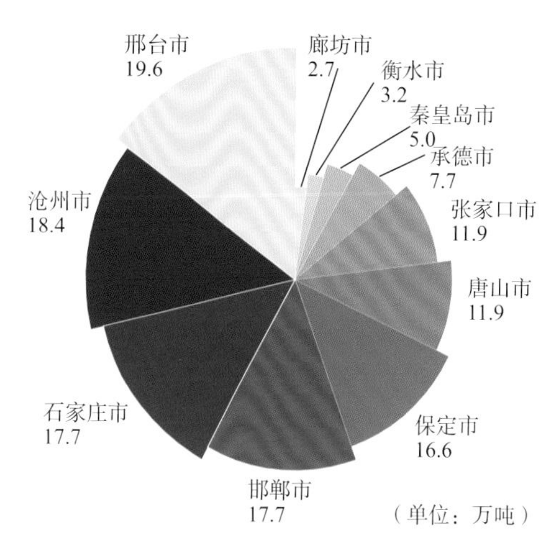

2017年河北省各市作物氮需求量

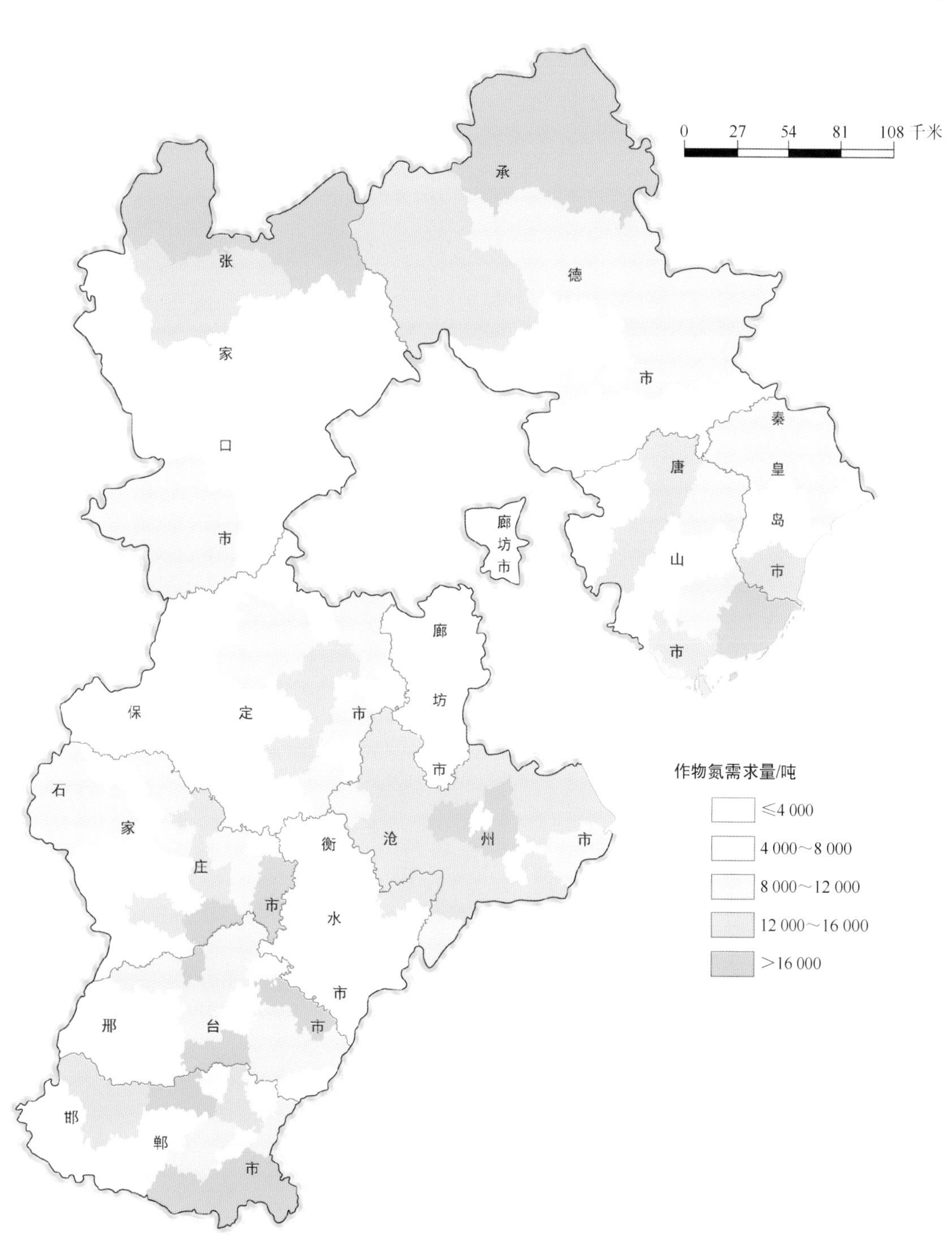

2017年河北省各县（区）作物氮需求量分布图

3.5 山西省作物氮需求量分布

山西省是被黄土覆盖的区域，适合作物生长，氮需求量较高。2017年山西省主要作物氮的养分需求量为41.3万吨，占全国的1.8%；其中运城市、临汾市、忻州市及吕梁市的作物氮养分需求量分别为9.0万吨、6.3万吨、5.0万吨和4.4万吨，分别占全省的21.8%、15.3%、12.1%和10.8%。山西省作物种植对于氮肥需求主要分布在南部与北部地区。2017年山西省各县（区）作物氮需求量分布见下图。

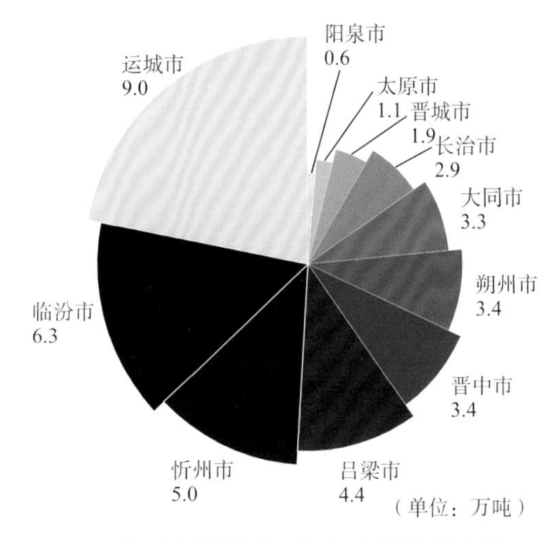

2017年山西省各市（区）作物氮需求量

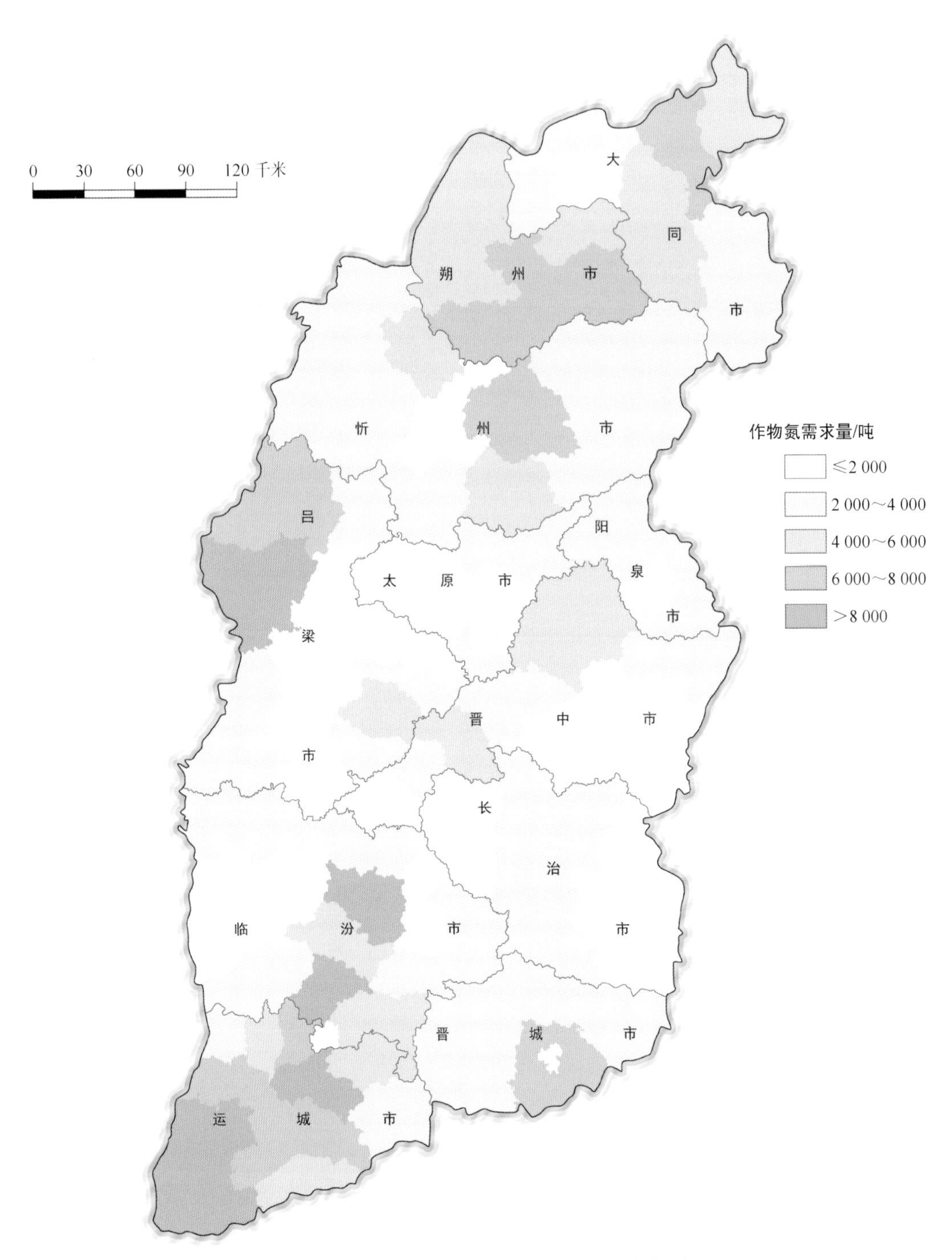

2017年山西省各县（区）作物氮需求量分布图

3.6　内蒙古自治区作物氮需求量分布

内蒙古自治区坚决遏制耕地撂荒，努力增加粮食播种面积，同时增加耕地有机质利用效率。2017年内蒙古自治区全省主要作物氮的养分需求量为109.3万吨，占全国的4.7%；主要以呼伦贝尔市、赤峰市、兴安盟、通辽市四市为主，其作物氮养分需求量分别为20.6万吨、15.8万吨、14.5万吨和14.4万吨，分别占全自治区的18.8%、14.5%、13.3%和13.2%。内蒙古自治区作物需氮量高的地区集中在中部与东部。2017年内蒙古自治区各县（区、旗）作物氮需求量分布见下图。

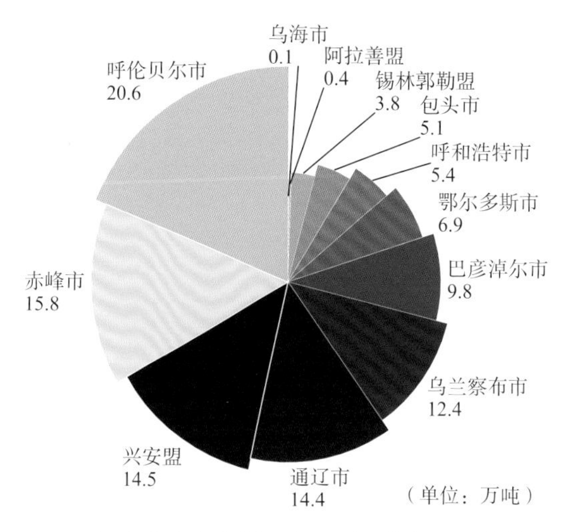

2017年内蒙古自治区各市（盟）作物氮需求量

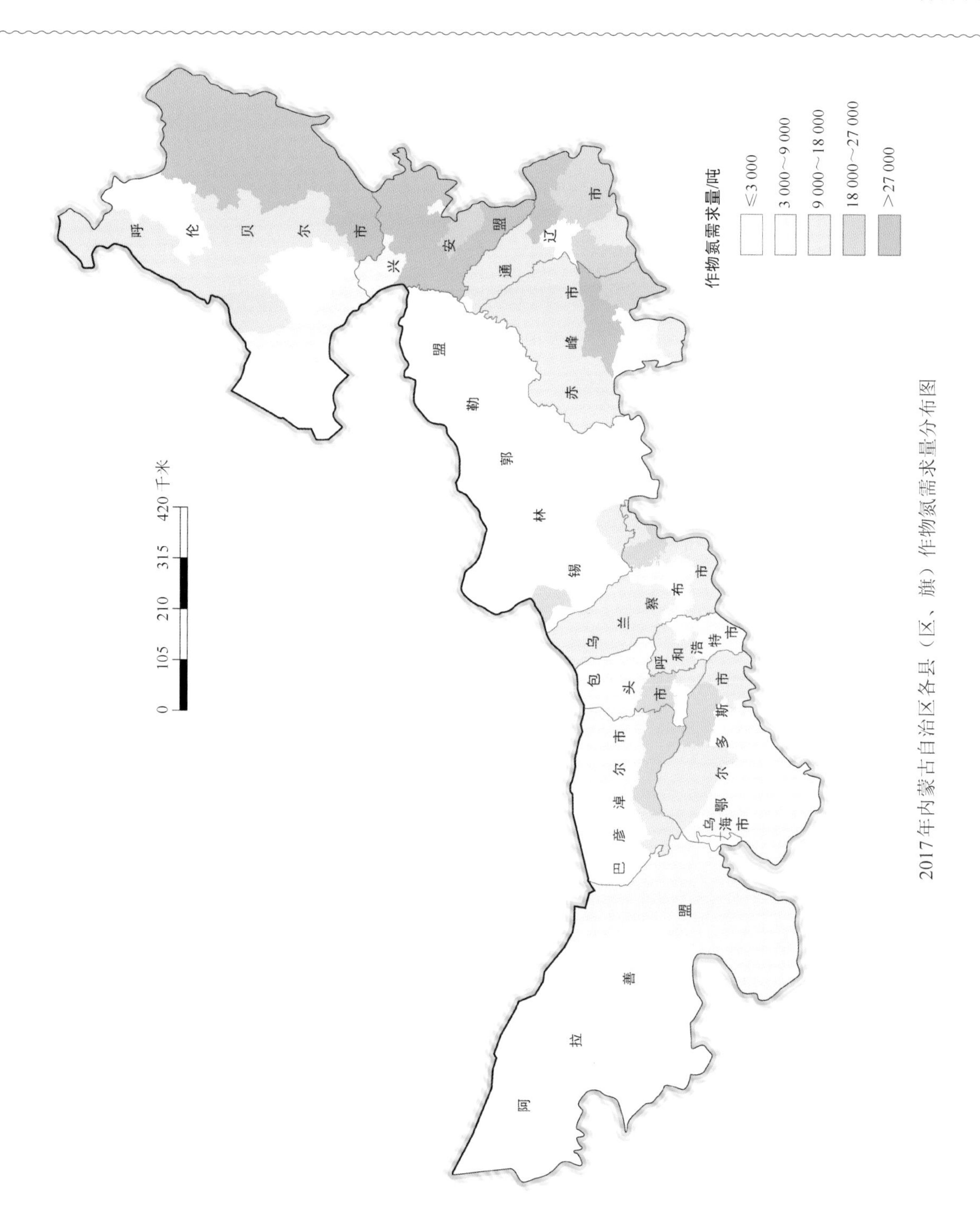

2017年内蒙古自治区各县（区、旗）作物氮需求量分布图

3.7 辽宁省作物氮需求量分布

辽宁省作为全国粮食主产省之一，粮食作物以谷类为主，氮肥需求量大。2017年辽宁省主要作物氮的养分需求量为69.0万吨，占全国的2.9%；其中沈阳市、锦州市、铁岭市和阜新市四市的作物氮养分需求量占到全省的49.3%，分别为10.6万吨、8.1万吨、8.0万吨、7.3万吨。2017年辽宁省各县（区）作物氮需求量分面见下图。

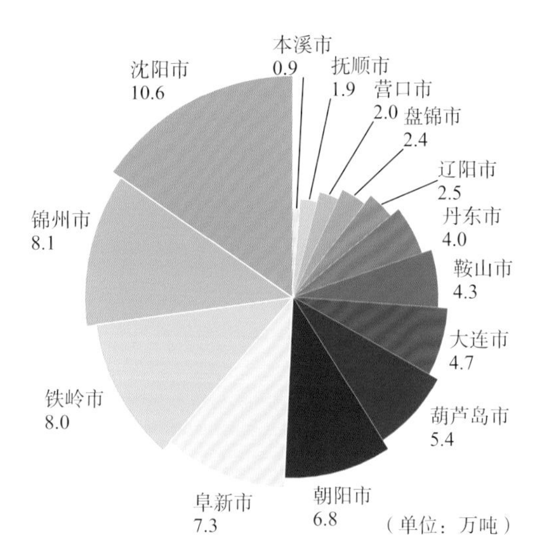

2017年辽宁省各市作物氮需求量

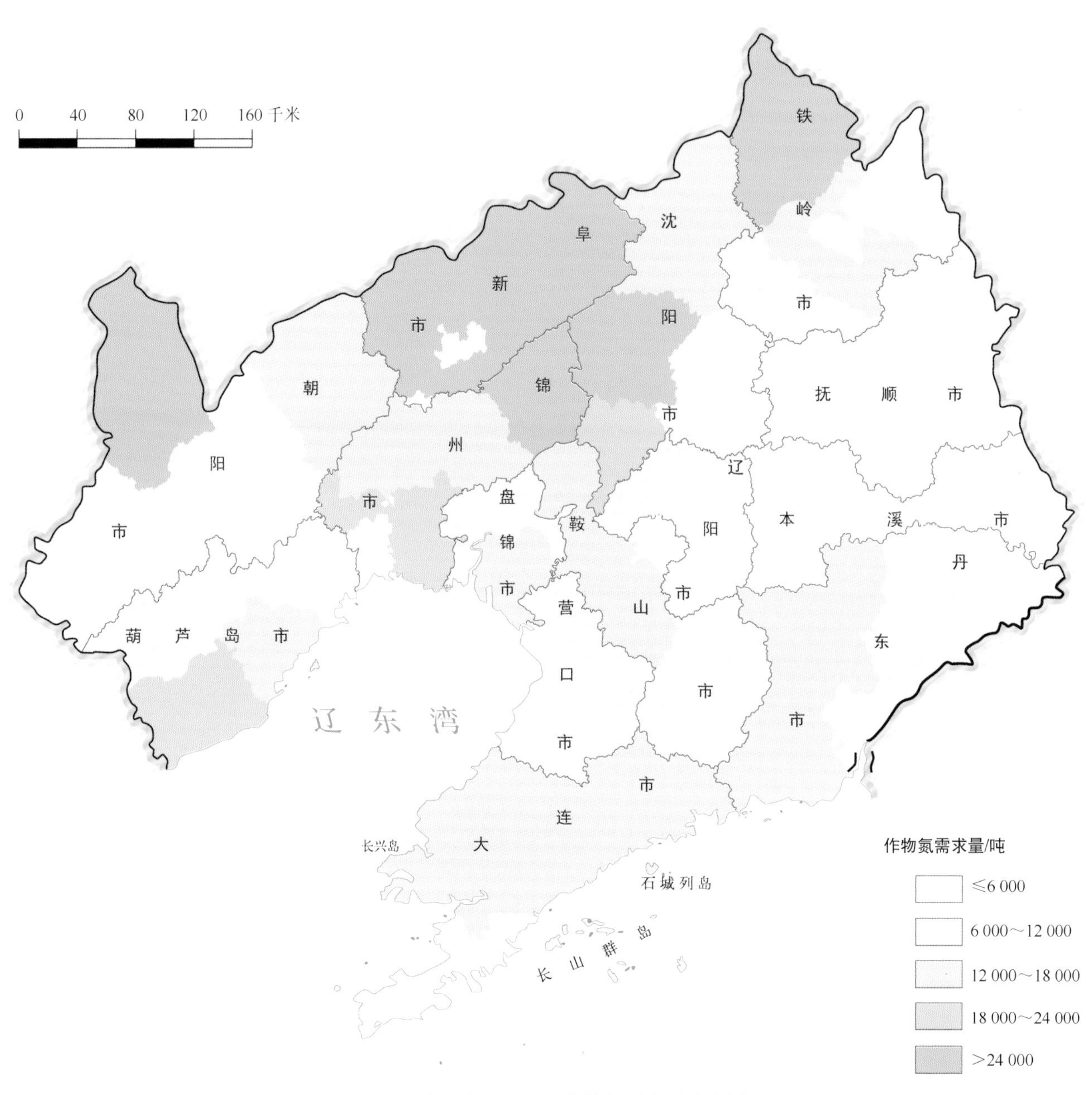

2017年辽宁省各县（区）作物氮需求量分布图

3.8　吉林省作物氮需求量分布

吉林省是我国重要商品粮基地。2017年吉林省主要作物氮的养分需求量为109.8万吨，占全国的4.7%；其中长春市、松原市、白城市及四平市的作物氮养分需求量分别为26.1万吨、20.3万吨、17.8万吨和16.0万吨，分别占全省的23.7%、18.5%、16.2%和14.6%。吉林省作物种植对于氮肥的需求量主要集中在北部与中部。2017年吉林省各县（区）作物氮需求量分布见下图。

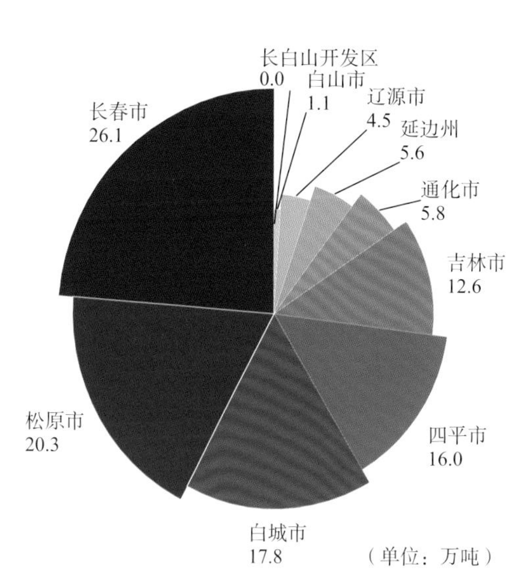

2017年吉林省各市（州、区）作物氮需求量

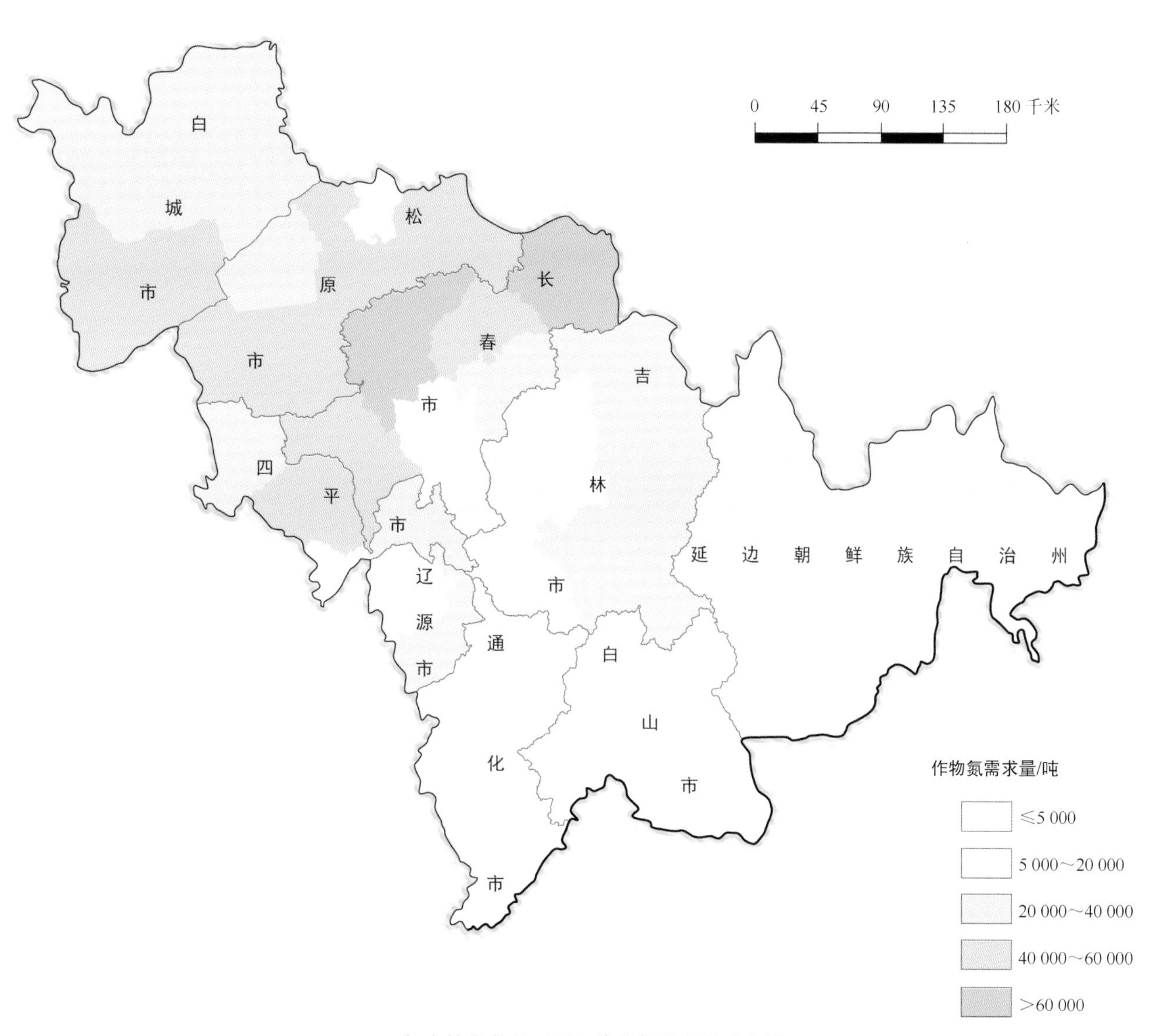

2017年吉林省各县（区）作物氮需求量分布图

3.9 黑龙江省作物氮需求量分布

黑龙江省是农业大省，是国家粮食安全的“压舱石”。2017年黑龙江省主要作物氮的养分需求量为207.8万吨，占全国的8.8%；其中哈尔滨市、绥化市、佳木斯市及齐齐哈尔市的作物氮养分需求量分别为32.0万吨、31.8万吨、29.5万吨和24.0万吨，分别占全省的15.4%、15.3%、14.2%和10.4%。黑龙江省作物氮肥需求量较高地区与畜禽养殖量高的地区基本吻合，有利于推动种养循环。2017年黑龙江省各县（区）作物氮需求量分布见下图。

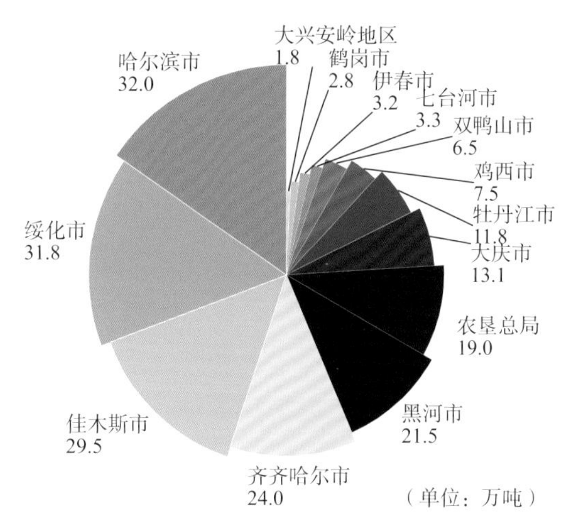

2017年黑龙江省各市（区）作物氮需求量

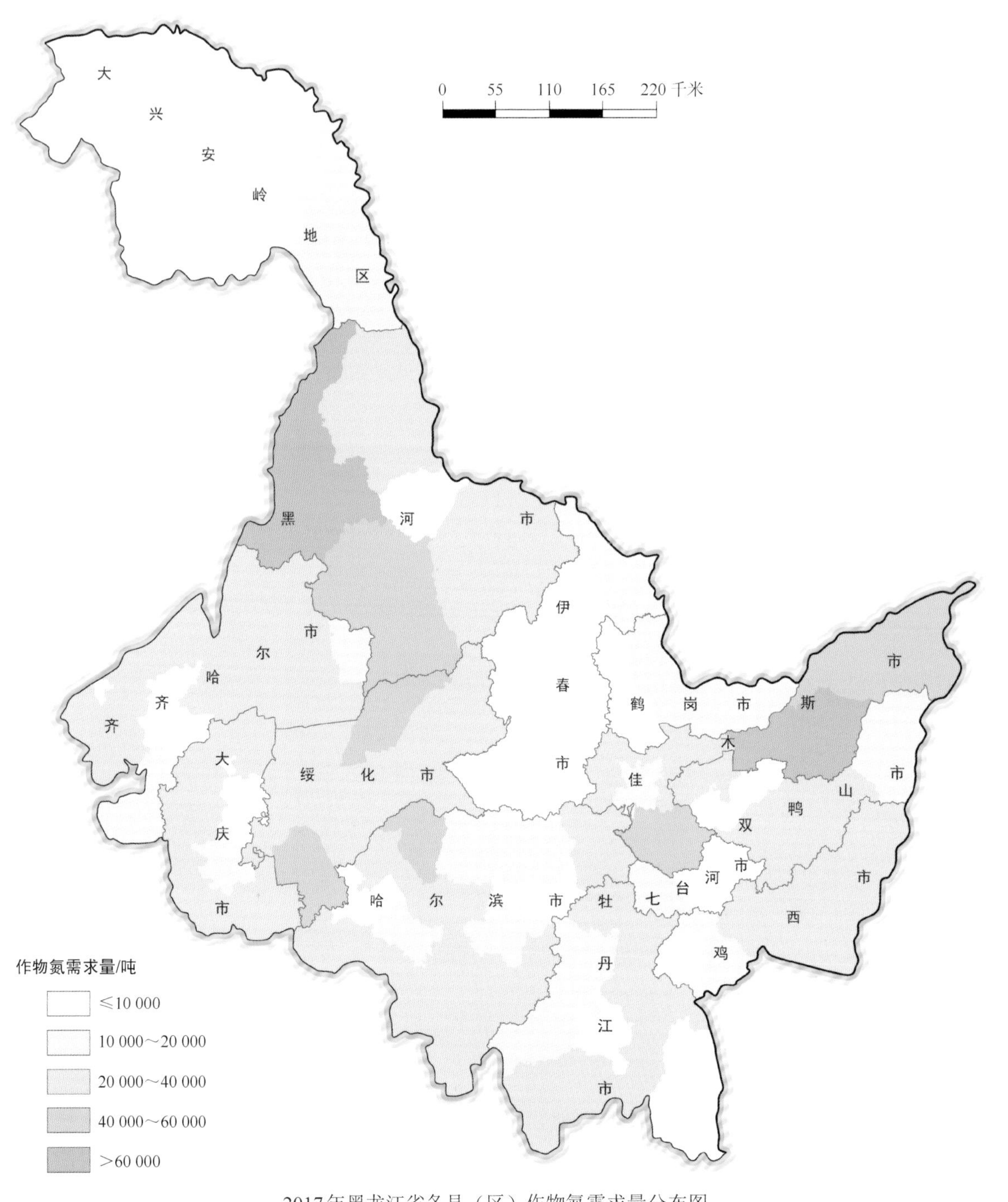

2017年黑龙江省各县（区）作物氮需求量分布图

3.10 上海市作物氮需求量分布

上海市全面实施智慧农业，倡导可持续发展。2017年主要作物氮的养分需求量为3.5万吨，占全国的0.2%；其中崇明区和浦东新区的作物氮养分需求量分别为1.0万吨和0.8万吨，分别占到全市的27.3%和22.8%。2017年上海市各区作物氮需求量分布见下图。

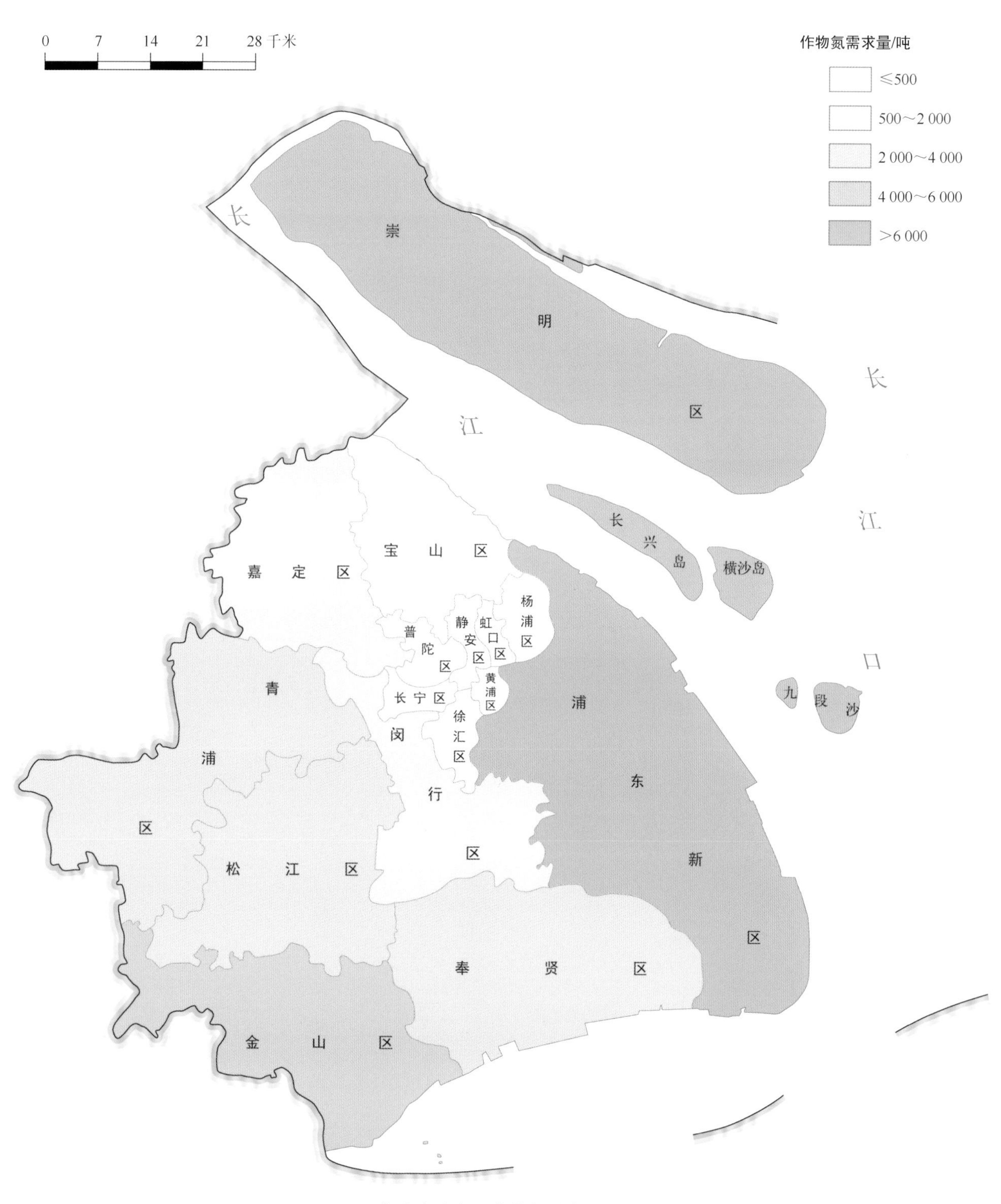

2017年上海市各区作物氮需求量分布图

3.11 江苏省作物氮需求量分布

江苏省深入推进千村万户百企化肥减量增效行动，加强测土配方施肥技术推广，指导农民按需施肥。2017年江苏省主要作物氮的养分需求量为121.9万吨，占全国的5.2%；其中盐城市、镇江市、徐州市和淮安市四市的作物氮养分需求量占到全省的53.5%，分别为21.2万吨、15.6万吨、14.7万吨、13.7万吨。2017年江苏省各县（区）作物氮需求量分布见下图。

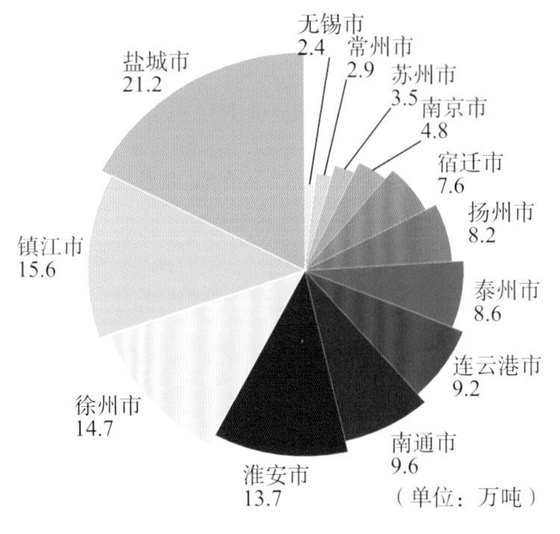

2017年江苏省各市作物氮需求量

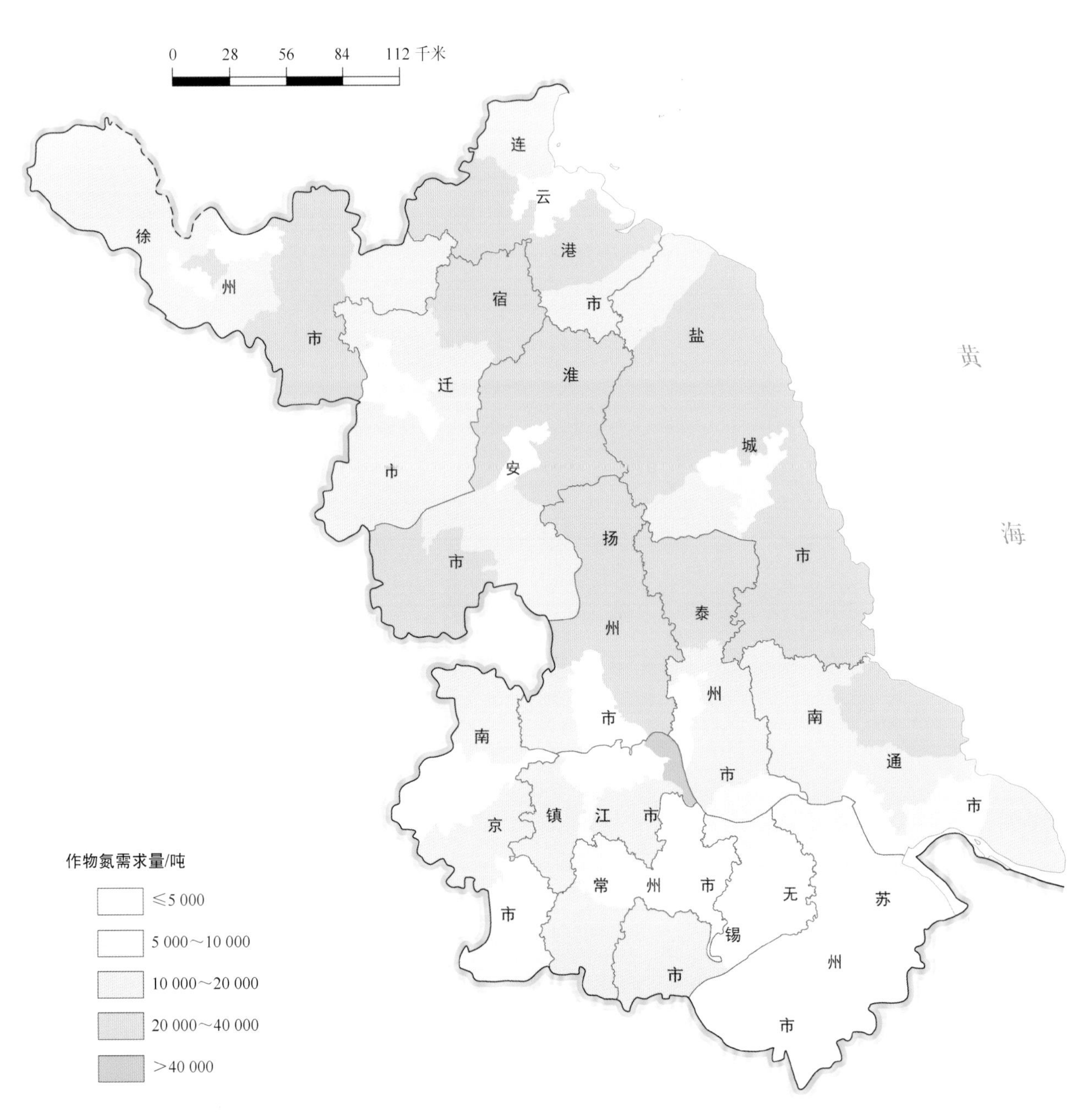

2017年江苏省各县（区）作物氮需求量分布图

3.12　浙江省作物氮需求量分布

浙江省大力培育粮食产业主体，减少化肥施用量，提高耕地土壤肥力，促进绿色农业高质量发展。2017年浙江省主要作物氮的养分需求量为27.0万吨，占全国的1.2%；其中宁波市、嘉兴市、绍兴市和丽水市四市的作物氮养分需求量占到全省的51.1%，分别为5.2万吨、3.2万吨、2.7万吨、2.7万吨。2017年浙江省各县（区）作物氮需求量分布见下图。

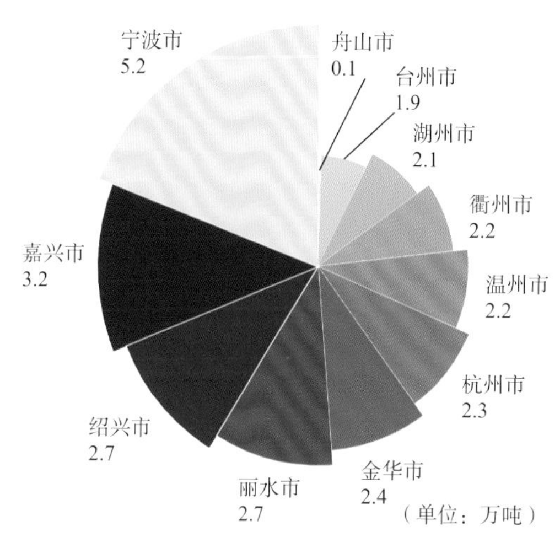

2017年浙江省各市作物氮需求量

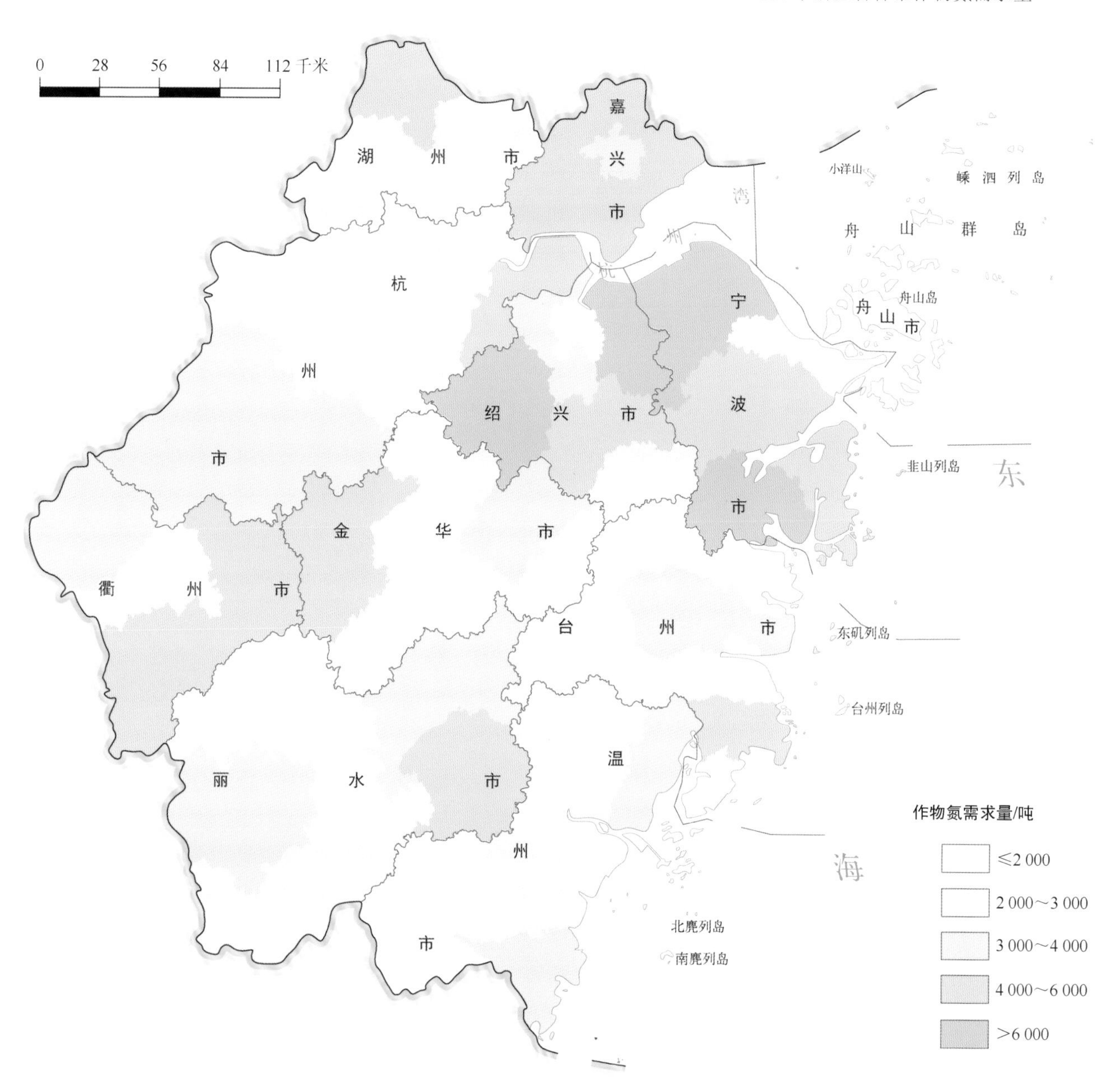

2017年浙江省各县（区）作物氮需求量分布图

3.13 安徽省作物氮需求量分布

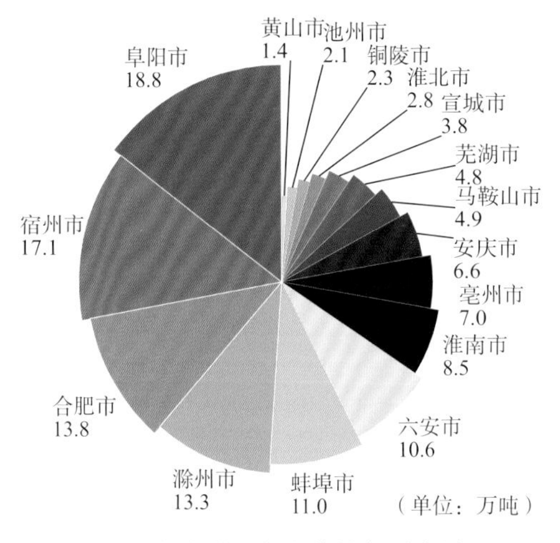

2017年安徽省各市作物氮需求量

安徽省致力于推行优质专用粮食生产，带动土地结构优化，落实鼓励种养结合，提高土壤肥力。2017年安徽省主要作物氮的养分需求量为128.9万吨，占全国的5.5%；其中阜阳市、宿州市、合肥市及滁州市的作物氮养分需求量分别为18.8万吨、17.1万吨、13.8万吨和13.3万吨，分别占全省的14.6%、13.3%、10.7%和10.3%。2017年安徽省各县（区）作物氮需求量分布见下图。

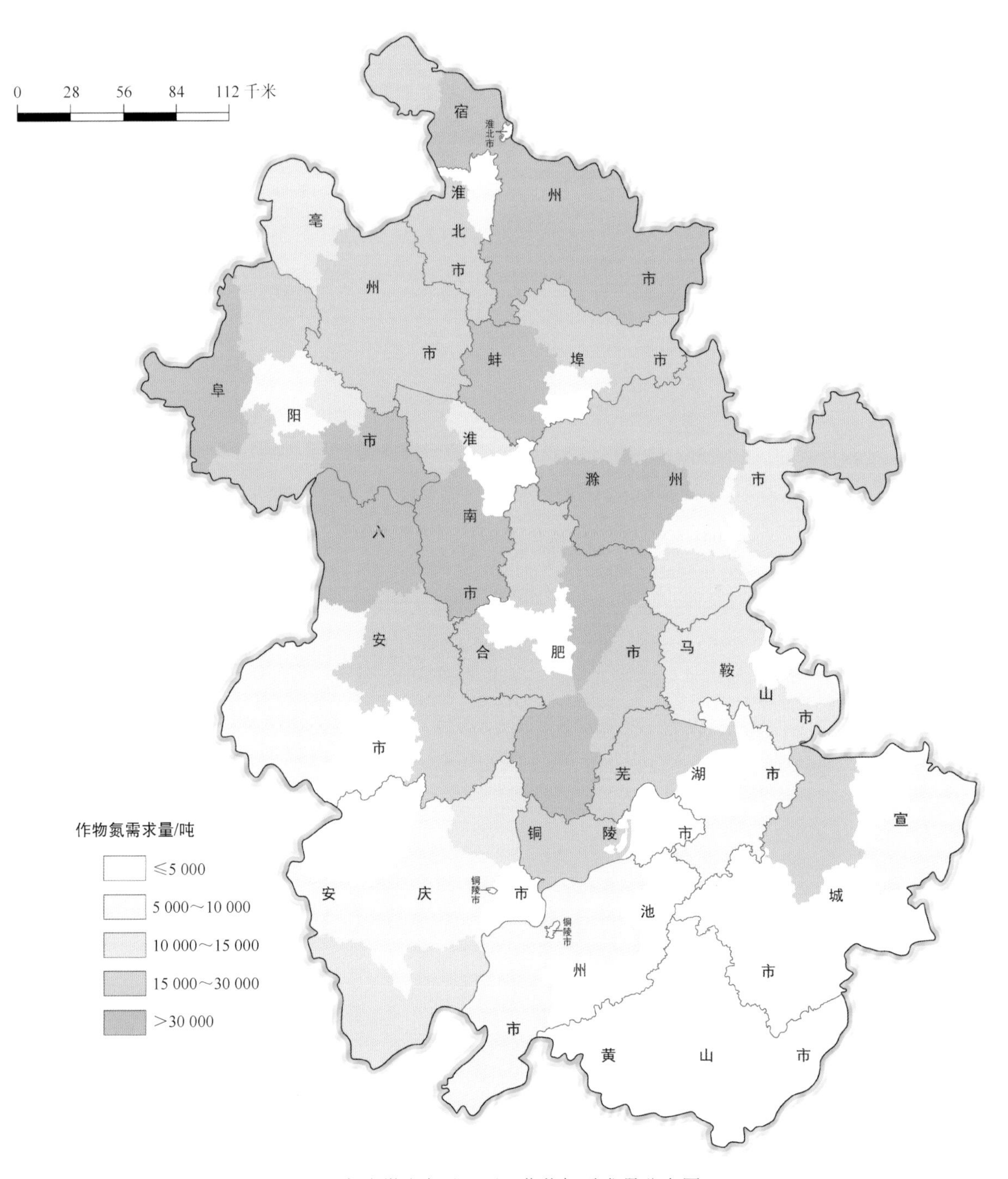

2017年安徽省各县（区）作物氮需求量分布图

3.14 福建省作物氮需求量分布

福建省抓好粮食生产，坚持有机肥料与无机肥料相结合。2017年福建省主要作物氮的养分需求量为22.4万吨，占全国的1.0%；其中三明市、南平市、泉州市及福州市的作物氮养分需求量分别为4.6万吨、4.1万吨、4.0万吨和2.6万吨，分别占全省的20.6%、18.1%、17.8%和11.8%。2017年福建省各县（区）作物氮需求量分布见下图。

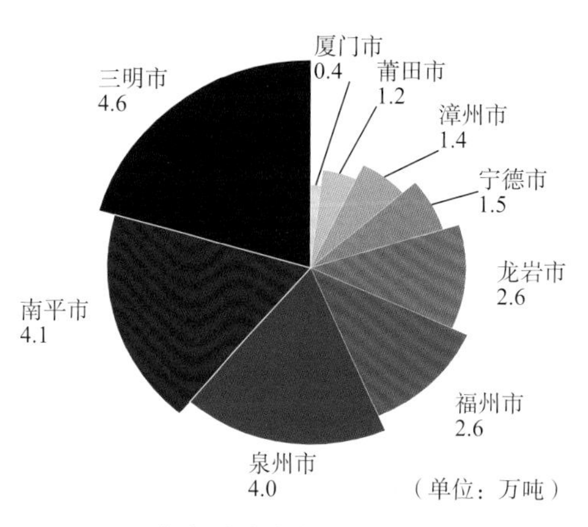

2017年福建省各市作物氮需求量

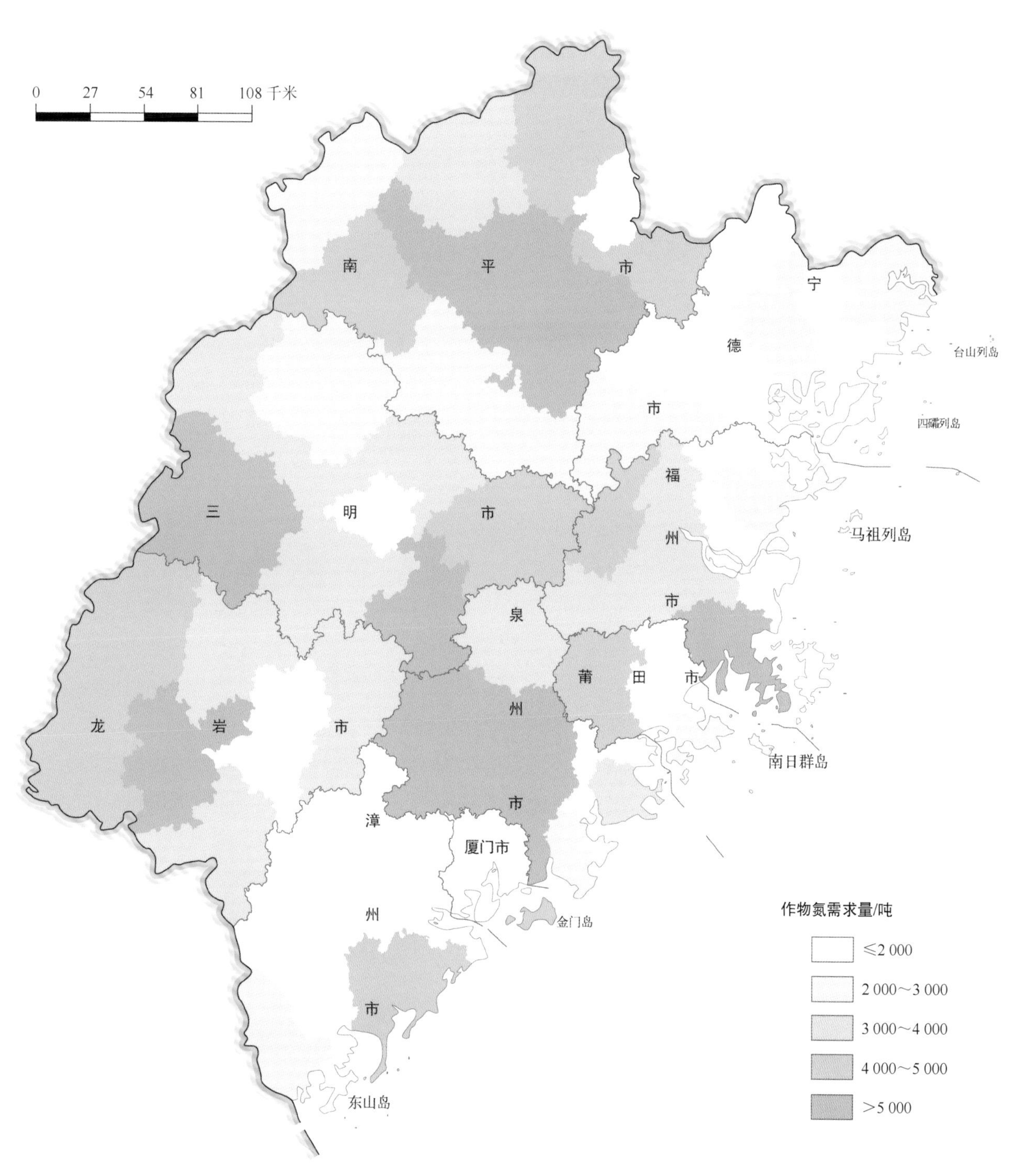

2017年福建省各县（区）作物氮需求量分布图

3.15 江西省作物氮需求量分布

江西省推进高标准农田建设，推进化肥减量增效向纵深发展，推动农业绿色发展。2017年江西省主要作物氮的养分需求量为68.4万吨，占全国的2.9%；主要以抚州市、吉安市、上饶市、赣州市四市为主，其作物氮养分需求量分别为12.3万吨、12.1万吨、10.8万吨和8.5万吨，分别占全省的17.9%、17.7%、15.8%和12.4%。2017年江西省各县（区）作物氮需求量分布见下图。

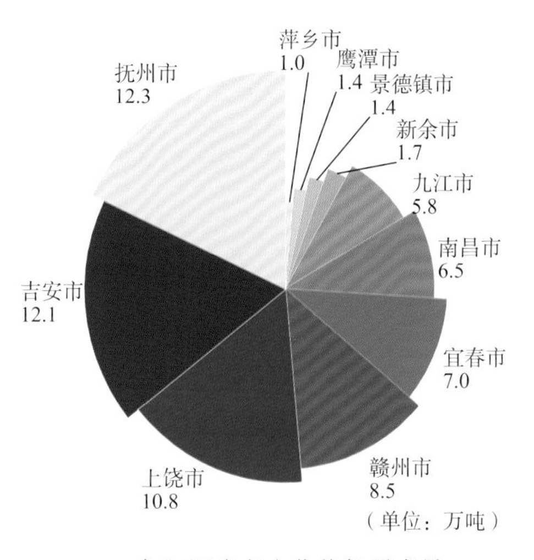

2017年江西省各市作物氮需求量

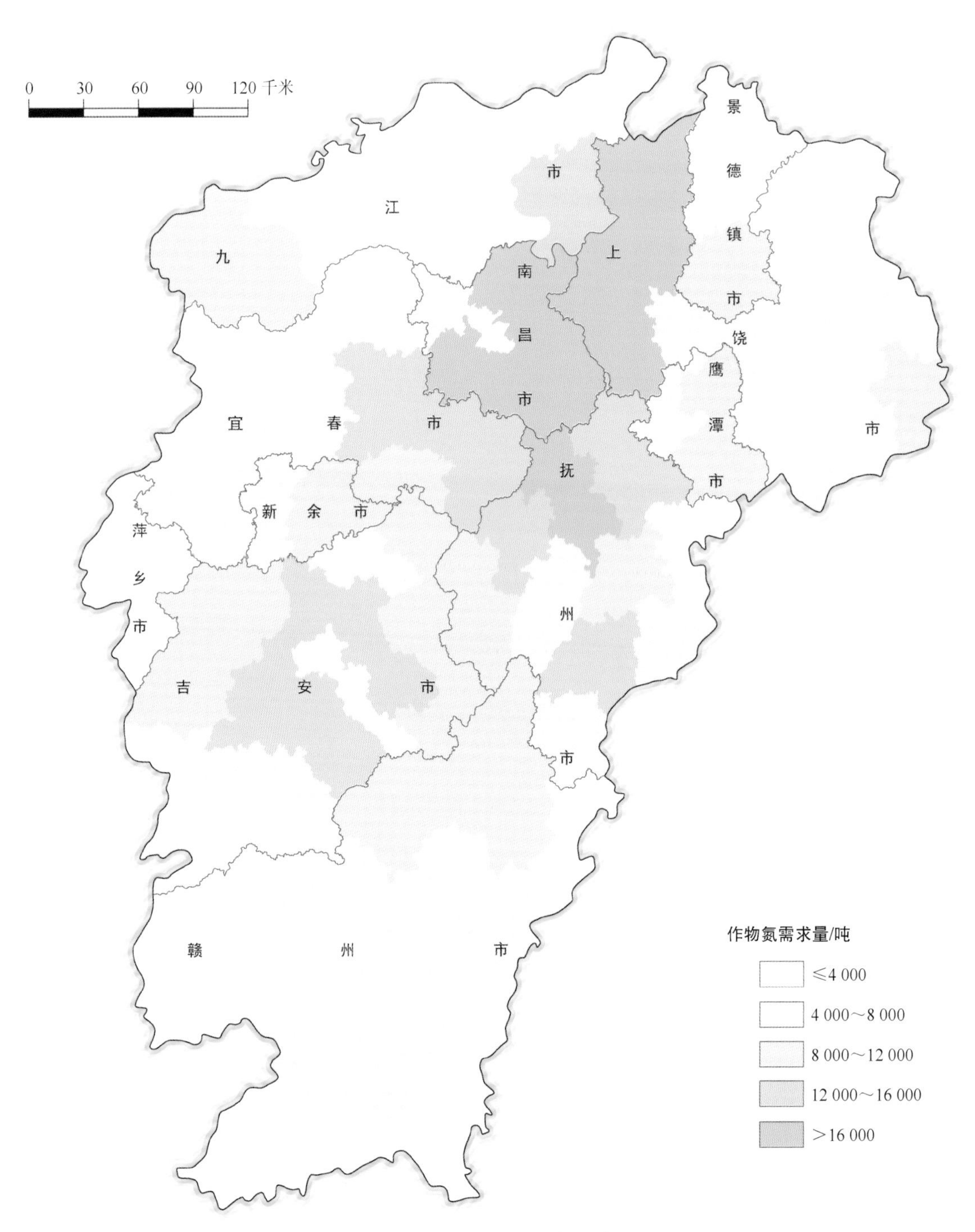

2017年江西省各县（区）作物氮需求量分布图

3.16　山东省作物氮需求量分布

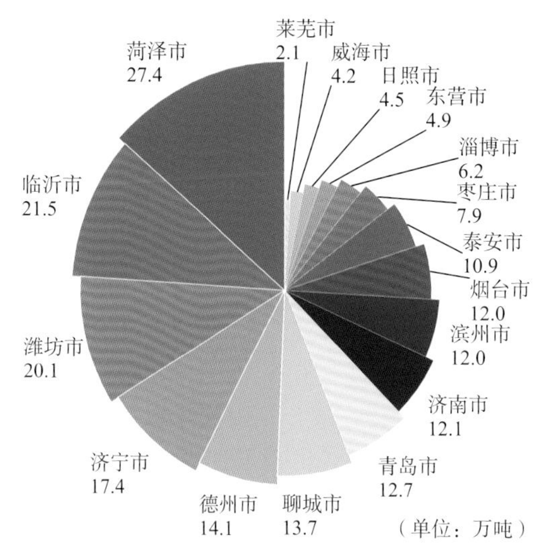

2017年山东省各市作物氮需求量

山东省推进粮食绿色发展，集中开展粮食绿色增产模式攻关，推进生态循环农业发展，监测土壤氮含量，调整农业结构。2017年山东省主要作物氮的养分需求量为203.7万吨，占全国的8.7%；主要以菏泽市、临沂市、潍坊市、济宁市、德州市五市为主，其作物氮养分需求量分别为27.4万吨、21.5万吨、20.1万吨、17.4万吨和14.1万吨，分别占全省的13.5%、10.6%、9.9%、8.6%和6.9%。2017年山东省各县（区）作物氮需求量分布见下图。

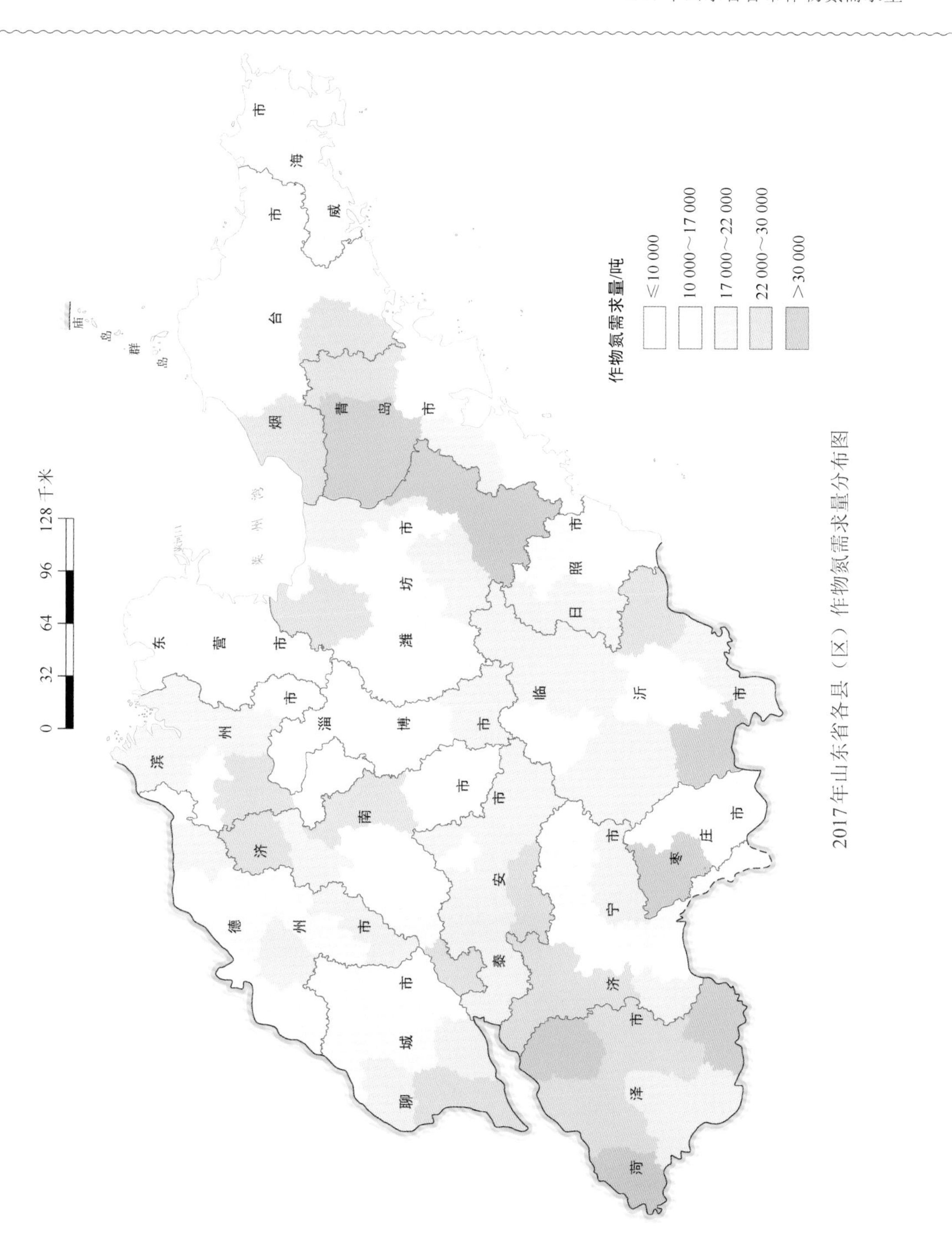

2017年山东省各县（区）作物氮需求量分布图

3.17 河南省作物氮需求量分布

河南省集成创新推广化肥减量增效技术模式，优化施肥结构，保证养分适量、均衡供应，提高化肥利用率。2017年河南省主要作物氮的养分需求量为256.3万吨，占全国的10.9%；主要以商丘市、信阳市、南阳市、周口市四市为主，其作物氮养分需求量分别为45.5万吨、41.4万吨、32.4万吨和23.4万吨，分别占全省的17.8%、16.2%、12.7%和9.1%。2017年河南省各县（区）作物氮需求量分布见下图。

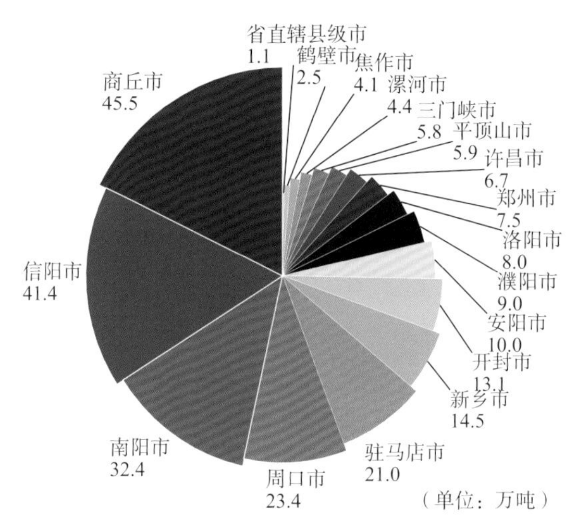

2017年河南省各市作物氮需求量

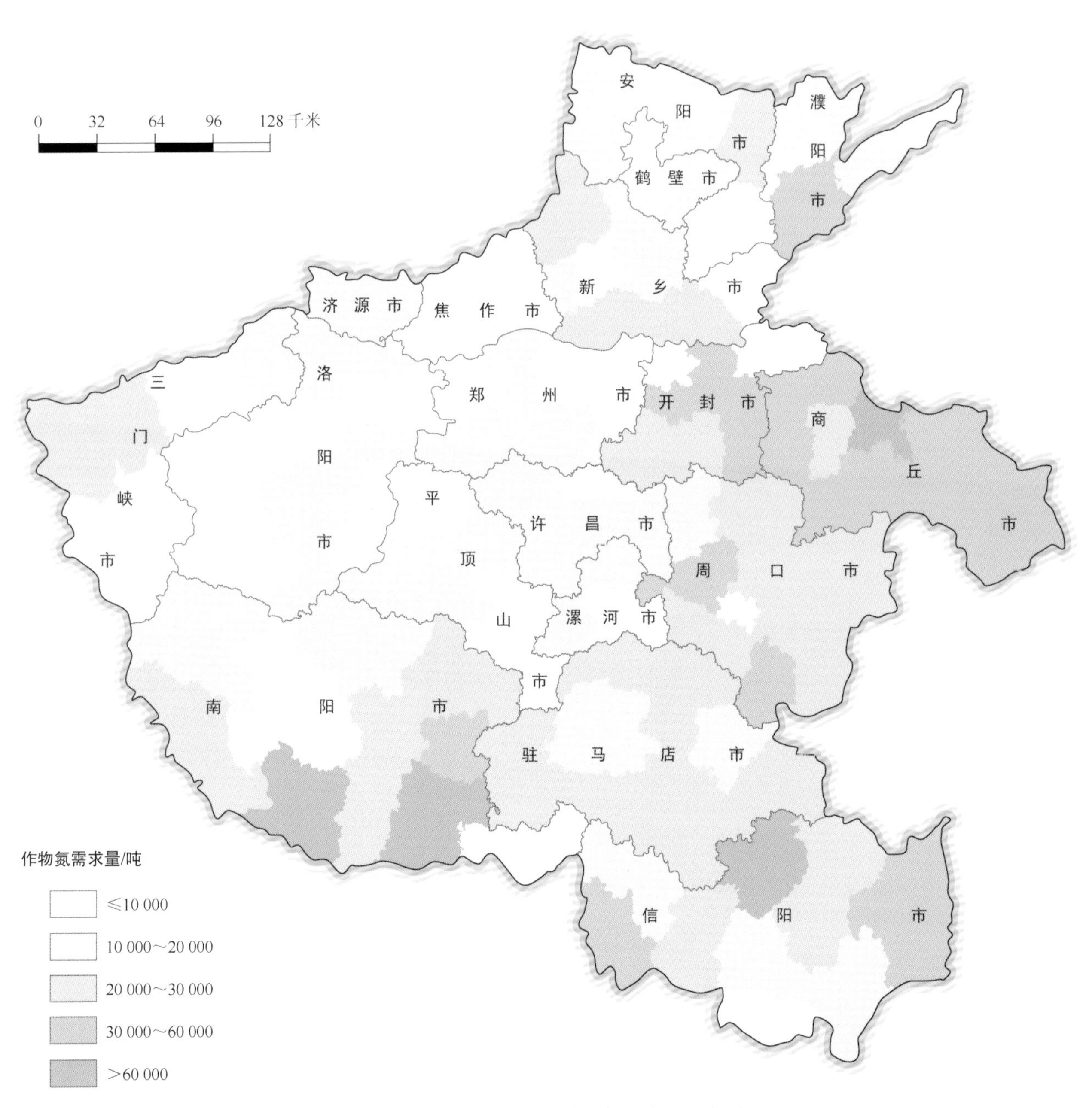

2017年河南省各县（区）作物氮需求量分布图

3.18　湖北省作物氮需求量分布

2017年湖北省主要作物氮的养分需求量为110.1万吨，占全国的4.7%；其中襄阳市、恩施土家族苗族自治州、荆州市、孝感市及宜昌市的作物氮养分需求量分别为12.4万吨、11.5万吨、11.5万吨、10.3万吨和9.9万吨，分别占全省的11.3%、10.5%、10.4%、9.4%和9.0%。2017年湖北省各县（区）作物氮需求量分布见下图。

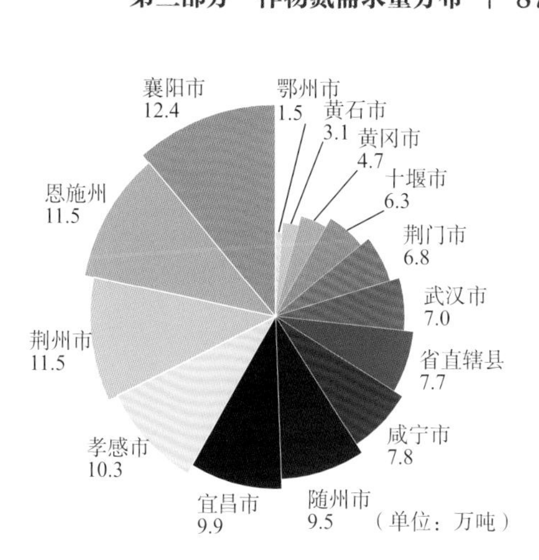

2017年湖北省各市（州）作物氮需求量

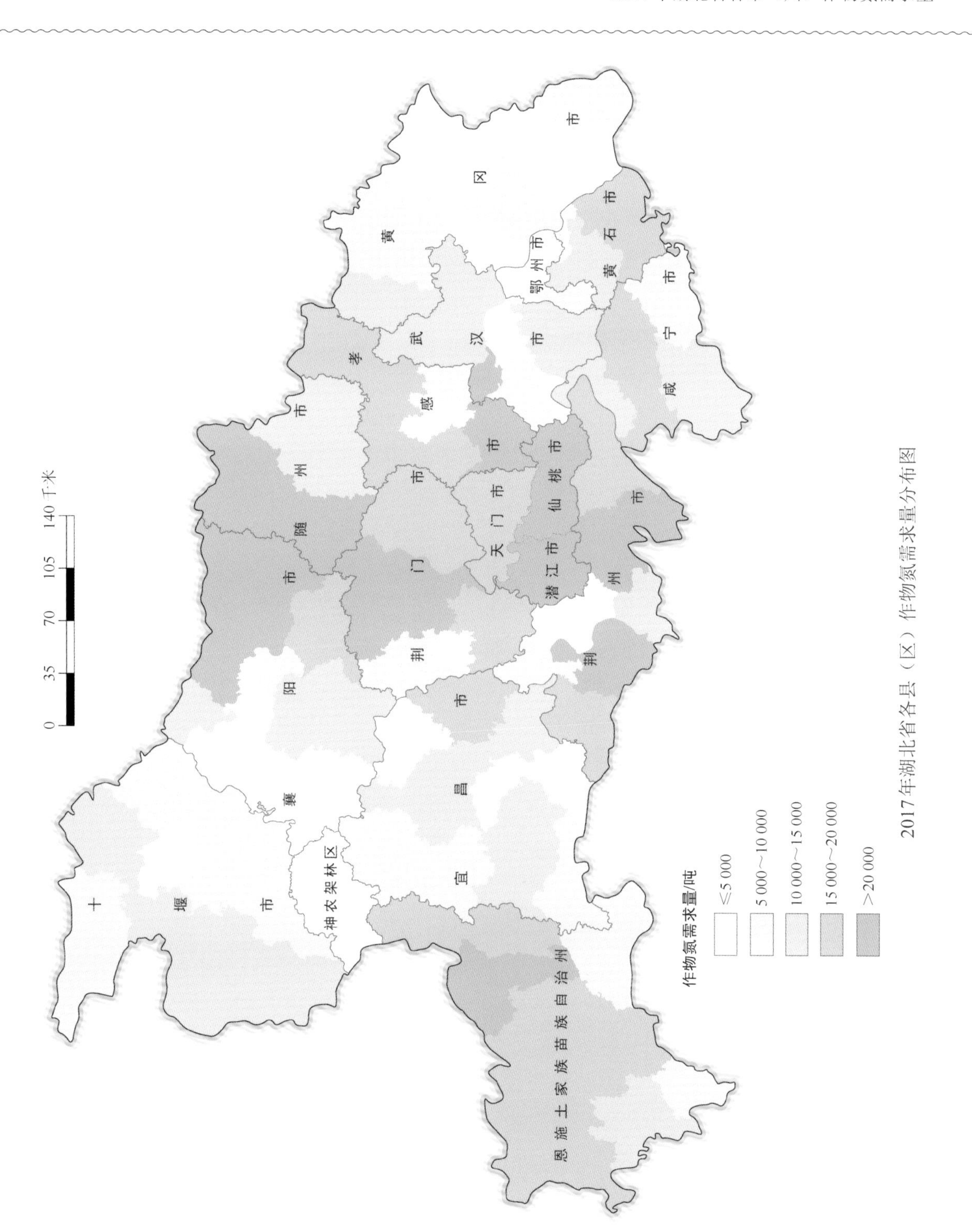

2017年湖北省各县（区）作物氮需求量分布图

3.19 湖南省作物氮需求量分布

2017年湖南省主要作物氮的养分需求量为104.1万吨，占全国的4.4%；其中邵阳市、常德市、衡阳市及永州市的作物氮养分需求量分别为21.6万吨、12.6万吨、10.5万吨和9.5万吨，分别占全省的20.7%、12.1%、10.1%和9.1%。2017年湖南省各县（区）作物氮需求量分布见下图。

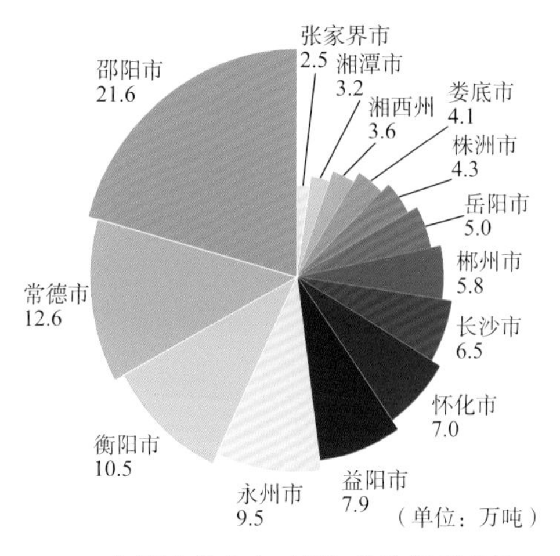

2017年湖南省各市（州）作物氮需求量

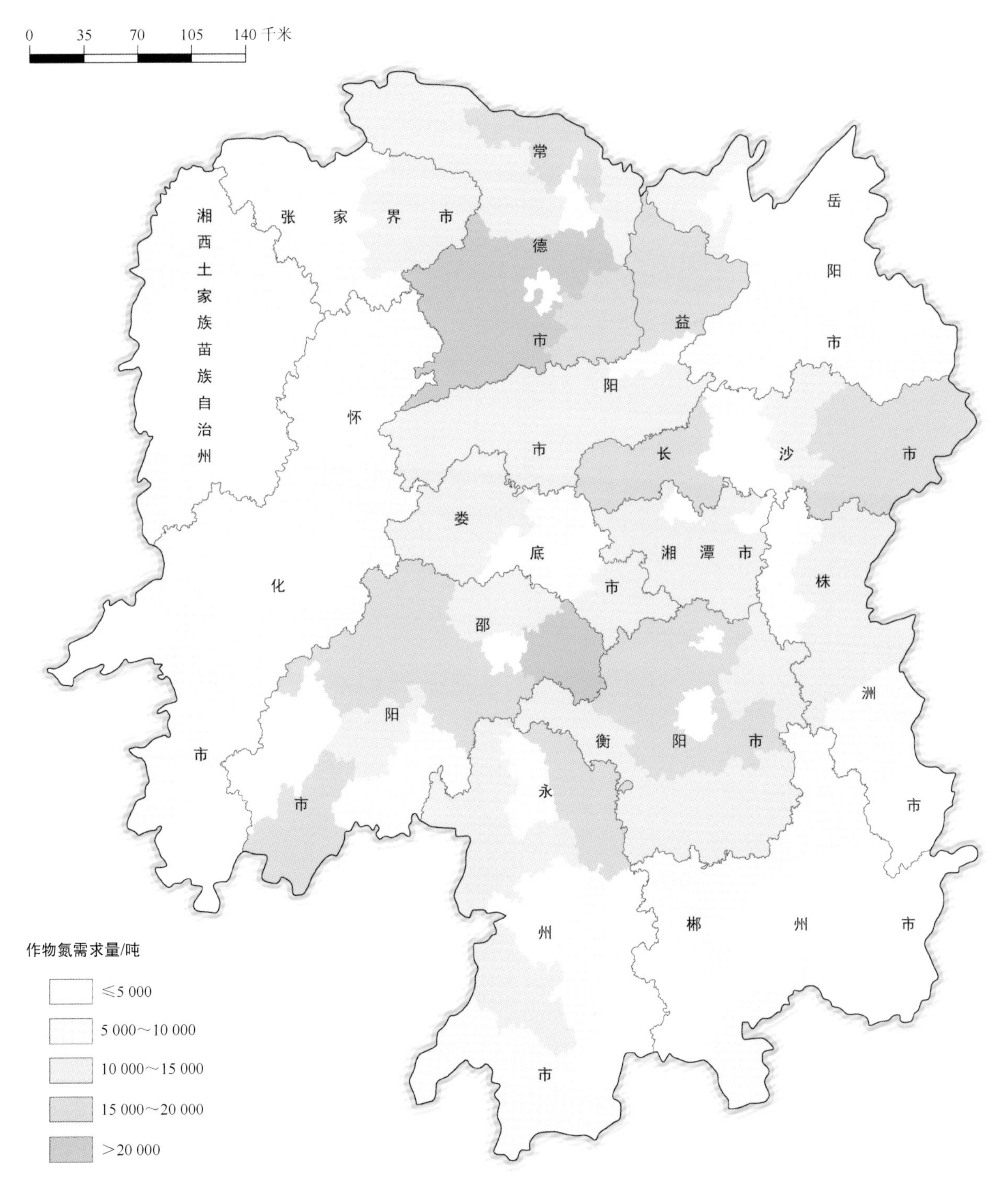

2017年湖南省各县（区）作物氮需求量分布图

3.20 广东省作物氮需求量分布

广东省发展绿色农业，深入开展农作物化肥农药使用量零增长行动，实施科学用肥用药新举措，结合作物需氮量，调整农业结构。2017年广东省主要作物氮的养分需求量为54.6万吨，占全国的2.3%；其中湛江市、茂名市、梅州市和清远市四市的作物氮养分需求量占到全省的39.2%，分别为8.2万吨、4.8万吨、4.2万吨和4.2万吨。2017年广东省各县（区）作物氮需求量分布见下图。

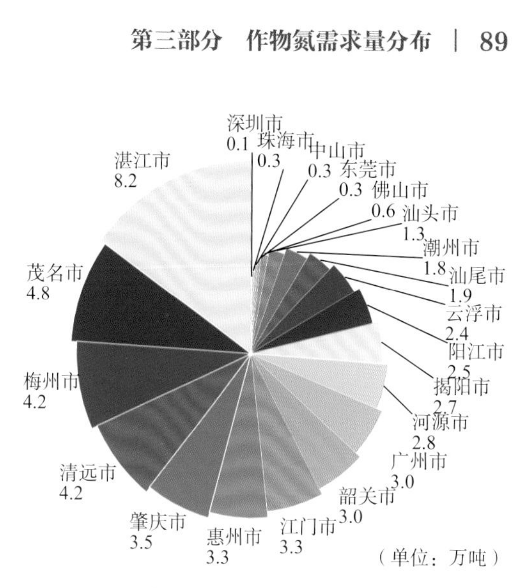

2017年广东省各市作物氮需求量

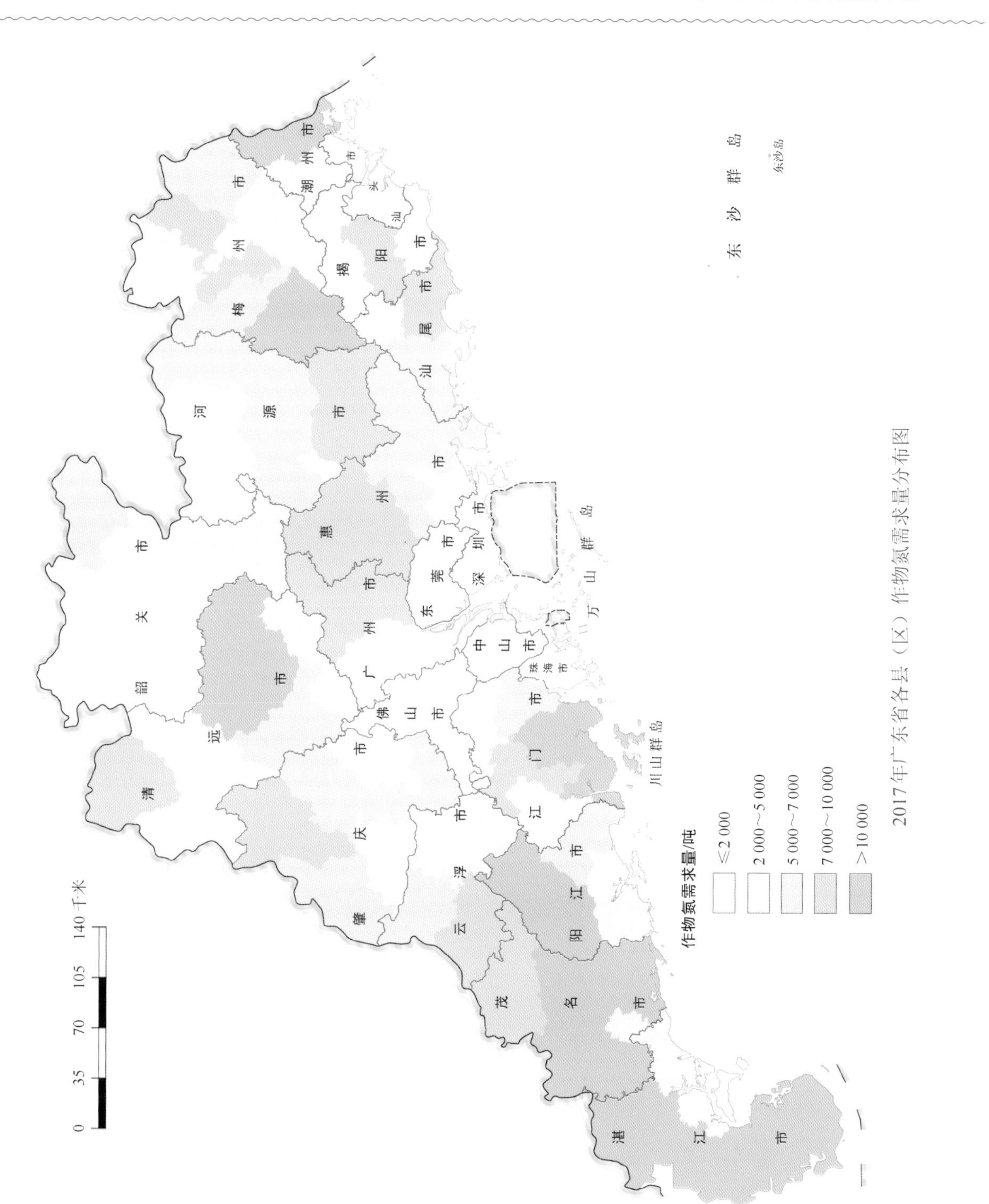

2017年广东省各县（区）作物氮需求量分布图

3.21 广西壮族自治区作物氮需求量分布

广西壮族自治区坚持农业农村优先发展，有着得天独厚的气候、土壤条件。2017年广西壮族自治区主要作物氮的养分需求量为70.0万吨，占全国的3.0%；其中南宁市、桂林市、百色市和柳州市四市的作物氮养分需求量占到全自治区的44.9%，分别为9.4万吨、8.9万吨、6.6万吨、6.4万吨。2017年广西壮族自治区各县（区）作物氮需求量分布见下图。

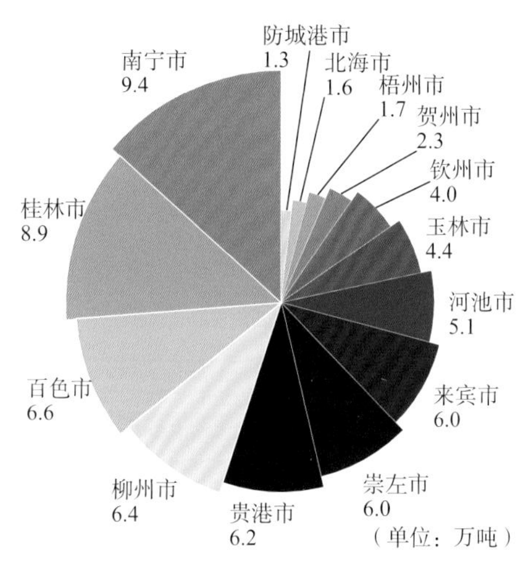

2017年广西壮族自治区各市作物氮需求量

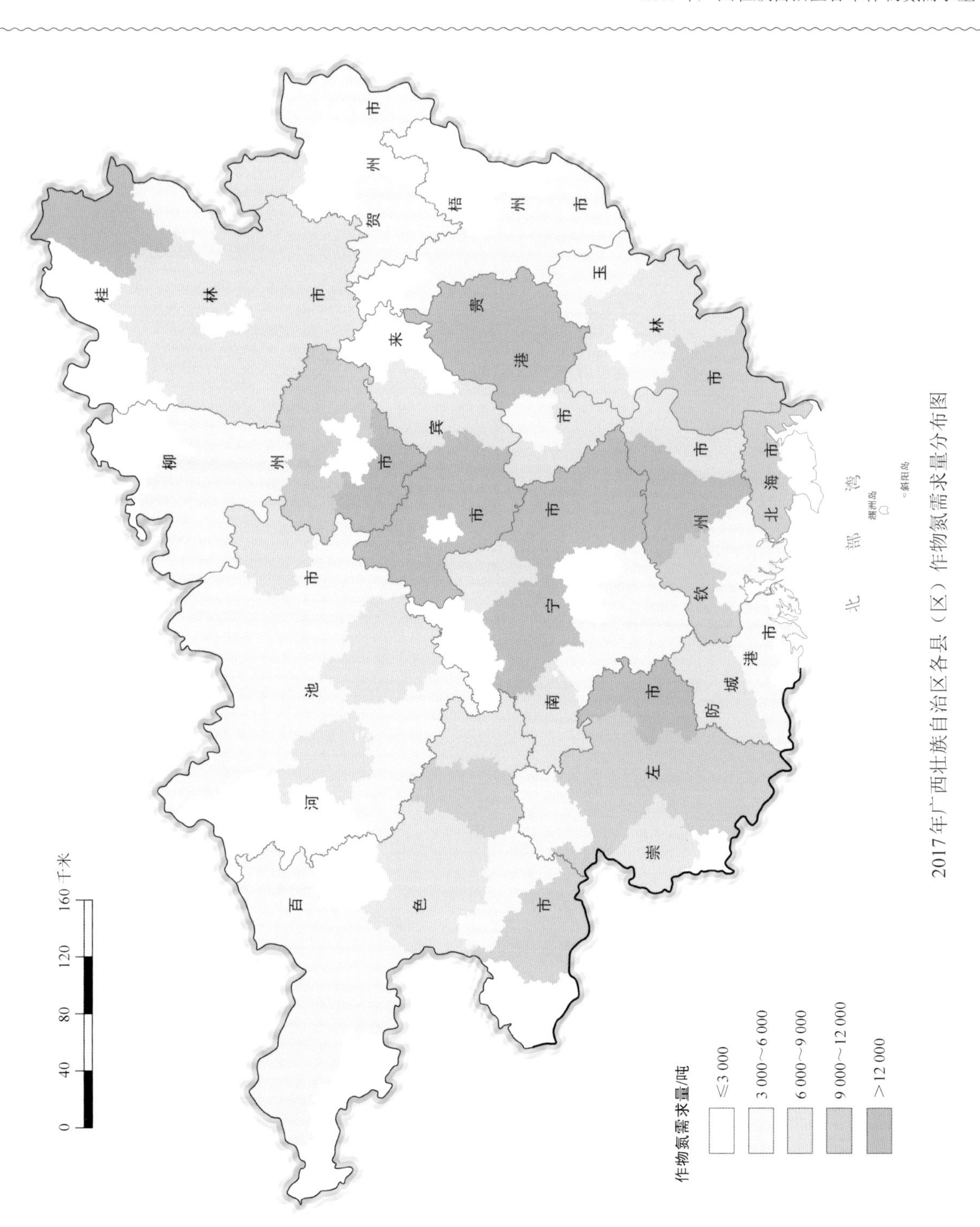

2017年广西壮族自治区各县（区）作物氮需求量分布图

3.22　海南省作物氮需求量分布

海南省推进畜禽粪便和秸秆肥料化利用，促进秸秆还田，提高土壤有机质含量，减少化学肥料的施用，减少农业面源污染。2017年海南省主要作物氮的养分需求量为7.8万吨，占全国的0.3%；其中省直辖县级市的作物氮养分需求量占到全省的82.1%，为6.4万吨。2017年海南省各县（区）作物氮需求量分布见下图。

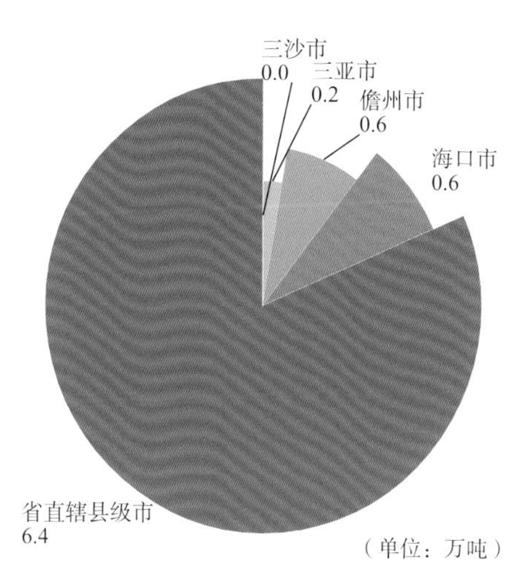

2017年海南省各市作物氮需求量

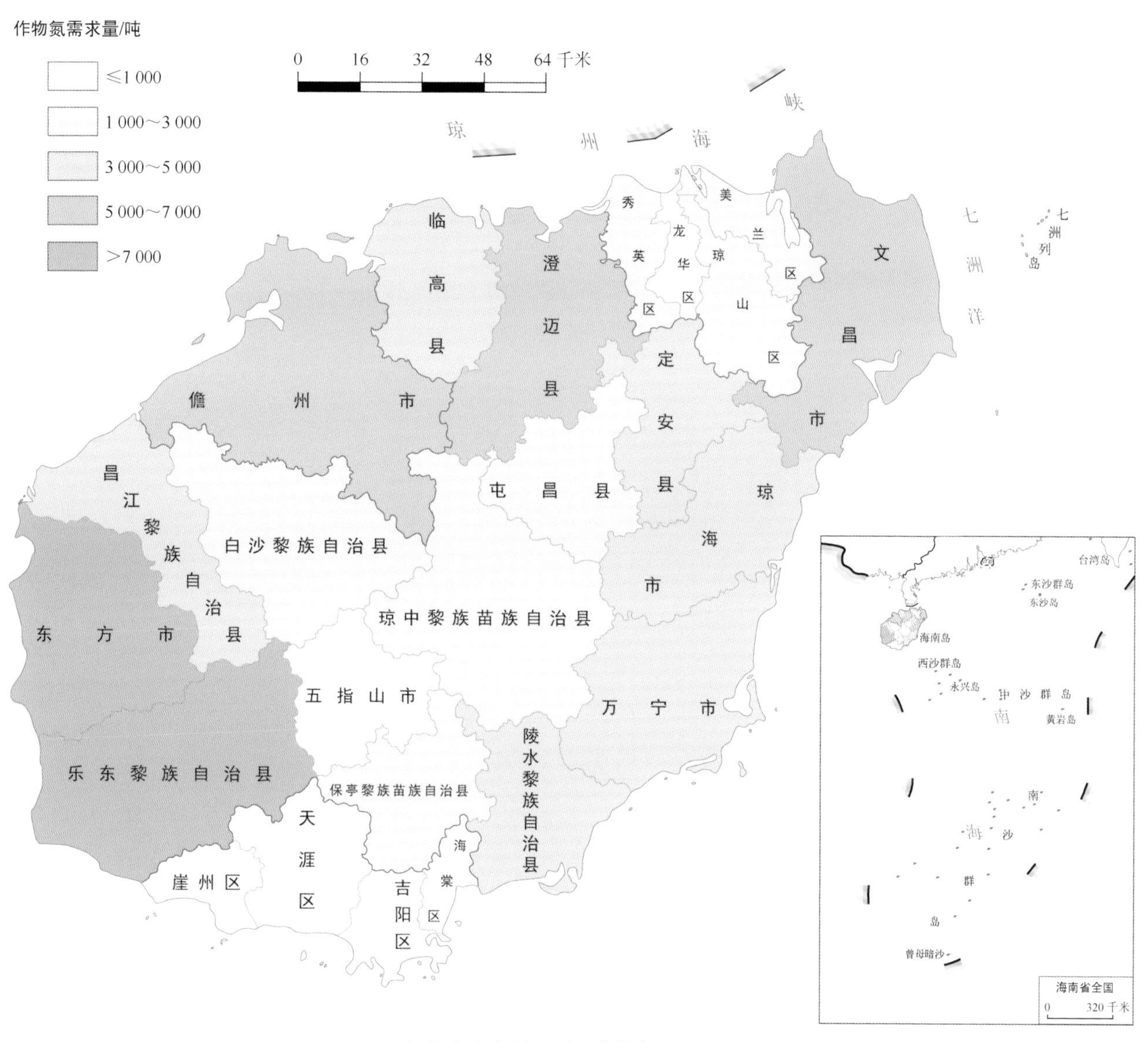

2017年海南省各县（区）作物氮需求量分布图

3.23 重庆市作物氮需求量分布

重庆市积极推动农业生产绿色高效发展，广泛推广绿色防控技术，着力推进种养有机结合，按照“以种带养、以养促种、种养结合、循环利用”种养循环发展理念。2017年重庆市主要作物氮的养分需求量为34.3万吨，占全国的1.5%；全市作物氮的养分需求较为分散，其中涪陵区、合川区和开州区的作物氮养分需求量分别为0.5万吨、0.5万吨、0.4万吨，分别占到全市的1.5%、1.5%、1.2%。2017年重庆市各县（区）作物氮需求量分布见下图。

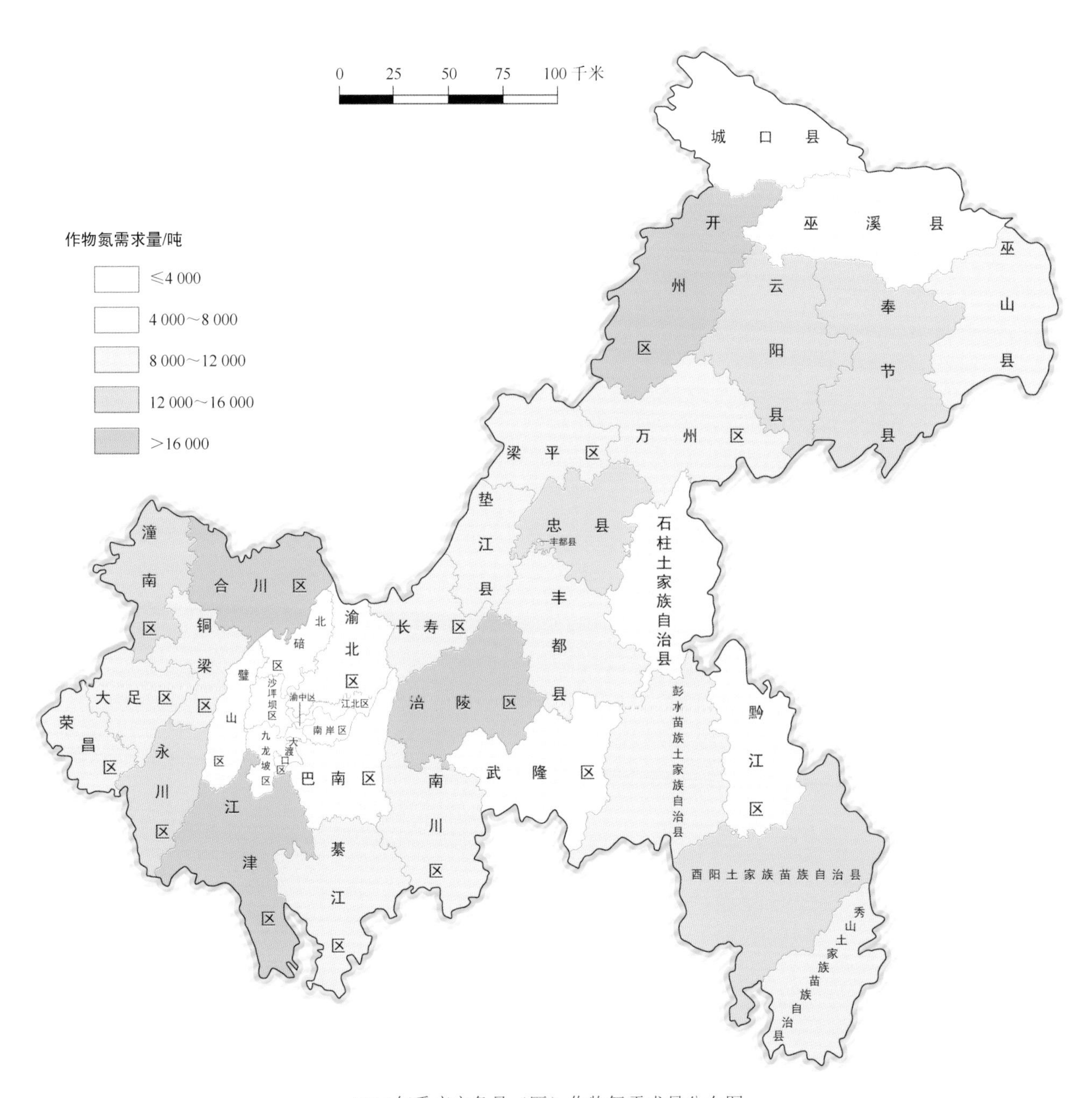

2017年重庆市各县（区）作物氮需求量分布图

3.24 四川省作物氮需求量分布

四川省有效处理生产过程的畜禽粪污作为有机肥替代，从投入端进行化肥减量，到产出端的绿色优质供给。2017年四川省主要作物氮的养分需求量为123.9万吨，占全国的5.3%；其中凉山市、绵阳市、南充市、成都市及宜宾市的作物氮养分需求量分别为10.9万吨、10.3万吨、10.0万吨、9.6万吨和8.4万吨，分别占全省的8.8%、8.3%、8.0%、7.8%、6.8%。2017年四川省各县（区）作物氮需求量分布见下图。

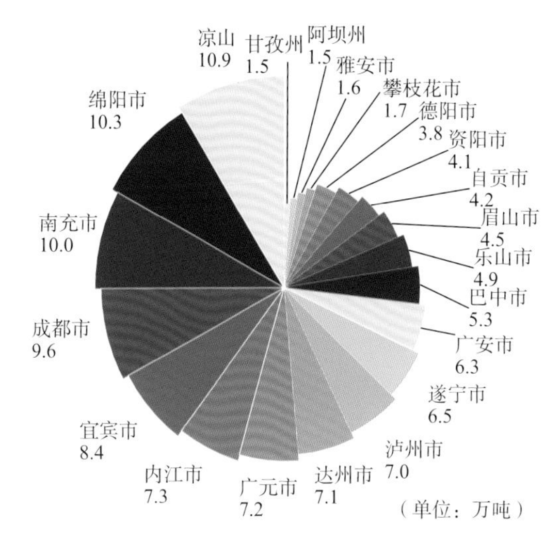

2017年四川省各市（州）作物氮需求量

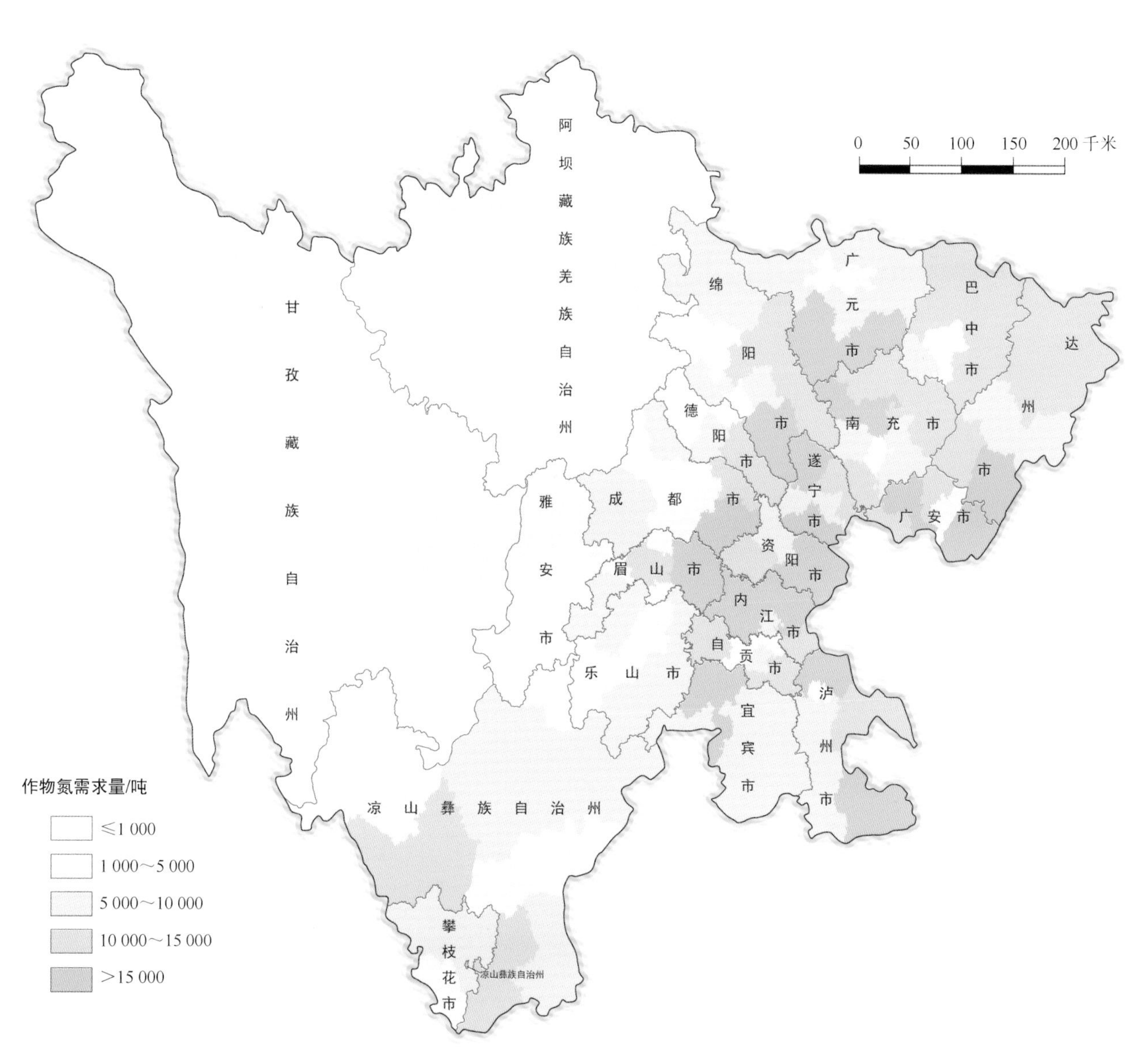

2017年四川省各县（区）作物氮需求量分布图

3.25 贵州省作物氮需求量分布

2017年贵州省主要作物氮的养分需求量为44.0万吨，占全国的1.9%；其中毕节市、遵义市、黔东南苗族侗族自治州及黔南布依族自治州的作物氮养分需求量分别为8.0万吨、7.6万吨、5.8万吨和5.3万吨，分别占全省的18.3%、17.2%、13.3%、12.1%。2017年贵州省各县（区）作物氮需求量分布见下图。

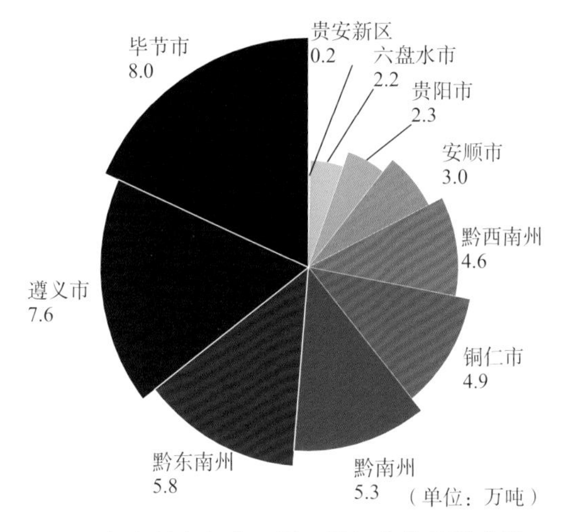

2017年贵州省各市（州、区）作物氮需求量

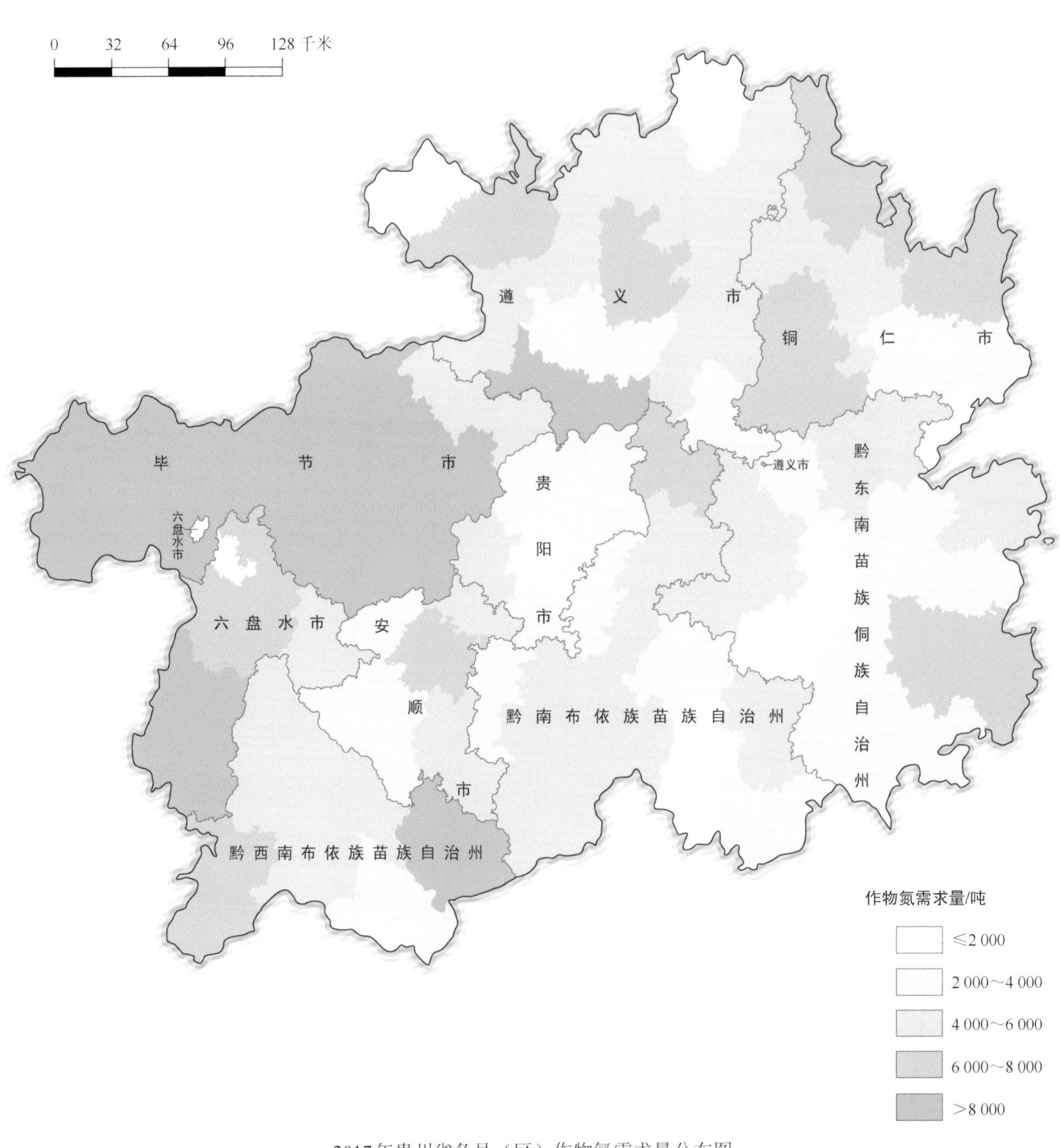

2017年贵州省各县（区）作物氮需求量分布图

3.26　云南省作物氮需求量分布

云南省积极推进农业结构性改革，持续推动粮食综合生产能力不断提升。2017年云南省主要作物氮的养分需求量为70.4万吨，占全国的3.0%；主要以曲靖市、昭通市、文山壮族苗族自治州、红河哈尼族彝族自治州四市（州）为主，其作物氮养分需求量分别为9.7万吨、8.2万吨、7.4万吨和6.3万吨，分别占全省的13.8%、11.6%、10.5%和8.9%。2017年云南省各县（区）作物氮需求量分布见下图。

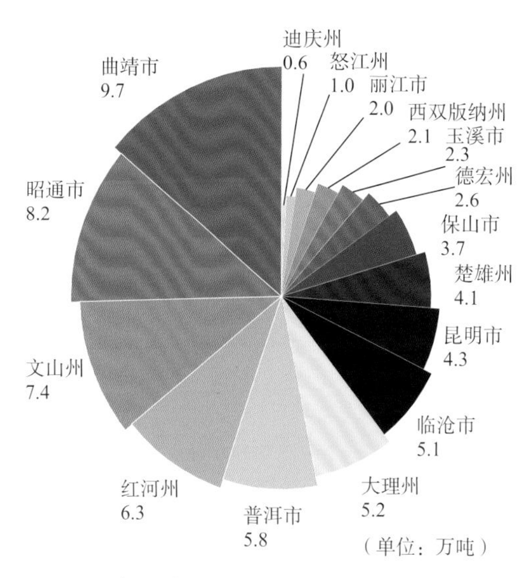

2017年云南省各市（州）作物氮需求量

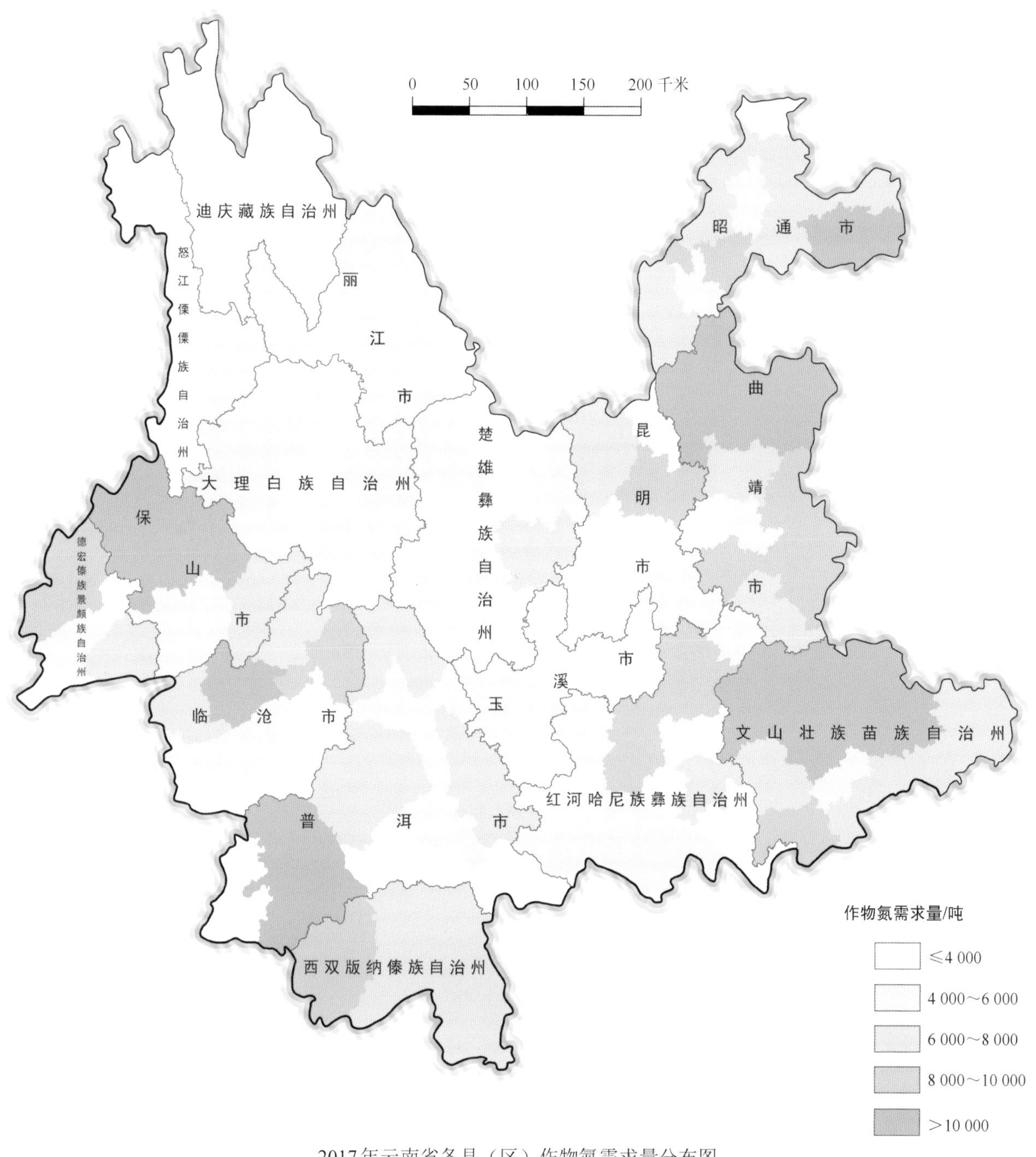

2017年云南省各县（区）作物氮需求量分布图

3.27 西藏自治区作物氮需求量分布

2017年西藏自治区主要作物氮的养分需求量为4.6万吨，占全国的0.2%；主要以日喀则市、昌都市、拉萨市、山南市四市为主，其作物氮养分需求量分别为1.8万吨、0.9万吨、0.7万吨和0.6万吨，分别占全自治区的39.1%、19.6%、15.2%和13.0%。2017年西藏自治区各县（区）作物氮需求量分布见下图。

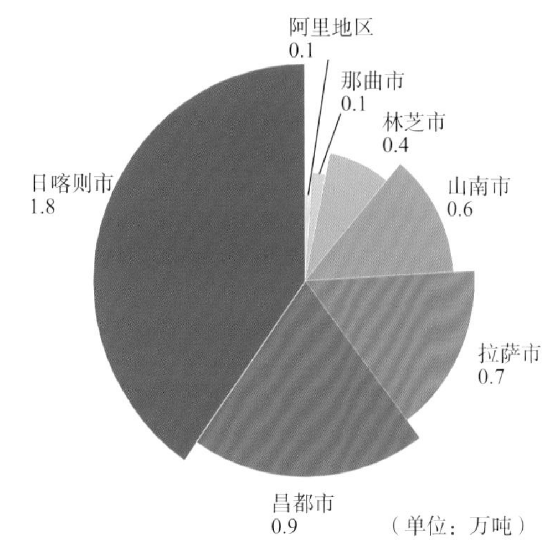

2017年西藏自治区各市（区）作物氮需求量

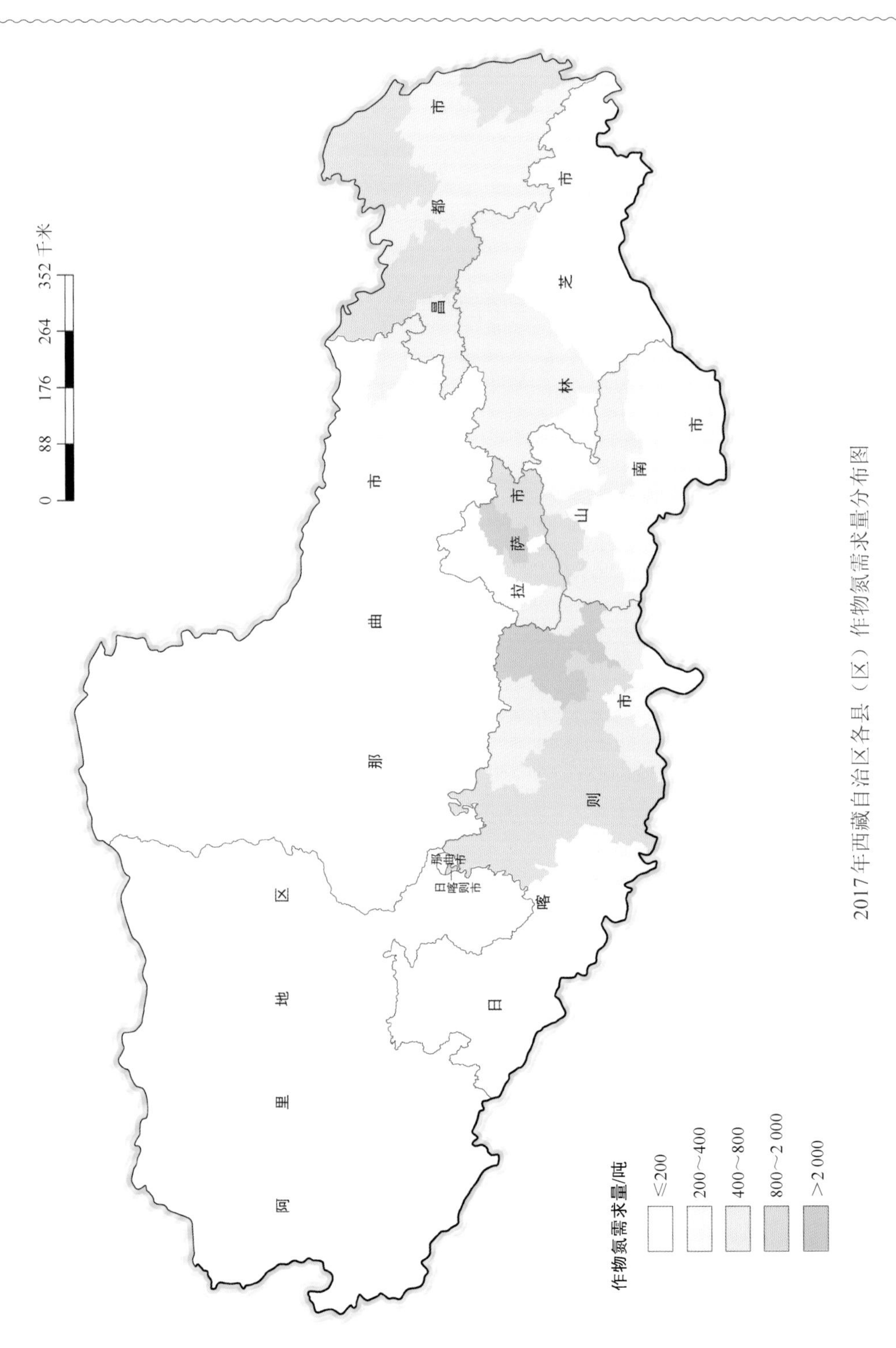

2017年西藏自治区各县（区）作物氮需求量分布图

3.28　陕西省作物氮需求量分布

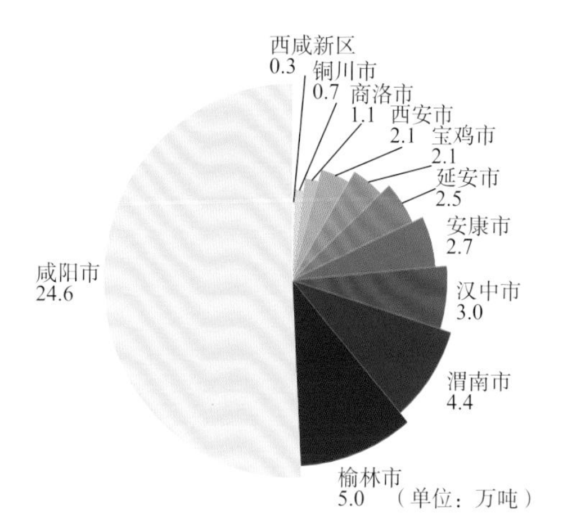

2017年陕西省各市（区）作物氮需求量

陕西省注重坚持粮食生产、稳中求进的工作总基调，以保障粮食生产为底线，以推动高质量发展、绿色循环生态发展。2017年陕西省主要作物氮的养分需求量为48.4万吨，占全国的2.1%；其中咸阳市、榆林市、渭南市和汉中市四市总的作物氮养分需求量占到全省的76.5%，分别为24.6万吨、5.0万吨、4.4万吨、3.0万吨。2017年陕西省各县（区）作物氮需求量分布见下图。

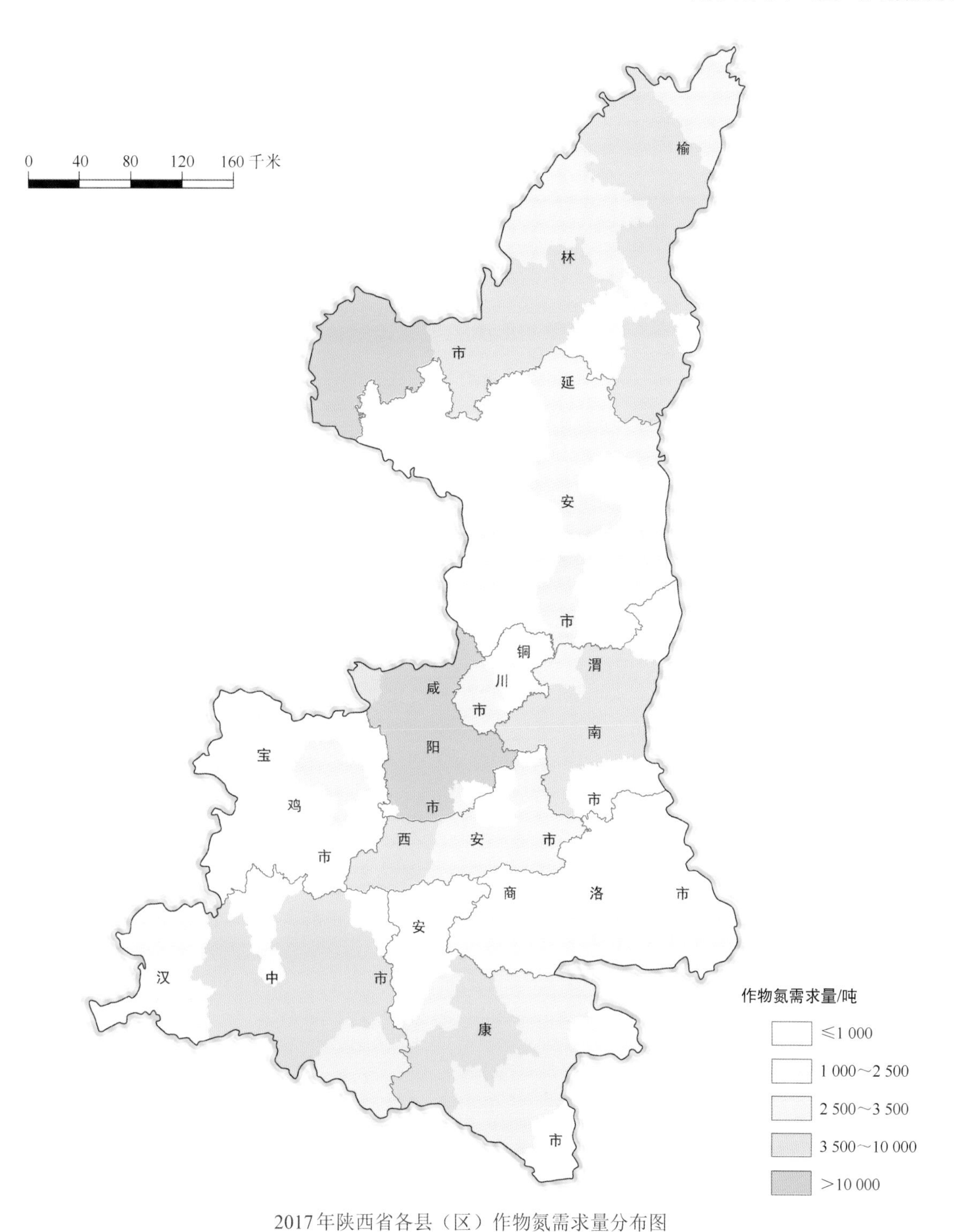

2017年陕西省各县（区）作物氮需求量分布图

3.29 甘肃省作物氮需求量分布

2017年甘肃省主要作物氮的养分需求量为38.3万吨，占全国的1.6%；其中天水市、庆阳市、平凉市和定西市四市的作物氮养分需求量占到全省的52.5%，分别为5.5万吨、5.5万吨、4.6万吨、4.5万吨。2017年甘肃省各县（区）作物氮需求量分布见下图。

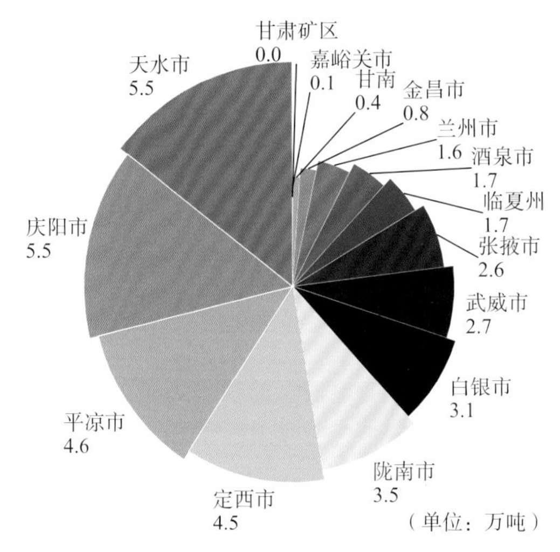

2017年甘肃省各市（州、区）作物氮需求量

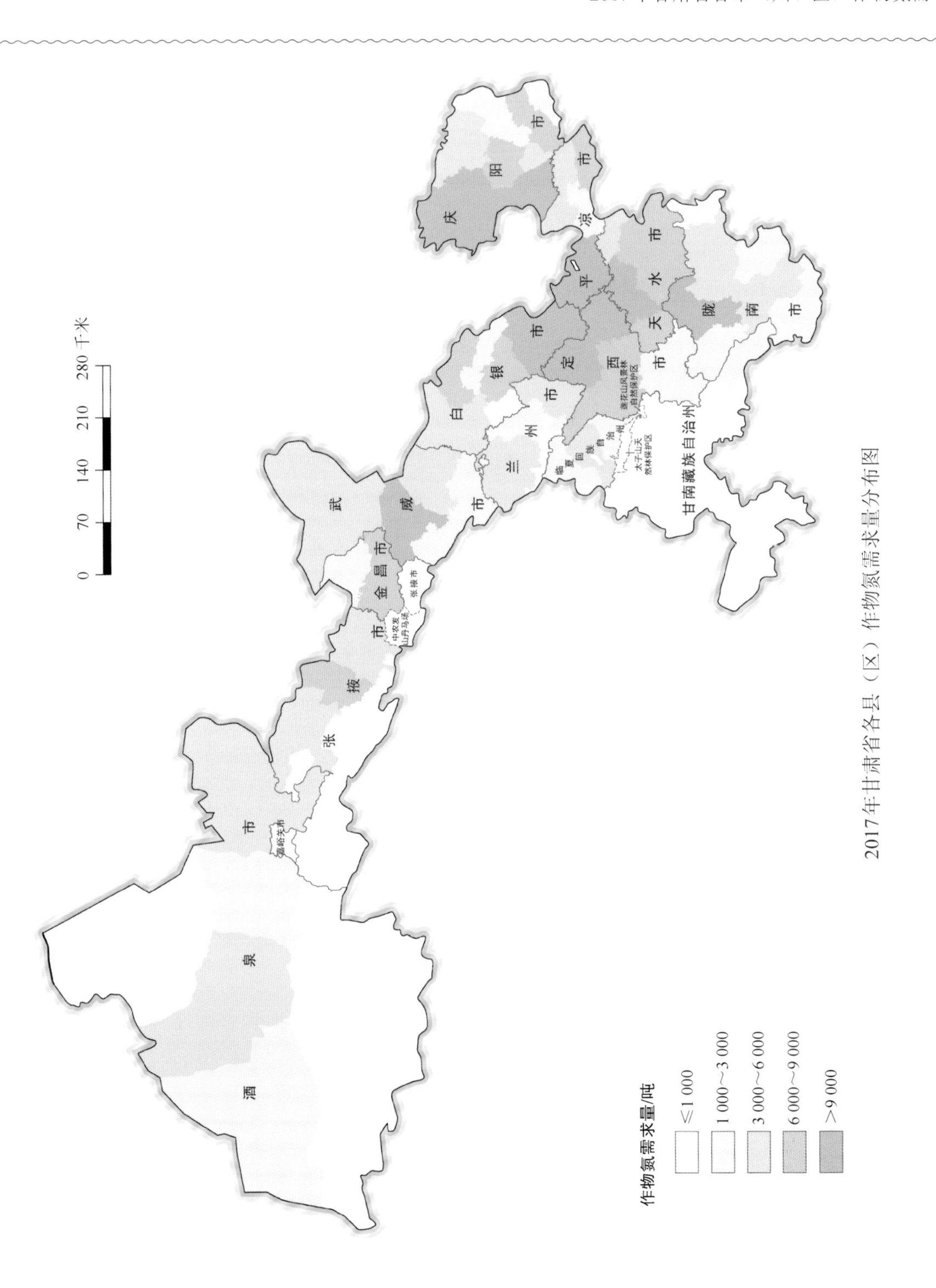

2017年甘肃省各县（区）作物氮需求量分布图

3.30　青海省作物氮需求量分布

2017年青海省主要作物氮的养分需求量为5.3万吨，占全国的0.2%；其中海东市、西宁市、海南藏族自治州和海北藏族自治州四市（州）的作物氮养分需求量占到全省的88.7%，分别为2.1万吨、1.3万吨、0.8万吨、0.5万吨。2017年青海省各县（区）作物氮需求量分布见下图。

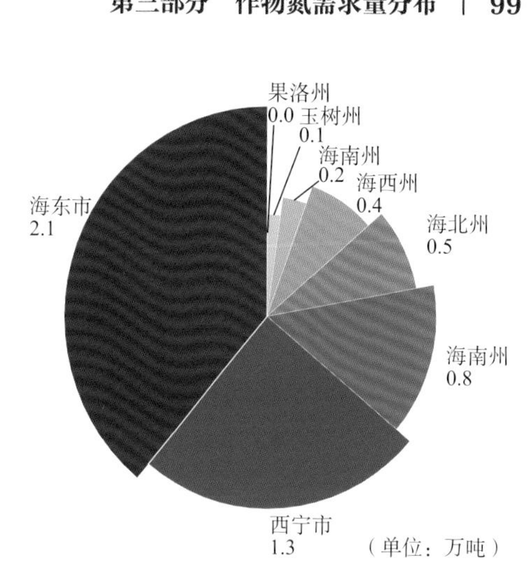

2017年青海省各市（州）作物氮需求量

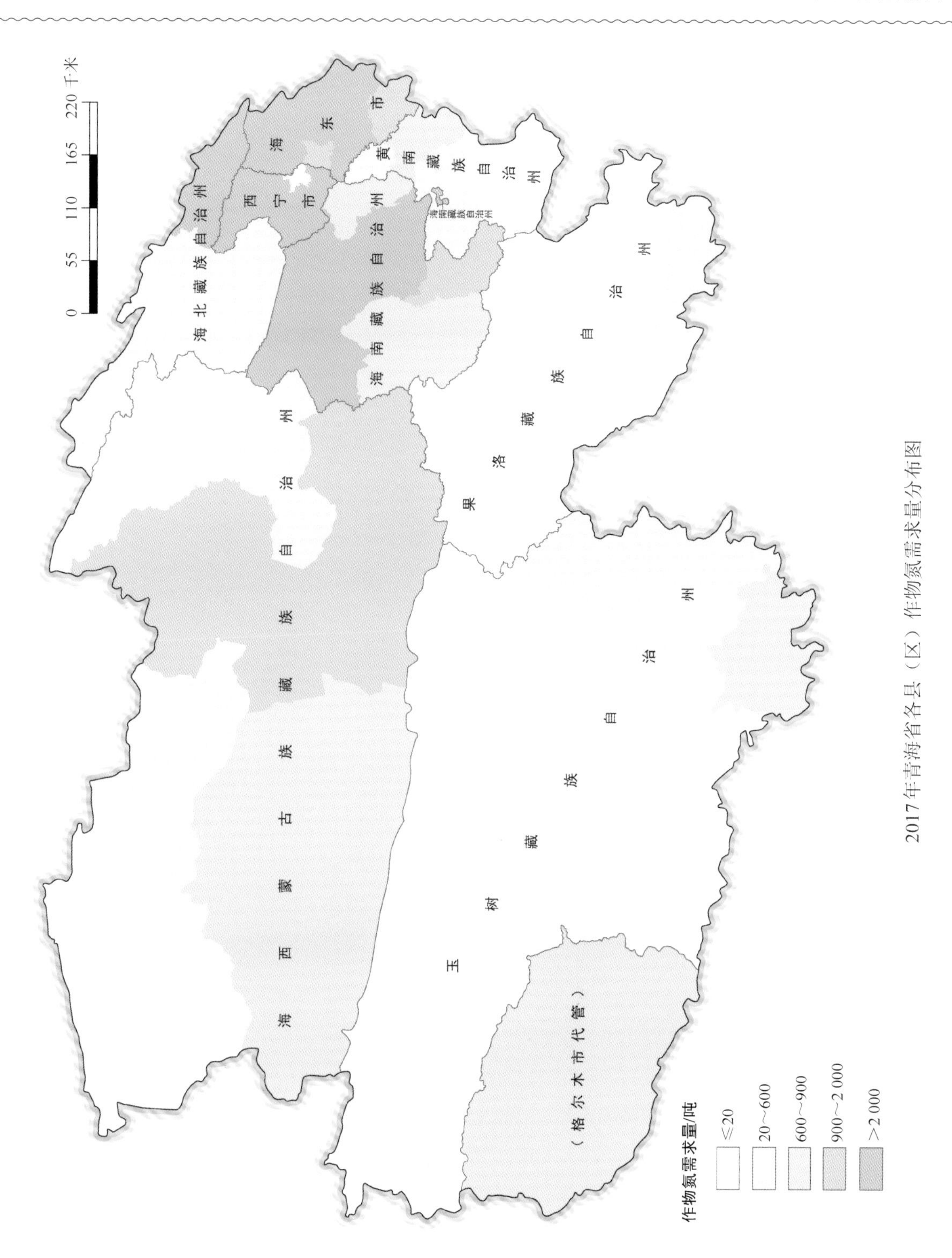

2017年青海省各县（区）作物氮需求量分布图

3.31 宁夏回族自治区作物氮需求量分布

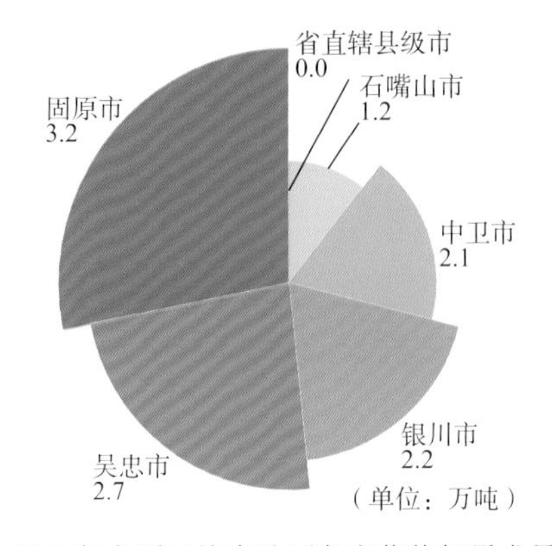

2017年宁夏回族自治区各市作物氮需求量

2017年宁夏回族自治区主要作物氮的养分需求量为11.5万吨，占全国的0.5%；其中固原市、吴忠市、银川市及中卫市的作物氮养分需求量分别为3.2万吨、2.7万吨、2.2万吨和2.1万吨，分别占全自治区的27.8%、23.5%、19.1%和18.3%。2017年宁夏回族自治区各县（区）作物氮需求量分布见下图。

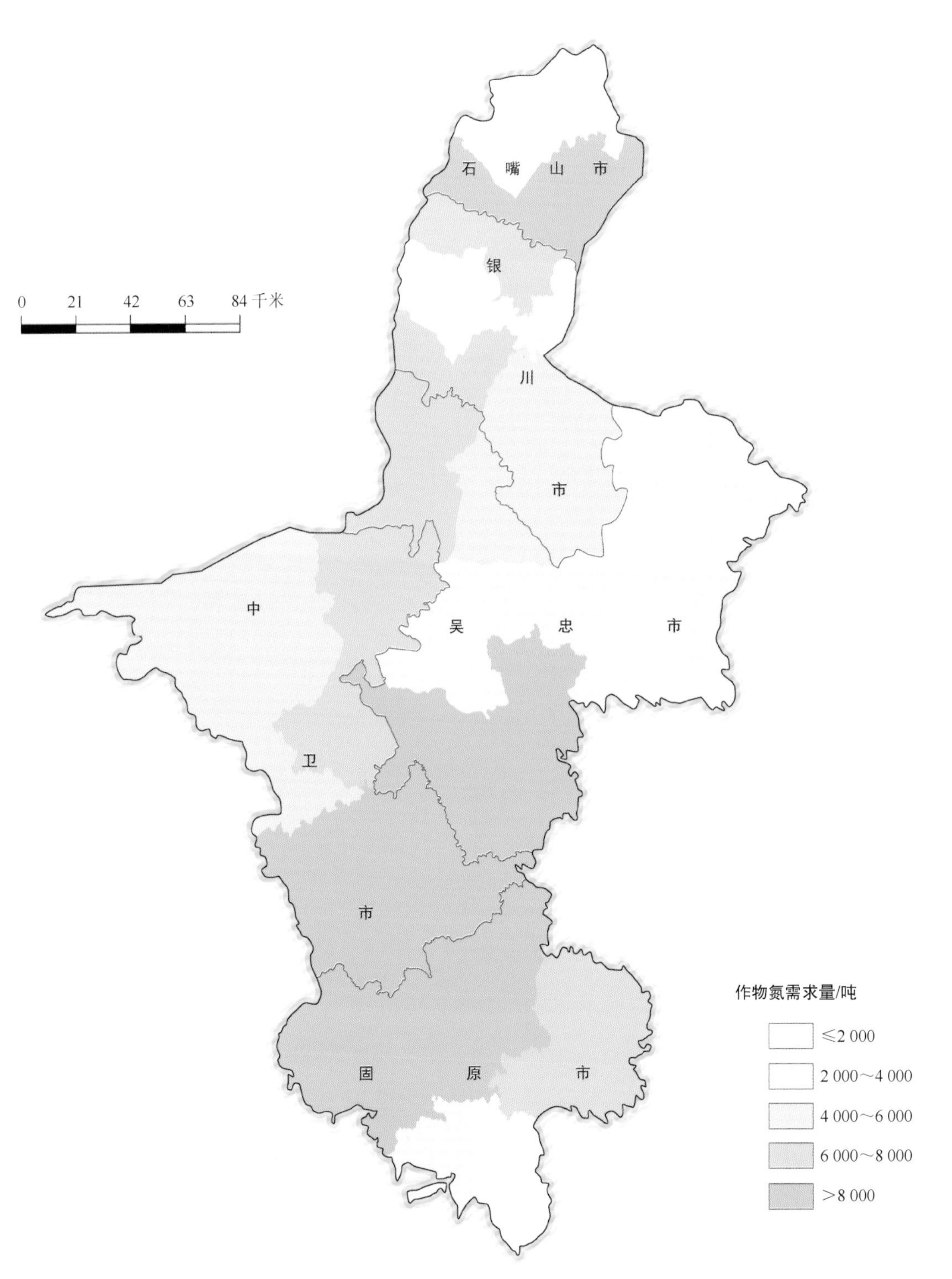

2017年宁夏回族自治区各县（区）作物氮需求量分布图

3.32　新疆维吾尔自治区作物氮需求量分布

新疆维吾尔自治区坚决守住耕地红线，推进农业废弃物综合利用，提升耕地质量、改善农业农村生态环境、加快农业绿色低碳发展。2017年新疆维吾尔自治区主要作物氮的养分需求量为112.4万吨，占全国的4.8%；其中喀什地区、塔城地区、昌吉回族自治州和阿克苏地区四市（州）总的作物氮养分需求量占到全自治区的54.6%，分别为16.5万吨、15.9万吨、15.2万吨、13.7万吨。2017年新疆维吾尔自治区各县（区）作物氮需求量分布见下图。

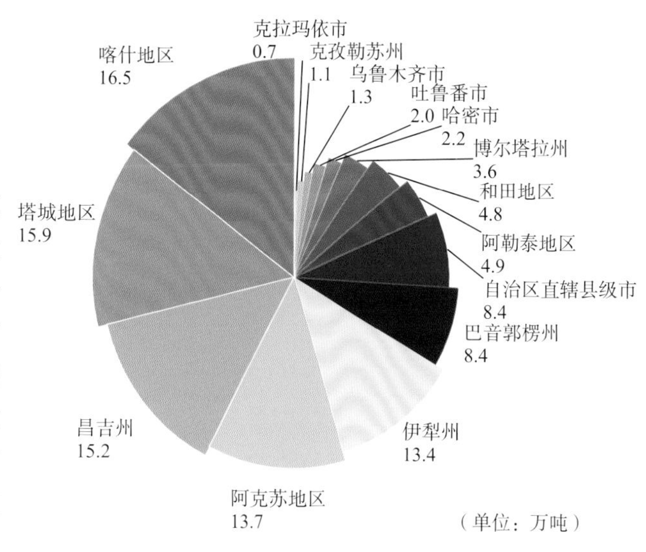

2017年新疆维吾尔自治区各市（州、区）作物氮需求量

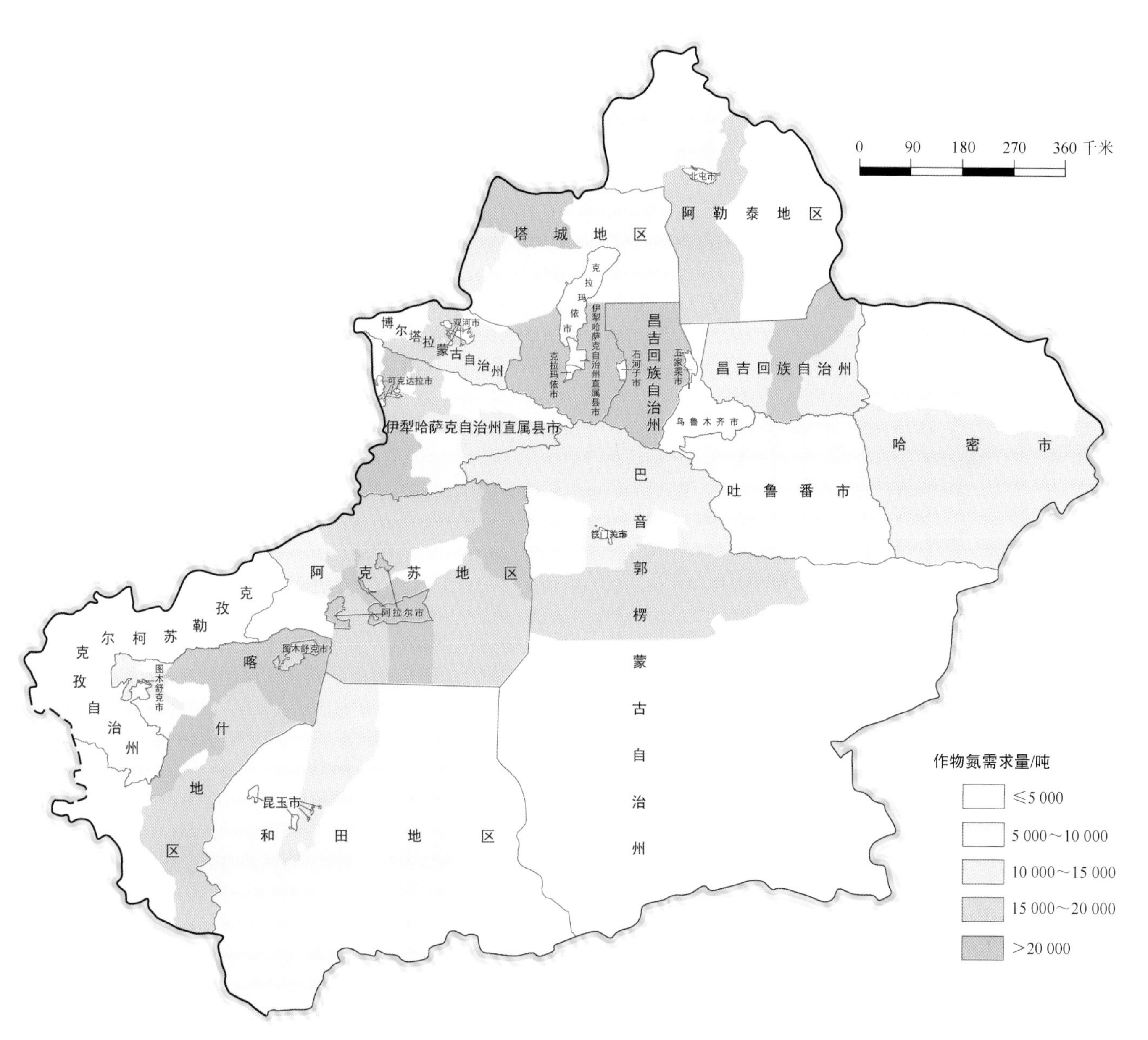

2017年新疆维吾尔自治区各县（区）作物氮需求量分布图

第四部分　土地承载力分布

畜禽粪便土地承载力是指在土地生态系统可持续运行的条件下，一定边界内农田、人工林地和人工草地等种植用地所能承载的最大畜禽存栏量下所产生的氮排泄量；为了便于比较和核算，通常将各种畜禽按照一定的等量关系换算成某一种动物，由于我国畜禽中生猪养殖量最大，故将其他畜禽都按照一定的系数换算成猪当量。本图集根据第三部分获得的县（区）域作物养分需求量，同时考虑当地的土壤养分状况，确定施肥养分供给比例，选择合适的粪肥替代化肥比例，计算出作物粪肥养分需求量；基于《畜禽粪便土地承载力测算方法》标准中给出的计算方法，计算出各地可承载的最大养殖量，本图集以氮养分需求为基础，以50%替代比例进行绘制。相关测算方法如下。

1. 粪便养分可施用量

粪便氮养分可施用量以$NU_{r,m}$表示，单位为：千克/年，按下式计算：

$$NU_{r,m}=\frac{NU_{r,n}\times FP\times MP}{MR} \tag{4-1}$$

式中：

$NU_{r,n}$——边界内植物氮养分需求量，单位为：千克/年；

FP——作物总养分需求中施肥供给养分占比，单位为：%；不同土壤肥力下作物总养分需求中施肥供给养分占比推荐值参见附录表A.2；

MP——土地施肥管理中，畜禽粪便养分可施用量占施肥养分总量的比例，单位为：%，该值根据当地实际情况确定，推荐为50%～100%；

MR——粪便当季利用率，单位为：%；粪便氮素当季利用率取值范围推荐为25%～30%。

2. 猪当量粪便养分供给量

猪当量粪便养分供给量以$NS_{r,a}$表示，单位为：千克/（猪当量·年），按下式计算：

$$NS_{r,a}=\frac{Q_{r,Tr}\times 1000}{A} \tag{4-2}$$

式中：

$Q_{r,Tr}$——边界内畜禽粪便养分供给量，单位为：吨/年；

1 000——单位换算值，单位为：千克/吨；

A——边界内饲养的各种畜禽折算成猪当量的饲养总量，单位为：猪当量，由式（1-1）计算所得。

3. 区域畜禽粪便土地承载力

区域畜禽粪便土地承载力以R表示，单位为：猪当量，按公下式计算：

$$R=\frac{NU_{r,m}}{NS_{r,a}} \tag{4-3}$$

式中：

$NU_{r,m}$——粪便养分可施用量，单位为：千克/年；

$NS_{r,a}$——猪当量粪便养分供给量，单位为：千克/（猪当量·年）。

4.1 全国土地承载力分布

我国畜牧业绿色可持续发展，推进种养循环是必由之路，土地的承载能力是一个关键因素。2017年，全国（以氮50%替代为基础）总的可承载畜禽养殖量为28.5亿头猪当量；从区域上来看，主要在东北、华北、华东及西北地区。从不同省（区、市）承载能力看，河南省、山东省和黑龙江省的土地承载能力位列前三，可承载畜禽养殖量分别达到3.7亿头、2.9亿头和2.2亿头猪当量，分别占全国可承载量的12.8%、10.2%和7.9%。这凸显了这些省（区、市）在中国畜禽养殖业中的重要作用及其巨大的潜力。2017年全国各省（区、市）土地承载力分布见下图。

2017年全国各省（区、市）土地承载力

省（区、市）	数量/猪当量（万头）	省（区、市）	数量/猪当量（万头）	省（区、市）	数量/猪当量（万头）
北京市	275.2	安徽省	13 883.6	四川省	13 342.7
天津市	777.6	福建省	2 409.4	贵州省	4 735.9
河北省	18 839.8	江西省	7 367.4	云南省	7 578.1
山西省	6 994.1	山东省	29 007.8	西藏自治区	494.0
内蒙古自治区	11 766.3	河南省	36 503.8	陕西省	6 918.1
辽宁省	7 877.2	湖北省	11 857.7	甘肃省	5 414.3
吉林省	11 828.8	湖南省	11 208.2	青海省	574.2
黑龙江省	22 379.0	广东省	5 876.1	宁夏回族自治区	1 681.2
上海市	381.5	广西壮族自治区	7 540.8	新疆维吾尔自治区	15 767.4
江苏省	13 129.6	海南省	1 212.5		
浙江省	2 907.8	重庆市	4 190.6		

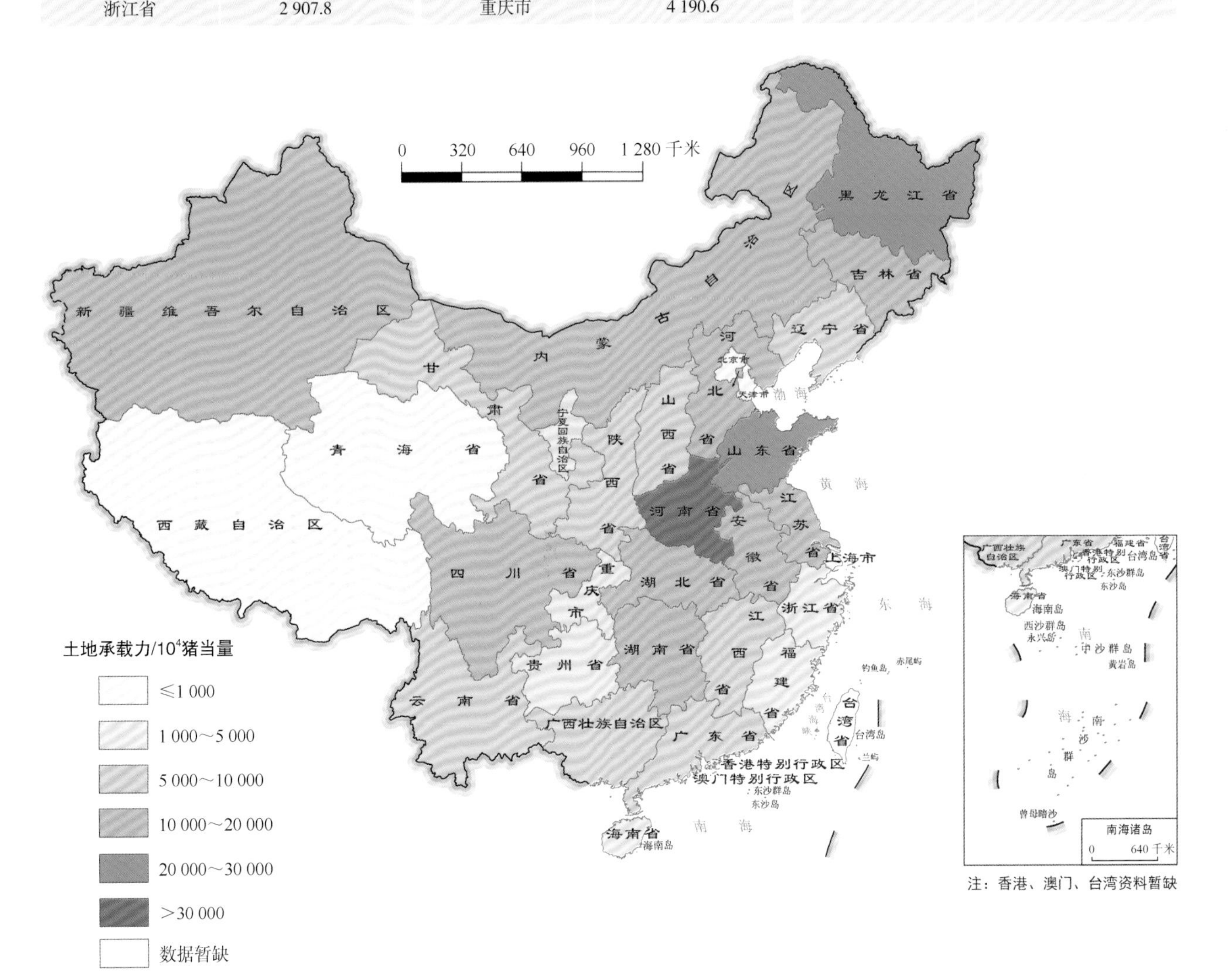

2017年全国各省（区、市）土地承载力分布图

4.2 北京市土地承载力分布

根据作物养分需求，基于畜禽粪便土地承载测算方法，以氮养分为基础，有机肥替代化肥比例为50%测算，2017年北京市总的可承载畜禽养殖量为275.2万头猪当量；主要分布于大兴区、顺义区和房山区，其土地承载力分别为59.5万头、41.6万头和33.2万头猪当量，分别占全市可承载量的21.6%、15.1%和12.1%。2017年北京市各区土地可承载畜禽养殖量分布见下图。

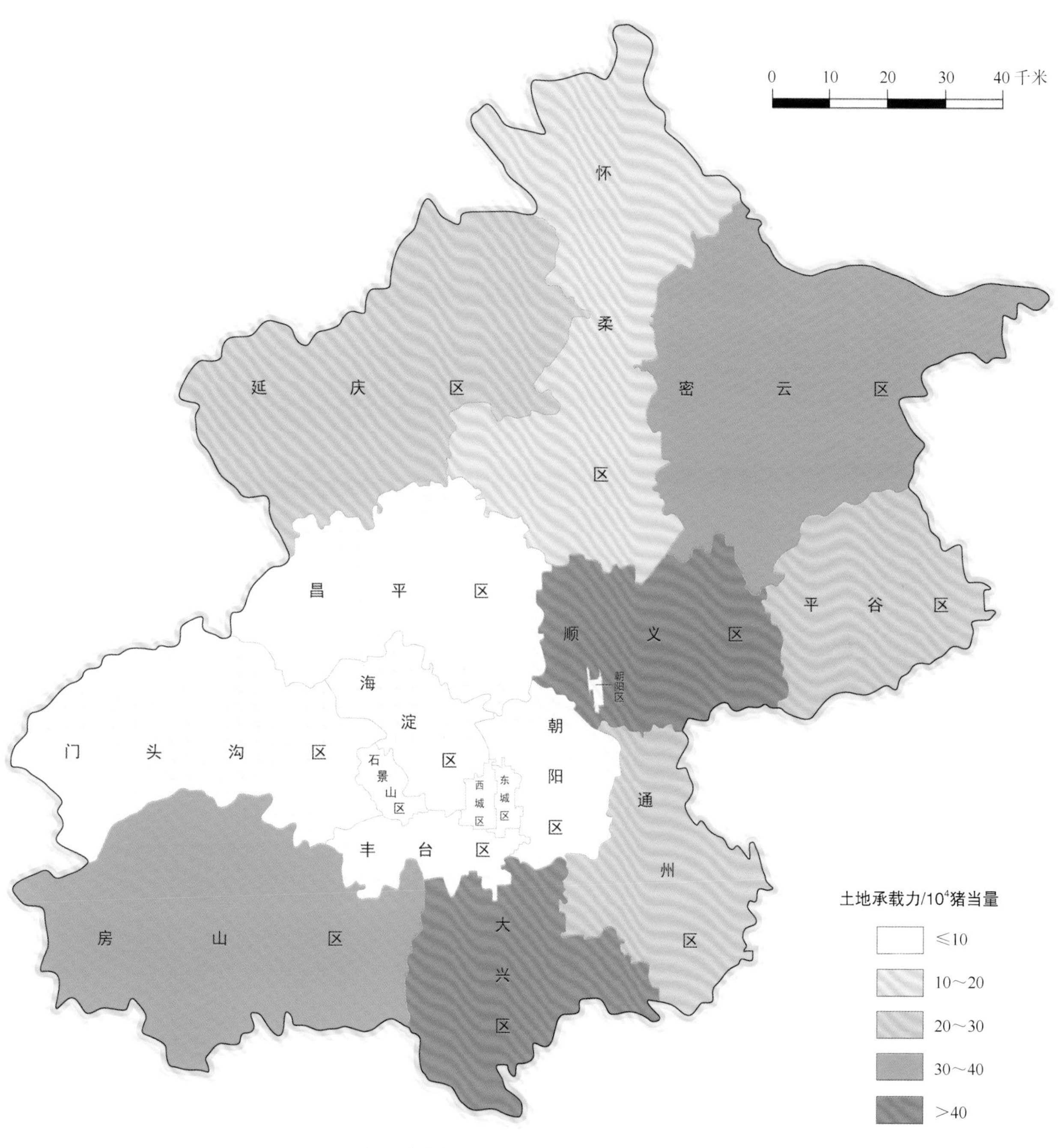

2017年北京市各区土地可承载畜禽养殖量分布图

4.3 天津市土地承载力分布

根据作物养分需求，基于畜禽粪便土地承载测算方法，以氮养分为基础，有机肥替代化肥比例为50%测算，2017年天津市总的可承载畜禽养殖量为777.6万头猪当量；主要分布于武清区、宝坻区和静海区，其土地承载力分别为166.9万头、164.7万头和152.0万头猪当量，分别占全市可承载量的21.5%、21.2%和19.6%。2017年天津市各区土地可承载畜禽养殖量分布见下图。

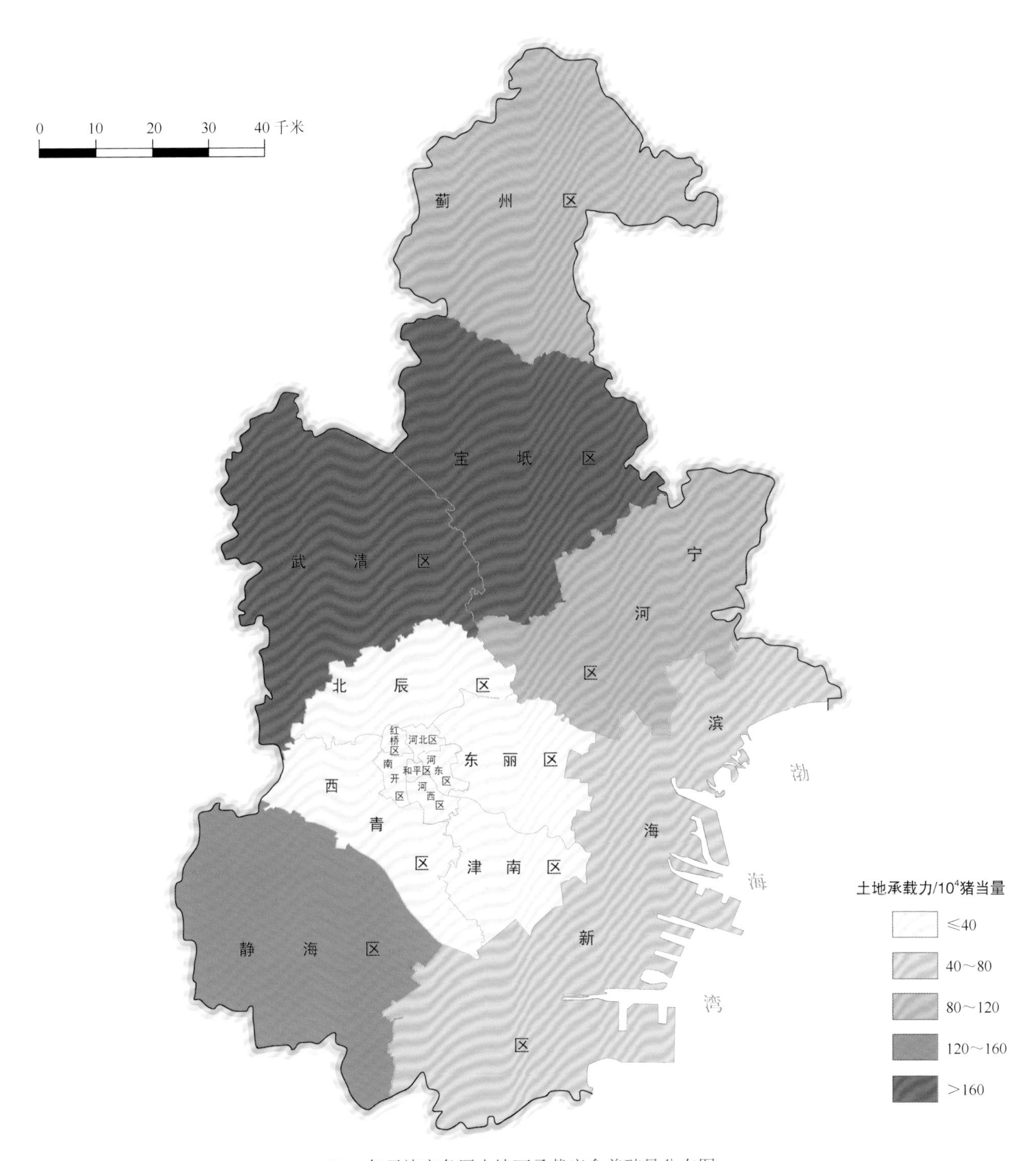

2017年天津市各区土地可承载畜禽养殖量分布图

4.4　河北省土地承载力分布

根据作物养分需求，基于畜禽粪便土地承载测算方法，以氮养分为基础，有机肥替代化肥比例为50%测算，2017年，河北全省可承载畜禽养殖量为1.9亿头猪当量；主要可分布于沧州市、邢台市、邯郸市、保定市和石家庄市五市，可承载畜禽养殖量分别为2 794.7万头、2 772.4万头、2 324.6万头、2 267.4万头和2 157.6万头猪当量。河北省作物种植主要集中在中南部，因此中南部的土地承载力整体较高。2017年河北省各县（区）土地可承载畜禽养殖量分布见下图。

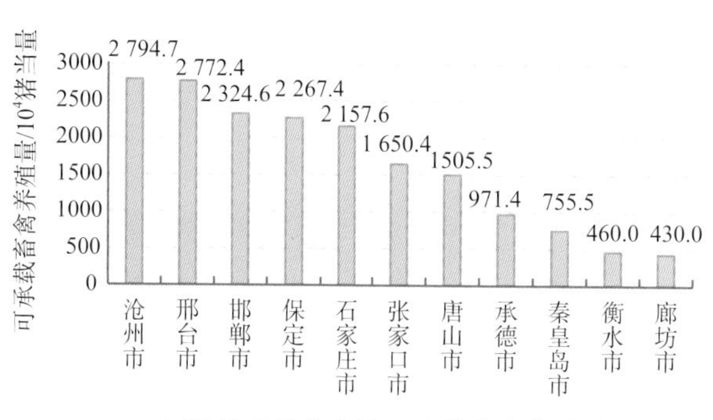

2017年河北省各市土地可承载畜禽养殖量

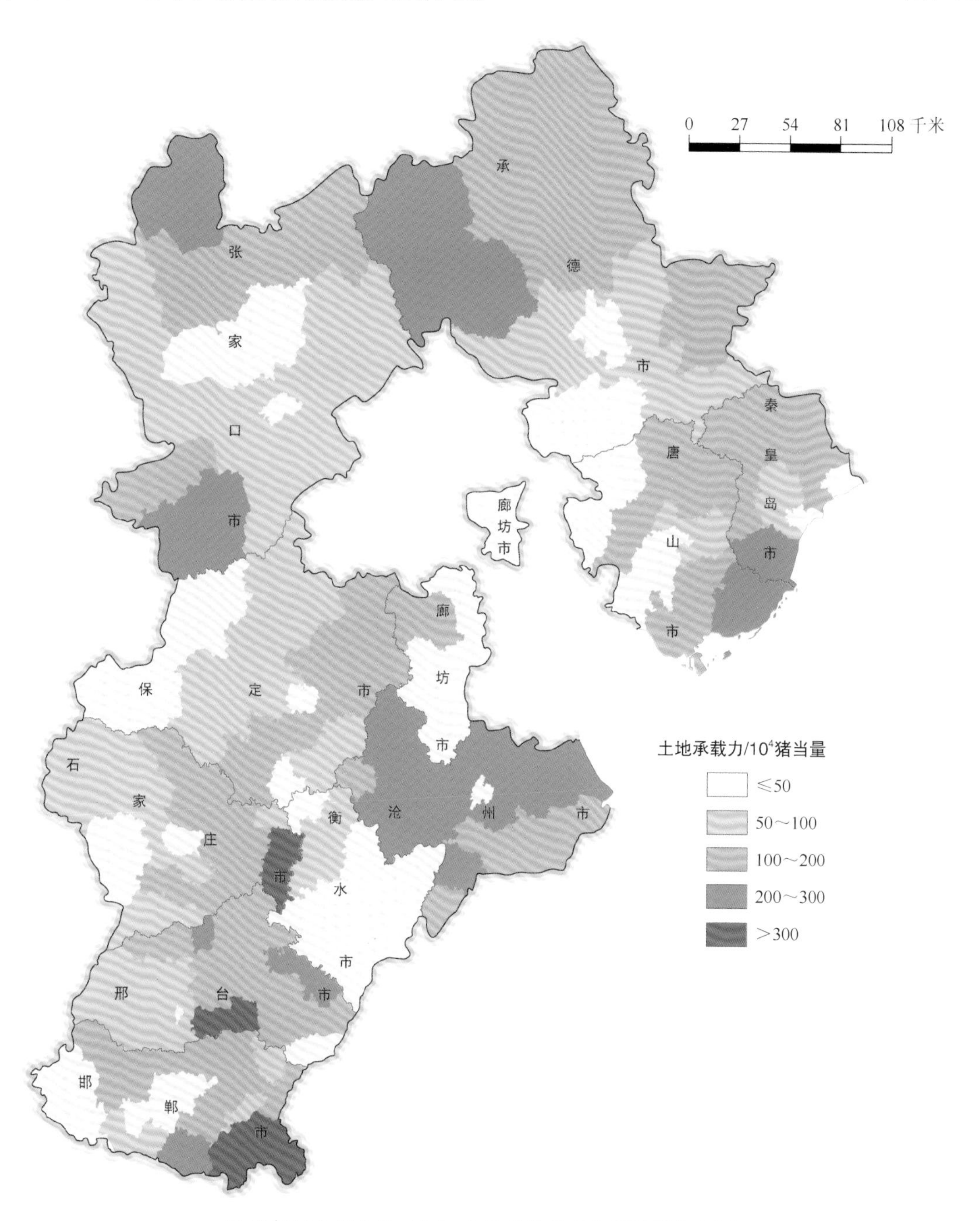

2017年河北省各县（区）土地可承载畜禽养殖量分布图

4.5 山西省土地承载力分布

根据作物养分需求，基于畜禽粪便土地承载测算方法，以氮养分为基础，有机肥替代化肥比例为50%测算，2017年山西省可承载畜禽养殖量为6 994.1万头猪当量；主要分布于运城市、临汾市、忻州市、吕梁市四市，可承载畜禽养殖量分别为1 401.4万头、937.6万头、796.3万头和705.5万头猪当量。2017年山西省各县（区）土地可承载畜禽养殖量分布见下图。

2017年山西省各市土地可承载畜禽养殖量

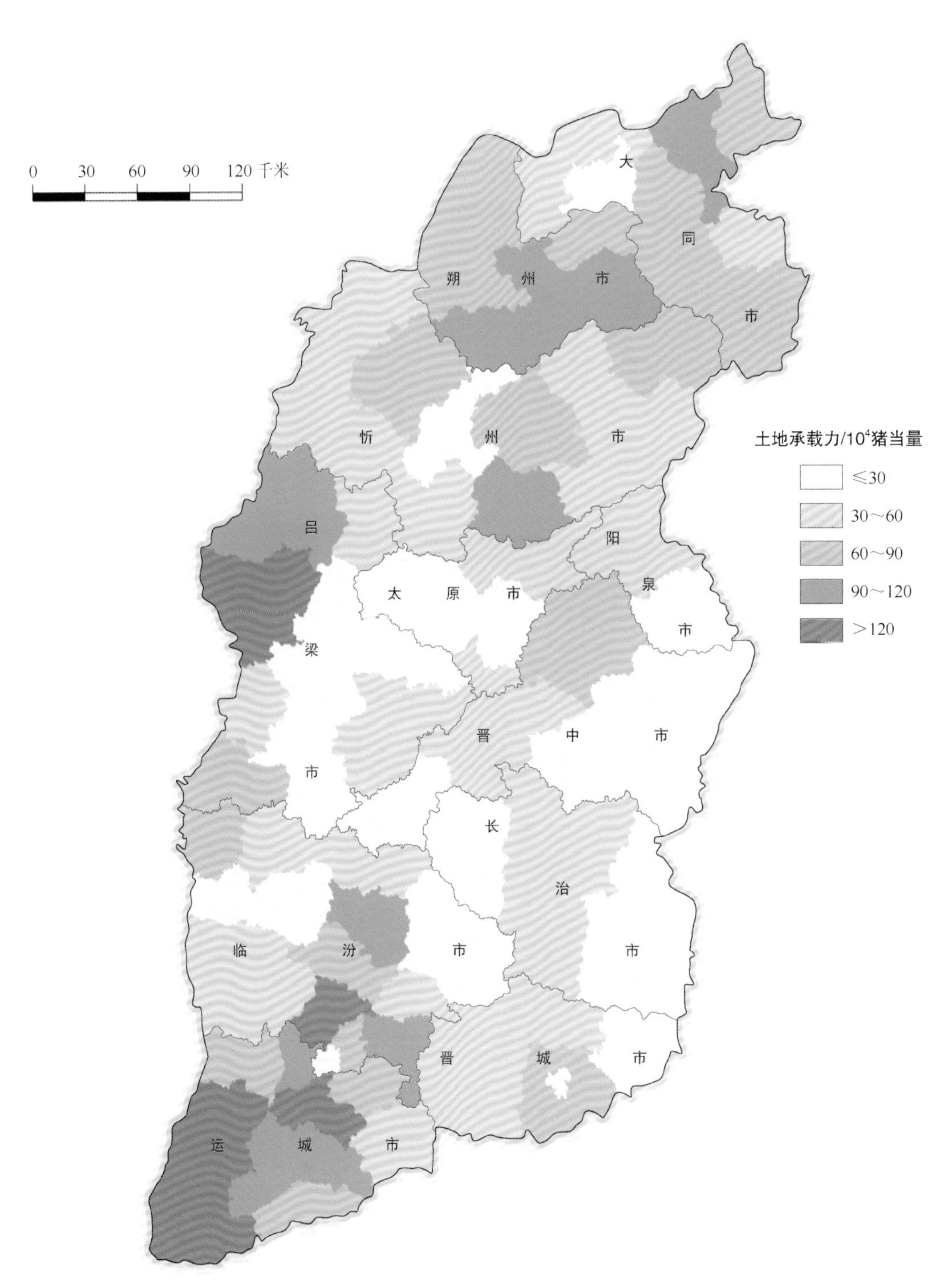

2017年山西省各县（区）土地可承载畜禽养殖量分布图

4.6 内蒙古自治区土地承载力分布

根据作物养分需求，基于畜禽粪便土地承载测算方法，以氮养分为基础，有机肥替代化肥比例为50%测算，2017年内蒙古自治区可承载畜禽养殖量为1.2亿头猪当量；主要分布于赤峰市、呼伦贝尔市、通辽市、乌兰察布市、兴安盟和巴彦淖尔市六市，分别为2 230.3万头、2 213.4万头、2 154.7万头、1 670.3万头、1 564.8万头和1 556.4万头猪当量。2017年内蒙古自治区各县（区、旗）土地可承载畜禽养殖量分布见下图。

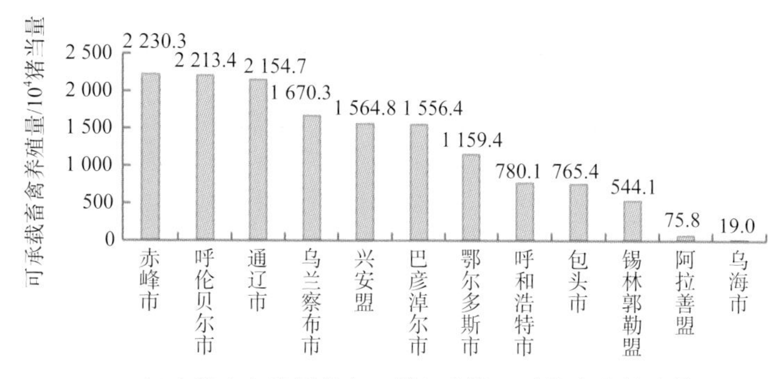

2017年内蒙古自治区各市（盟）土地可承载畜禽养殖量

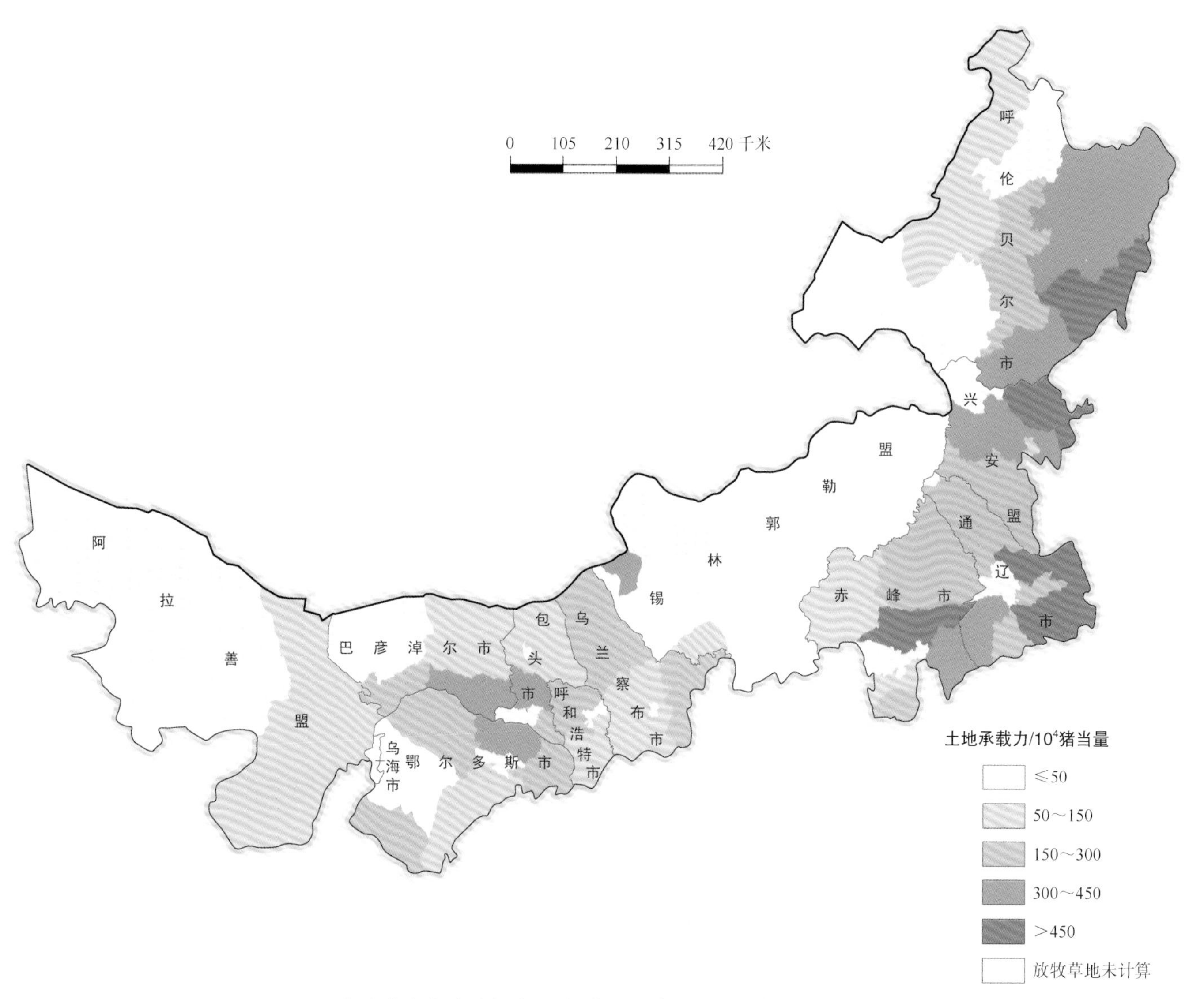

2017年内蒙古自治区各县（区、旗）土地可承载畜禽养殖量分布图

4.7 辽宁省土地承载力分布

作为全国粮食主产省之一，为确保粮食安全，辽宁省大力实施“藏粮于地、藏粮于技”战略，积极巩固提升粮食综合生产能力。根据作物养分需求，基于畜禽粪便土地承载测算方法，以氮养分为基础，有机肥替代化肥比例为50%测算，2017年辽宁省可承载畜禽养殖量为7 877.3万头猪当量；主要分布于沈阳市、锦州市、阜新市、铁岭市和朝阳市五个城市，分别为1 456.1万头、1 094.6万头、1 090.9万头、1 003.8万头和974.4万头猪当量。2017年辽宁省各县（区）土地可承载畜禽养殖量分布见下图。

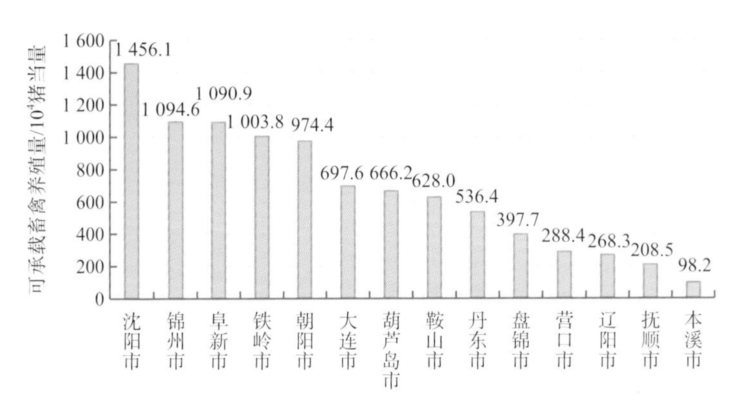

2017年辽宁省各市土地可承载畜禽养殖量

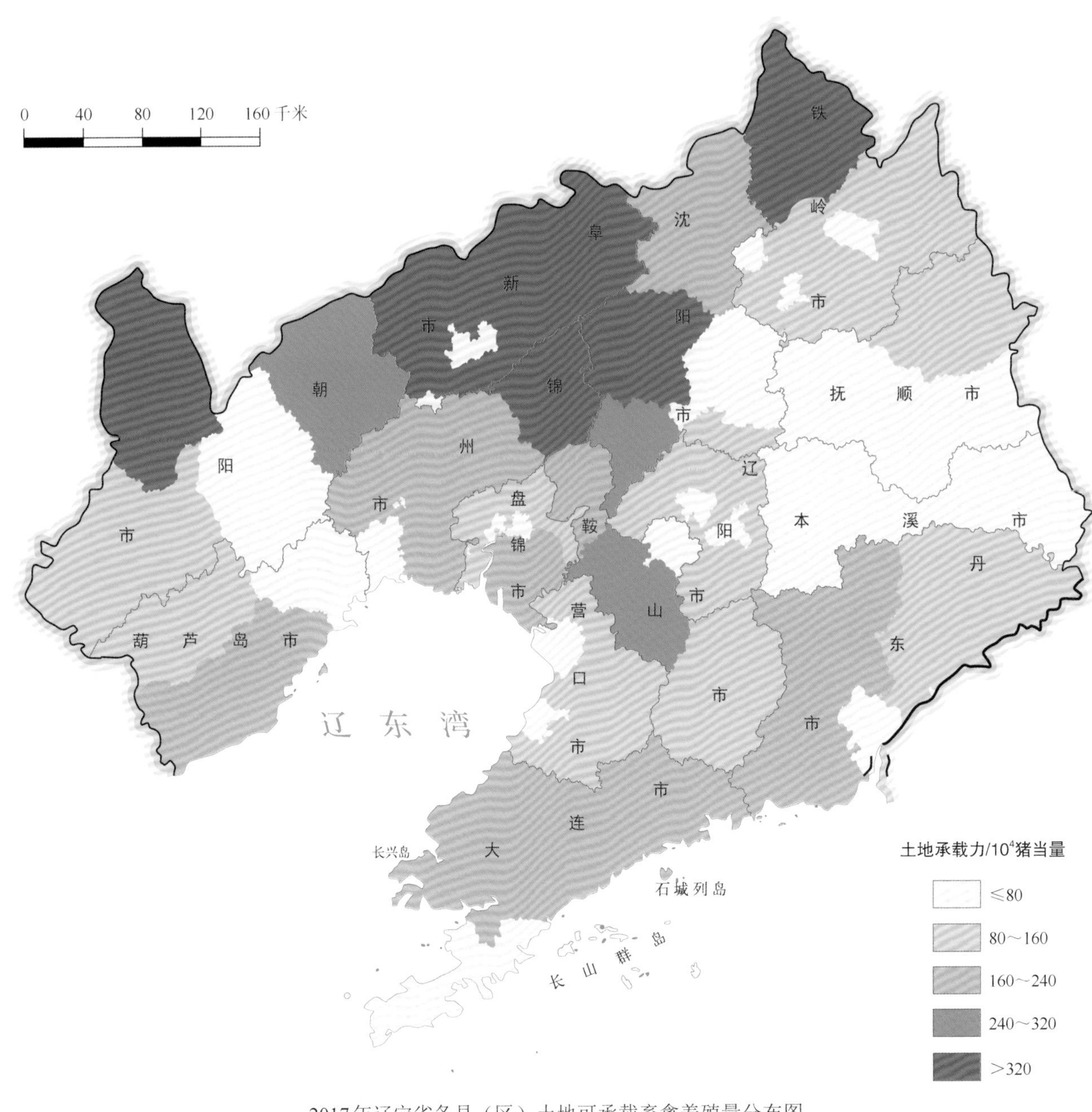

2017年辽宁省各县（区）土地可承载畜禽养殖量分布图

4.8　吉林省土地承载力分布

吉林省按照中央文件部署，全力推进“千亿斤粮食”产能建设工程、“秸秆变肉”暨千万头肉牛建设工程、万亿级农业及农产品加工和食品细加工产业工程。根据作物养分需求，基于畜禽粪便土地承载测算方法，以氮养分为基础，有机肥替代化肥比例为50%测算，2017年吉林省全省可承载畜禽养殖量为1.2亿头猪当量；主要分布于长春市、松原市、白城市和四平市四市，可承载畜禽养殖量分别为2 807.6万头、2 187.4万头、1 917.0万头和1 722.0万头猪当量。2017年吉林省各县（区）土地可承载畜禽养殖量分布见下图。

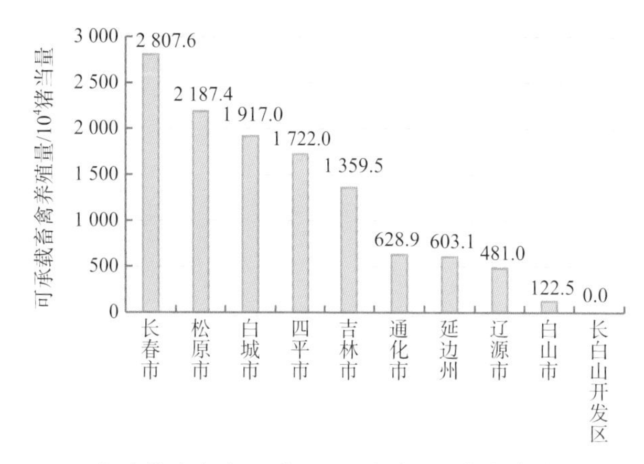

2017年吉林省各市（州、区）土地可承载畜禽养殖量

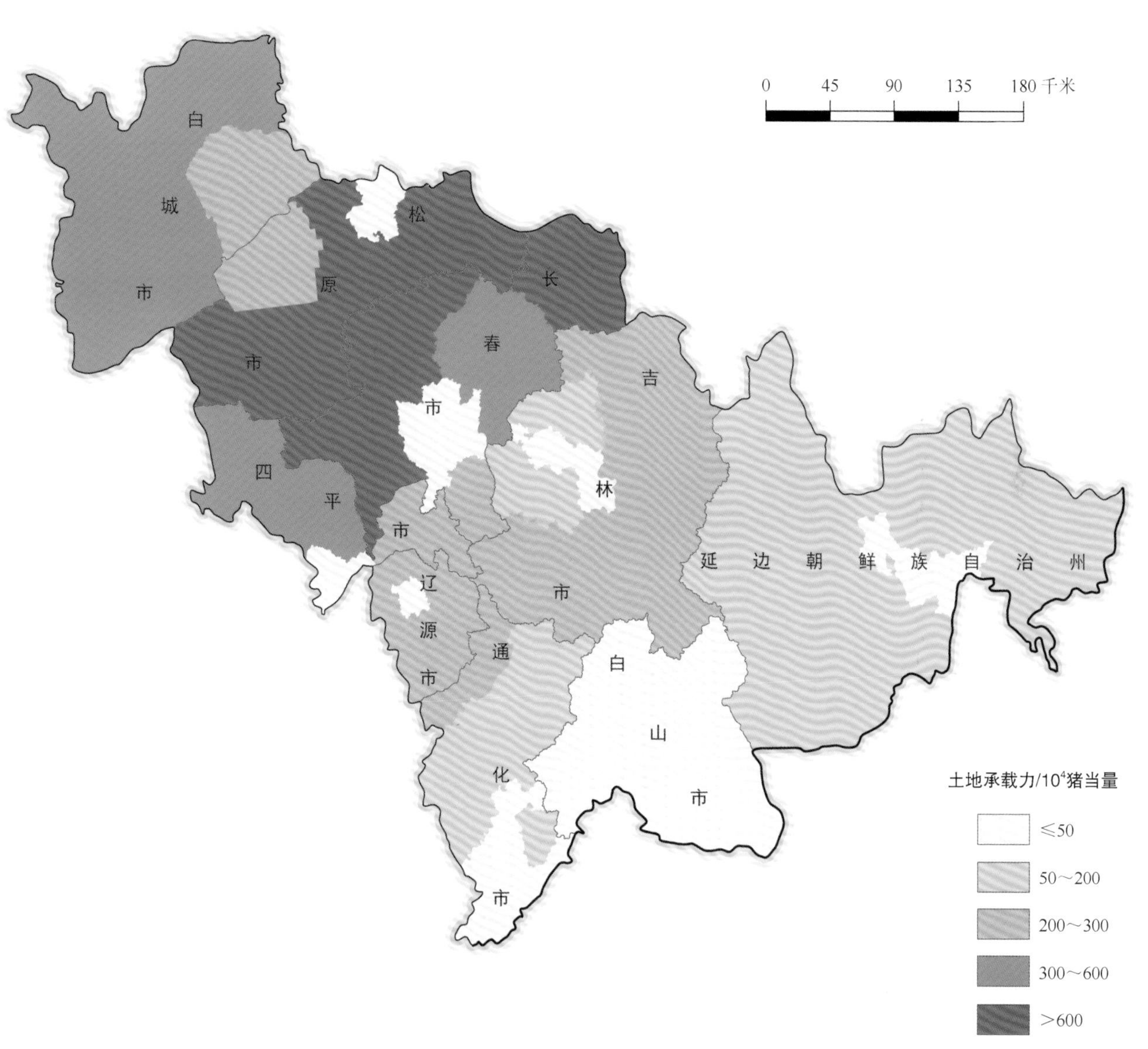

2017年吉林省各县（区）土地可承载畜禽养殖量分布图

4.9 黑龙江省土地承载力分布

根据作物养分需求，基于畜禽粪便土地承载测算方法，以氮养分为基础，有机肥替代化肥比例为50%测算，2017年黑龙江省可承载畜禽养殖量为2.2亿头猪当量；主要分布于哈尔滨市、绥化市、佳木斯市、农垦总局和齐齐哈尔市五市，分别为3 442.2万头、3 426.6万头、3 353.2万头、2 629.0万头和2 583.9万头猪当量。2017年黑龙江省各县（区）土地可承载畜禽养殖量分布见下图。

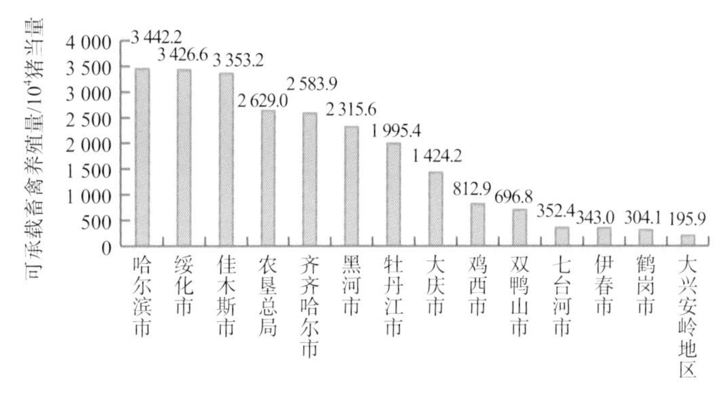

2017年黑龙江省各市（区）土地可承载畜禽养殖量

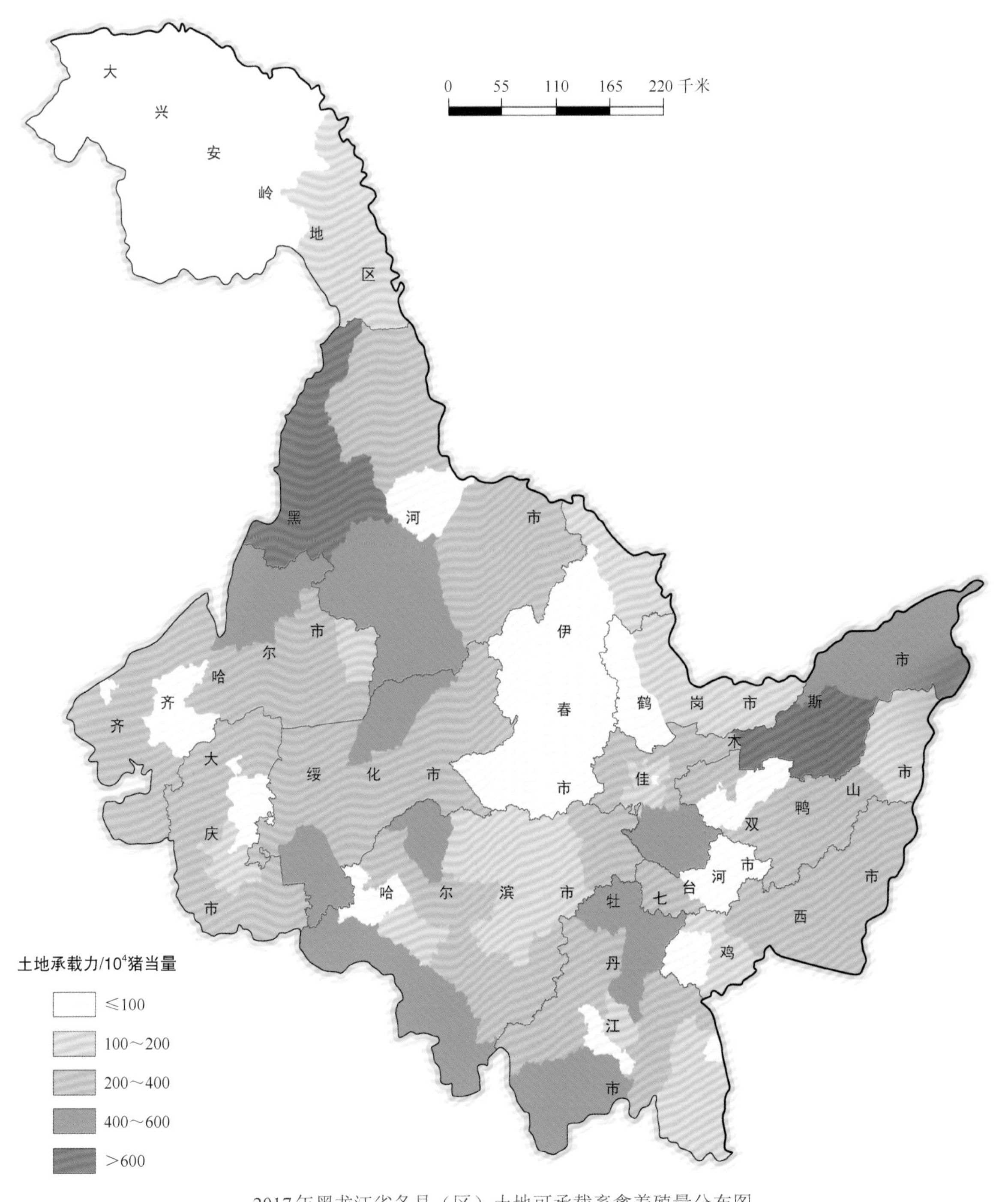

2017年黑龙江省各县（区）土地可承载畜禽养殖量分布图

4.10 上海市土地承载力分布

根据作物养分需求，基于畜禽粪便土地承载测算方法，以氮养分为基础，有机肥替代化肥比例为50%测算，2017年上海市可承载畜禽养殖量为381.5万头猪当量；主要分布于崇明区和浦东新区，其土地承载力分别为104.3万头和86.9万头猪当量，分别占全市可承载量的27.3%和22.8%。2017年上海市各区土地可承载畜禽养殖量分布见下图。

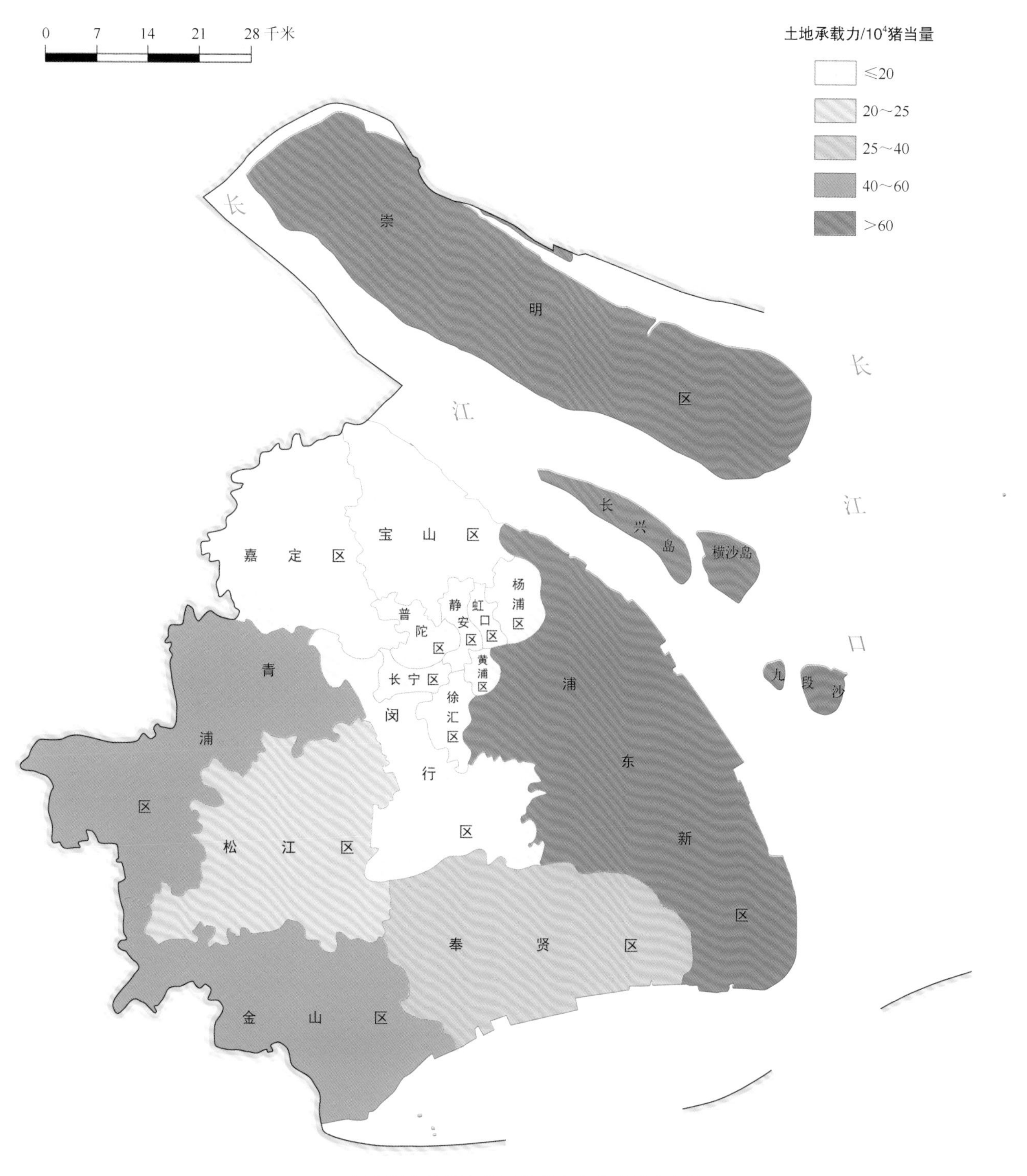

2017年上海市各区土地可承载畜禽养殖量分布图

4.11 江苏省土地承载力分布

根据作物养分需求，基于畜禽粪便土地承载测算方法，以氮养分为基础，有机肥替代化肥比例为50%测算，2017年江苏省可承载畜禽养殖量为1.3亿头猪当量；主要分布于盐城市、徐州市、镇江市、淮安市四市，分别为2 687.2万头、1 908.9万头、1 679.5万头和1 588.0万头猪当量。2017年江苏省各县（区）土地可承载畜禽养殖量分布见下图。

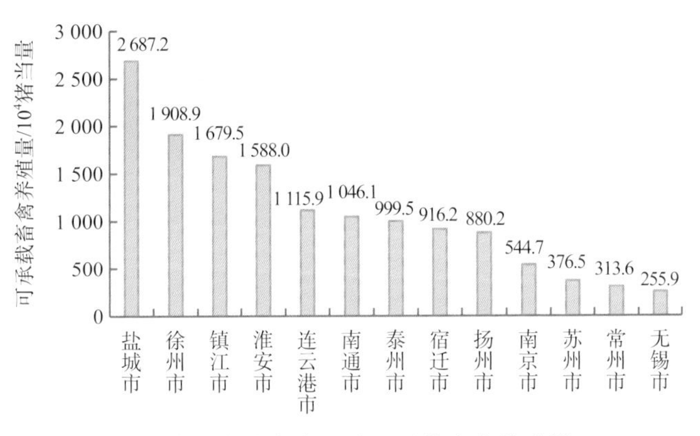

2017年江苏省各市土地可承载畜禽养殖量

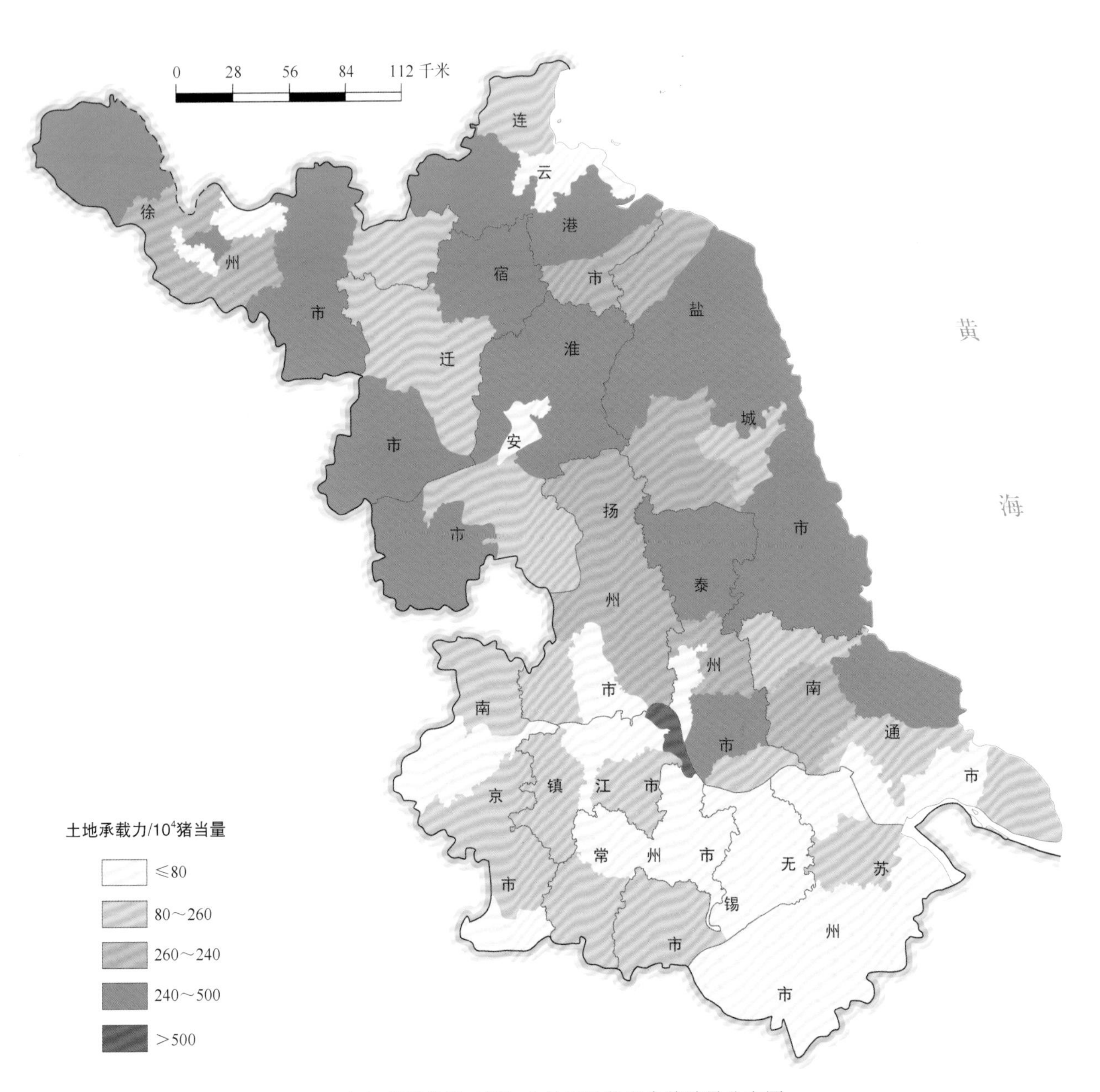

2017年江苏省各县（区）土地可承载畜禽养殖量分布图

4.12　浙江省土地承载力分布

根据作物养分需求，基于畜禽粪便土地承载测算方法，以氮养分为基础，有机肥替代化肥比例为50%测算，2017年浙江省可承载畜禽养殖量为2 907.9万头猪当量；主要分布于宁波市和嘉兴市，可承载畜禽养殖量分别为556.9万头和348.4万头猪当量。2017年浙江省各县（区）土地可承载畜禽养殖量分布见下图。

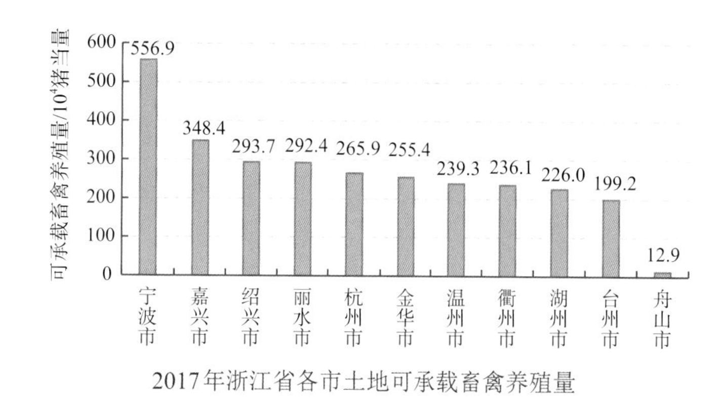

2017年浙江省各市土地可承载畜禽养殖量

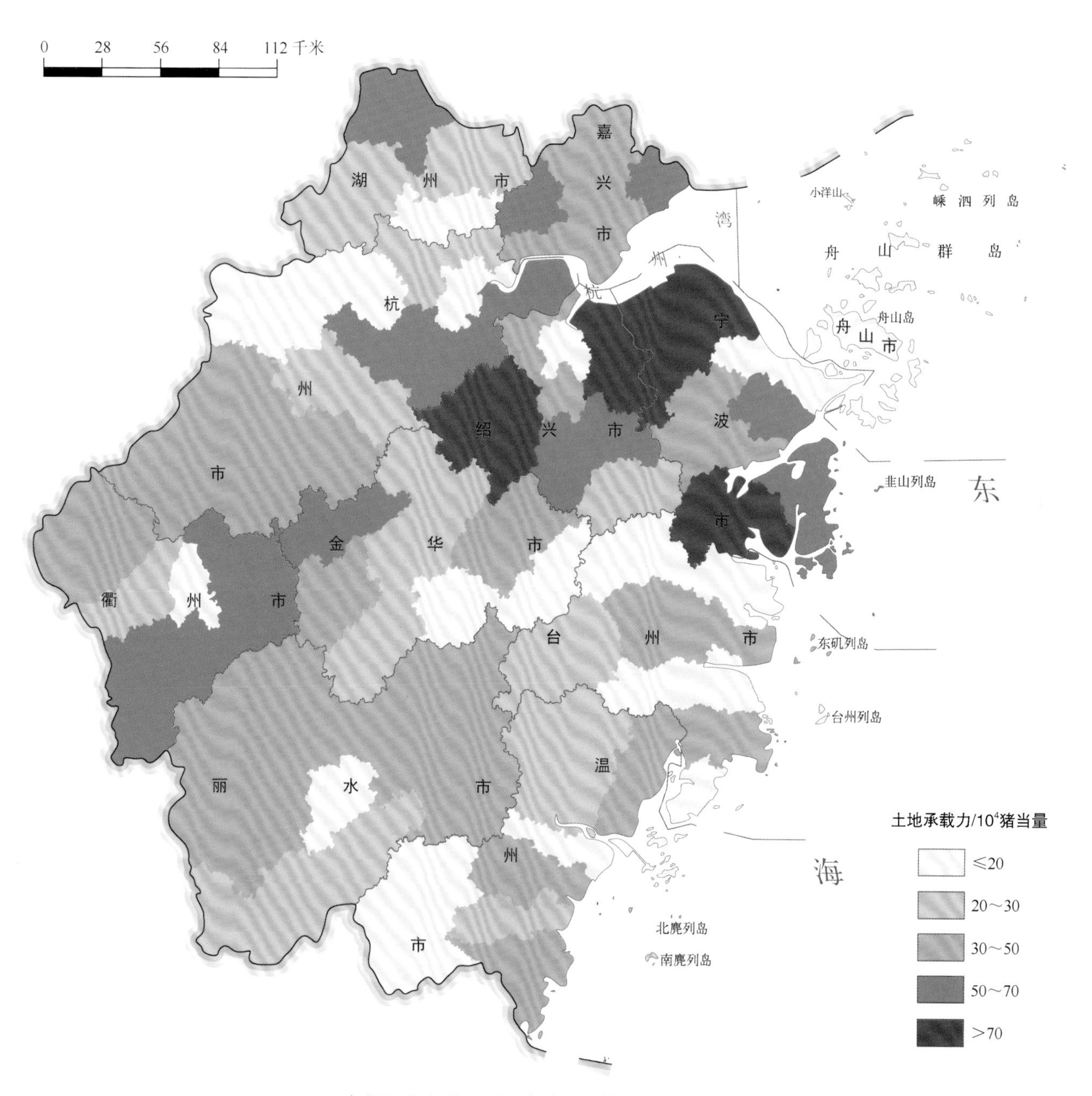

2017年浙江省各县（区）土地可承载畜禽养殖量分布图

4.13 安徽省土地承载力分布

根据作物养分需求，基于畜禽粪便土地承载测算方法，以氮养分为基础，有机肥替代化肥比例为50%测算，2017年安徽省可承载畜禽养殖量为1.4亿头猪当量；主要分布于阜阳市、宿州市、合肥市和滁州市四市，分别为2 229.1万头、2 135.6万头、1 646.4万头和1 593.2万头猪当量。2017年安徽省各县（区）土地可承载畜禽养殖量分布见下图。

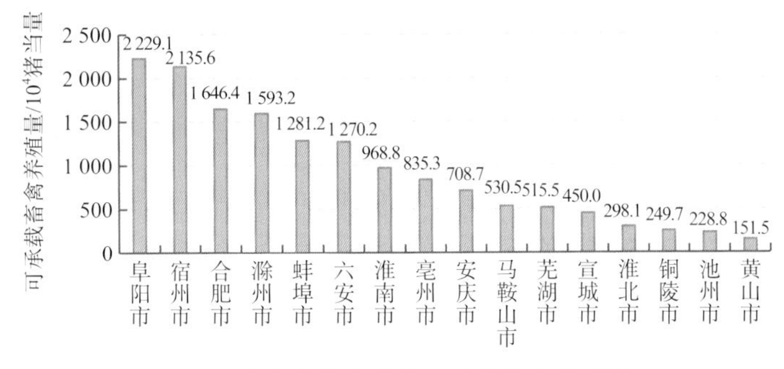

2017年安徽省各市土地可承载畜禽养殖量

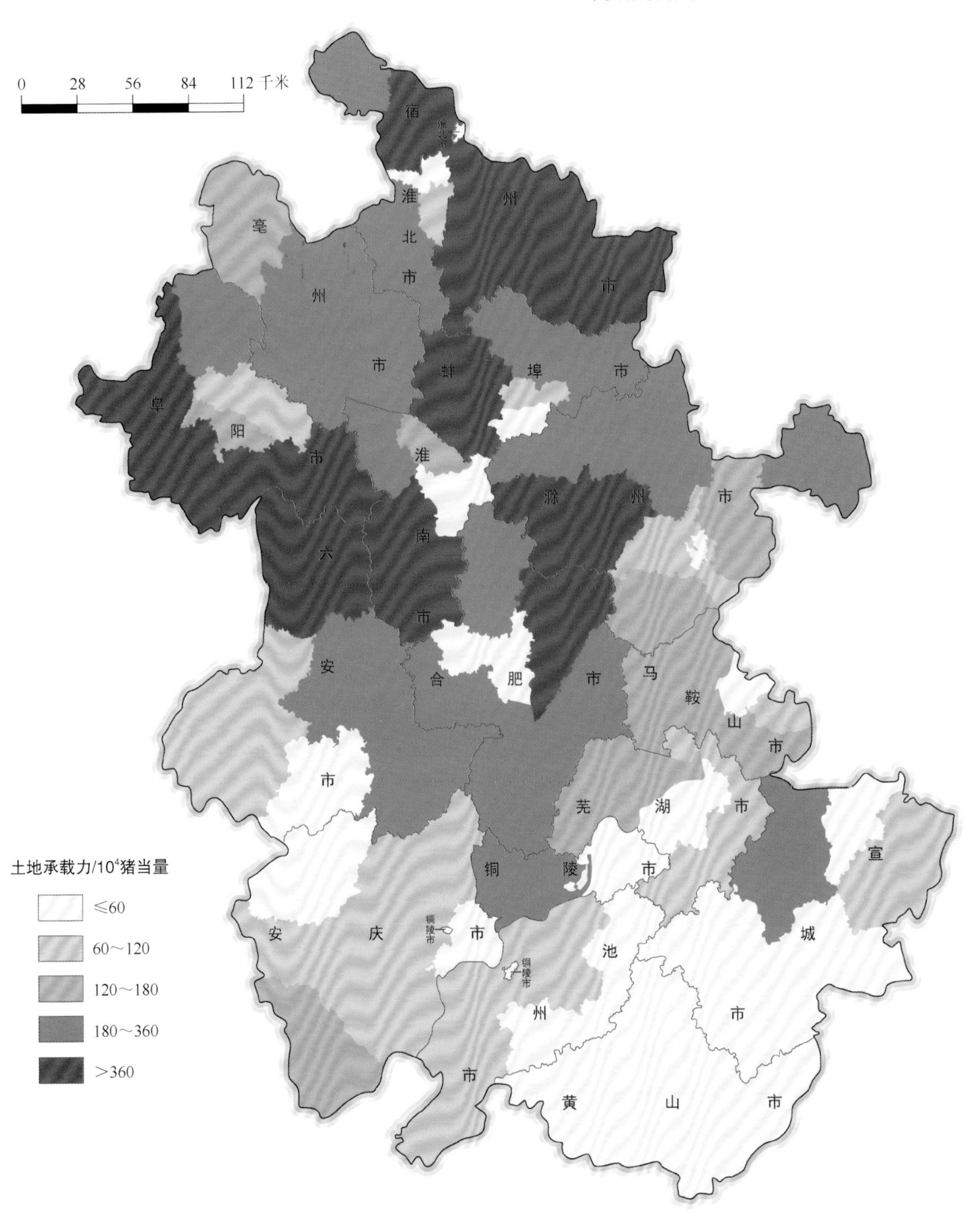

2017年安徽省各县（区）土地可承载畜禽养殖量分布图

4.14　福建省土地承载力分布

根据作物养分需求，基于畜禽粪便土地承载测算方法，以氮养分为基础，有机肥替代化肥比例为50%测算，2017年福建省可承载畜禽养殖量为2 409.5万头猪当量；主要分布于三明市、南平市、泉州市和福州市四市，分别为497.1万头、445.7万头、443.3万头和297.4万头猪当量。2017年福建省各县（区）土地可承载畜禽养殖量分布见下图。

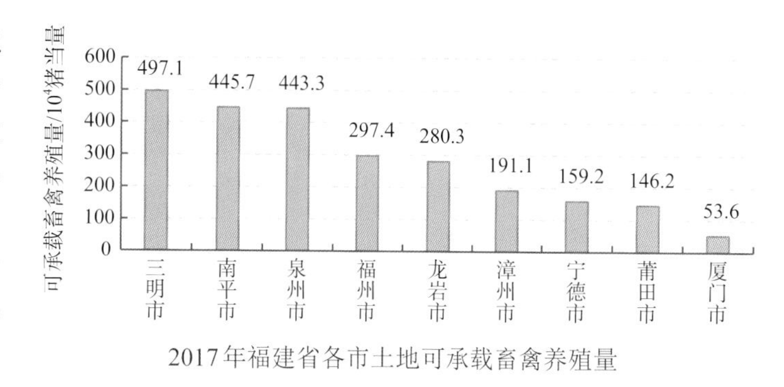

2017年福建省各市土地可承载畜禽养殖量

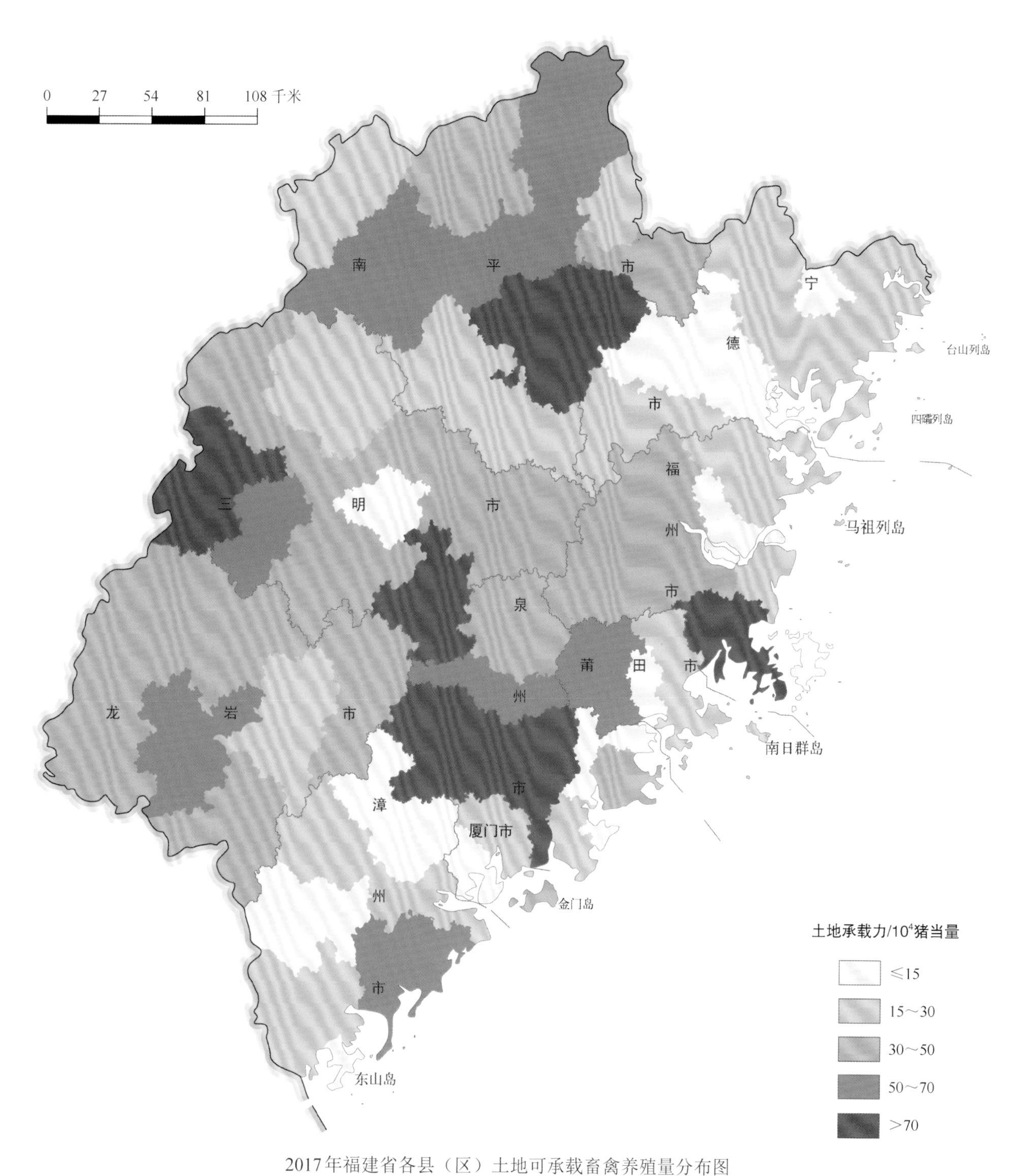

2017年福建省各县（区）土地可承载畜禽养殖量分布图

4.15 江西省土地承载力分布

根据作物养分需求，基于畜禽粪便土地承载测算方法，以氮养分为基础，有机肥替代化肥比例为50%测算，2017年江西省可承载畜禽养殖量为7 367.5万头猪当量；主要分布于抚州市、吉安市、上饶市和赣州市四市，分别为1 320.5万头、1 307.0万头、1 178.1万头和911.5万头猪当量。2017年江西省各县（区）土地可承载畜禽养殖量分布见下图。

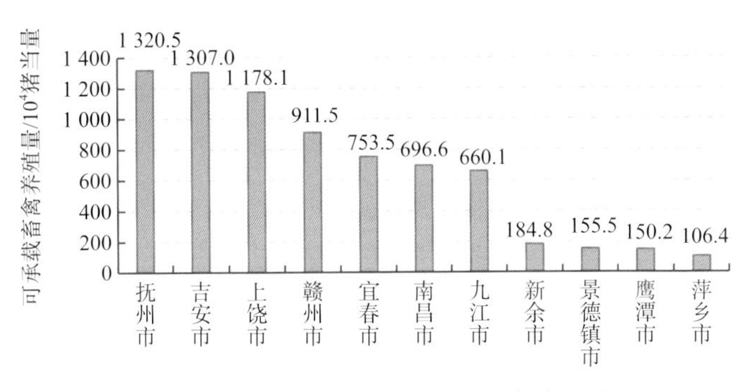

2017年江西省各市土地可承载畜禽养殖量

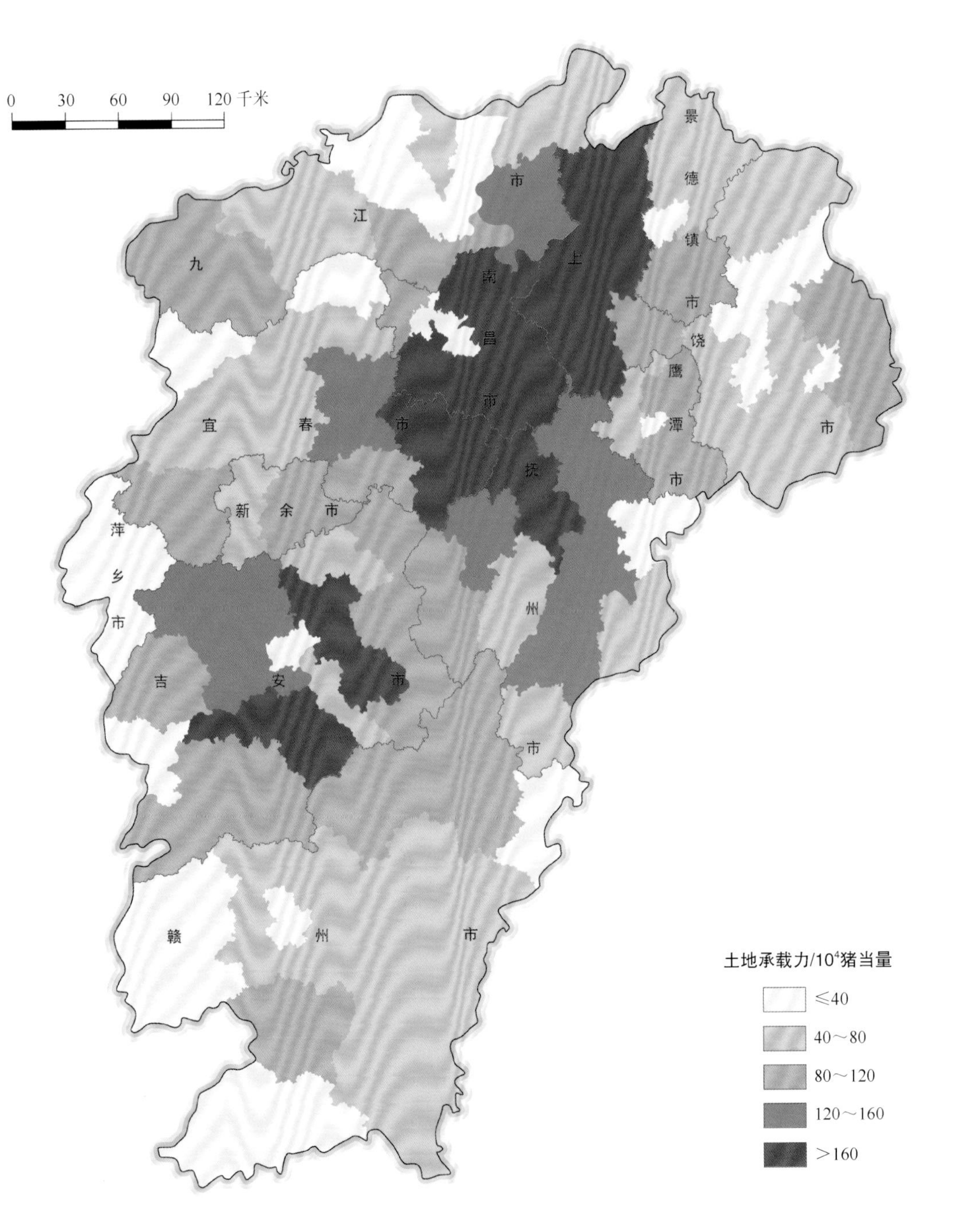

2017年江西省各县（区）土地可承载畜禽养殖量分布图

4.16　山东省土地承载力分布

根据作物养分需求，基于畜禽粪便土地承载测算方法，以氮养分为基础，有机肥替代化肥比例为50%测算，2017年山东省可承载畜禽养殖量为2.9亿头猪当量；主要分布于菏泽市、临沂市、潍坊市、济宁市四市，可承载畜禽养殖量分别为3 997.7万头、2 943.6万头、2 930.5万头和2 483.6万头猪当量。2017年山东省各县（区）土地可承载畜禽养殖量分布见下图。

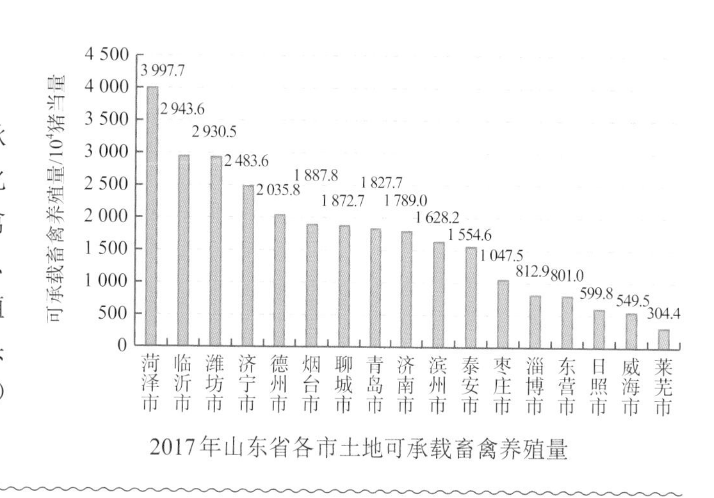

2017年山东省各市土地可承载畜禽养殖量

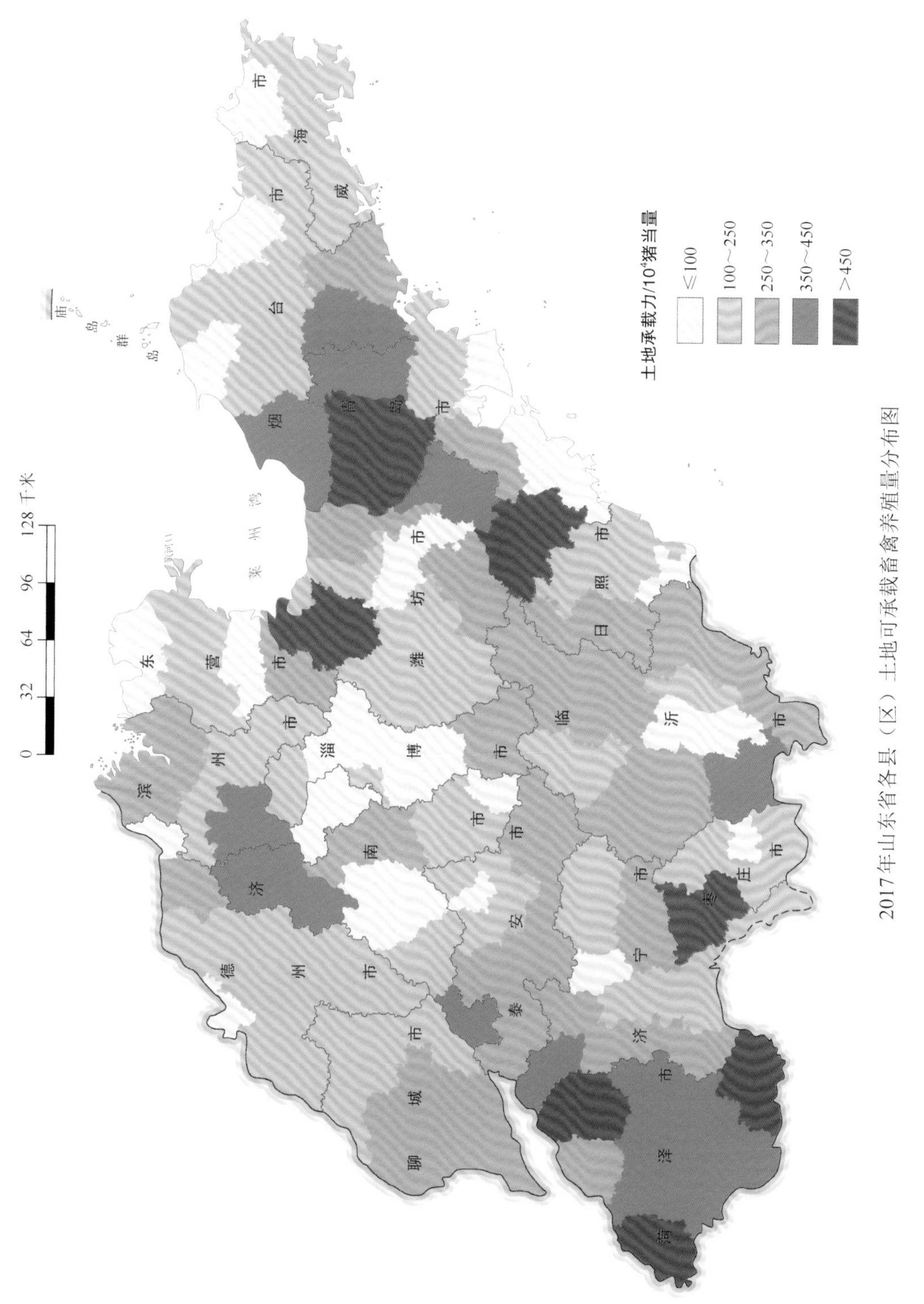

2017年山东省各县（区）土地可承载畜禽养殖量分布图

4.17 河南省土地承载力分布

根据作物养分需求，基于畜禽粪便土地承载测算方法，以氮养分为基础，有机肥替代化肥比例为50%测算，2017年河南省可承载畜禽养殖量为3.7亿头猪当量；主要分布于商丘市、信阳市、南阳市、周口市和驻马店市五市，分别为6 134.5万头、5 600.8万头、4 084.2万头、3 189.6万头和2 945.2万头猪当量。2017年河南省各县（区）土地可承载畜禽养殖量分布见下图。

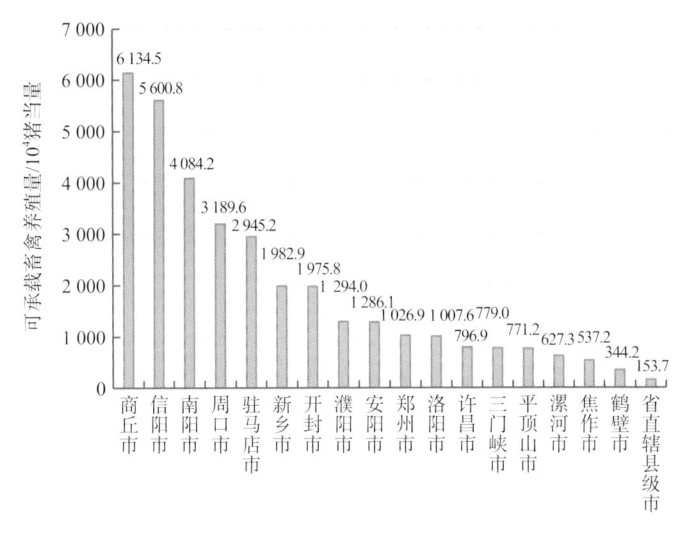

2017年河南省各市土地可承载畜禽养殖量

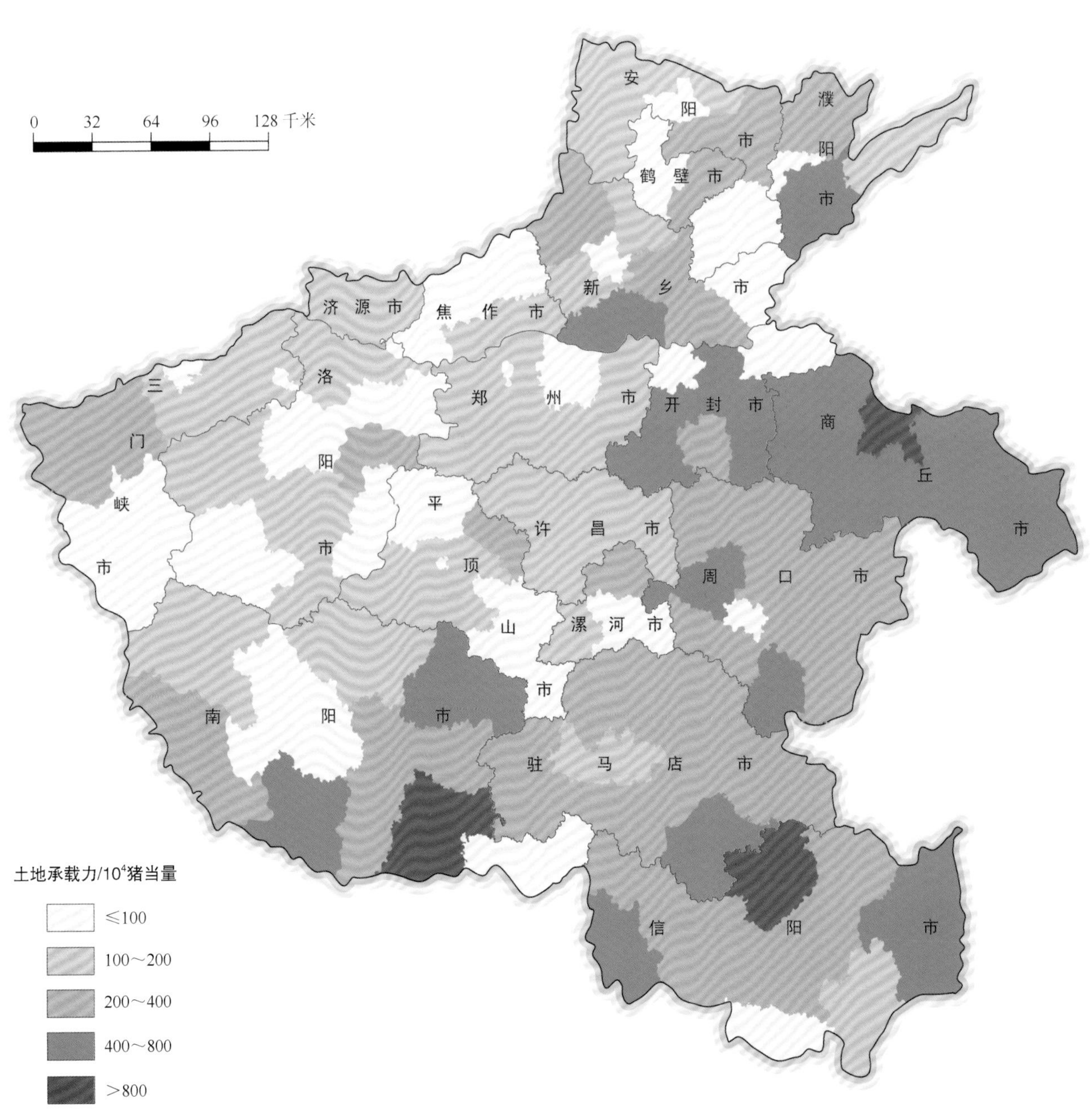

2017年河南省各县（区）土地可承载畜禽养殖量分布图

4.18　湖北省土地承载力分布

根据作物养分需求，基于畜禽粪便土地承载测算方法，以氮养分为基础，有机肥替代化肥比例为50%测算，2017年湖北省可承载畜禽养殖量为1.2亿头猪当量；主要分布于襄阳市、荆州市、孝感市、恩施土家族苗族自治州和宜昌市五市（州），分别为1 531.0万头、1 427.0万头、1 277.1万头、1 243.4万头和1 217.7万头猪当量。2017年湖北省各县（区）土地可承载畜禽养殖量分布见下图。

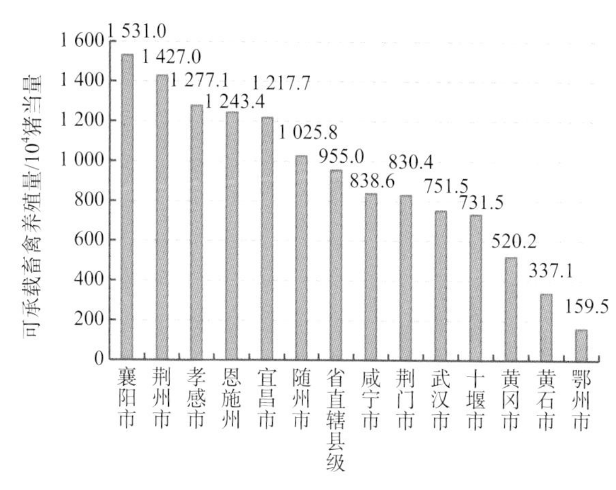

2017年湖北省各市（州）土地可承载畜禽养殖量

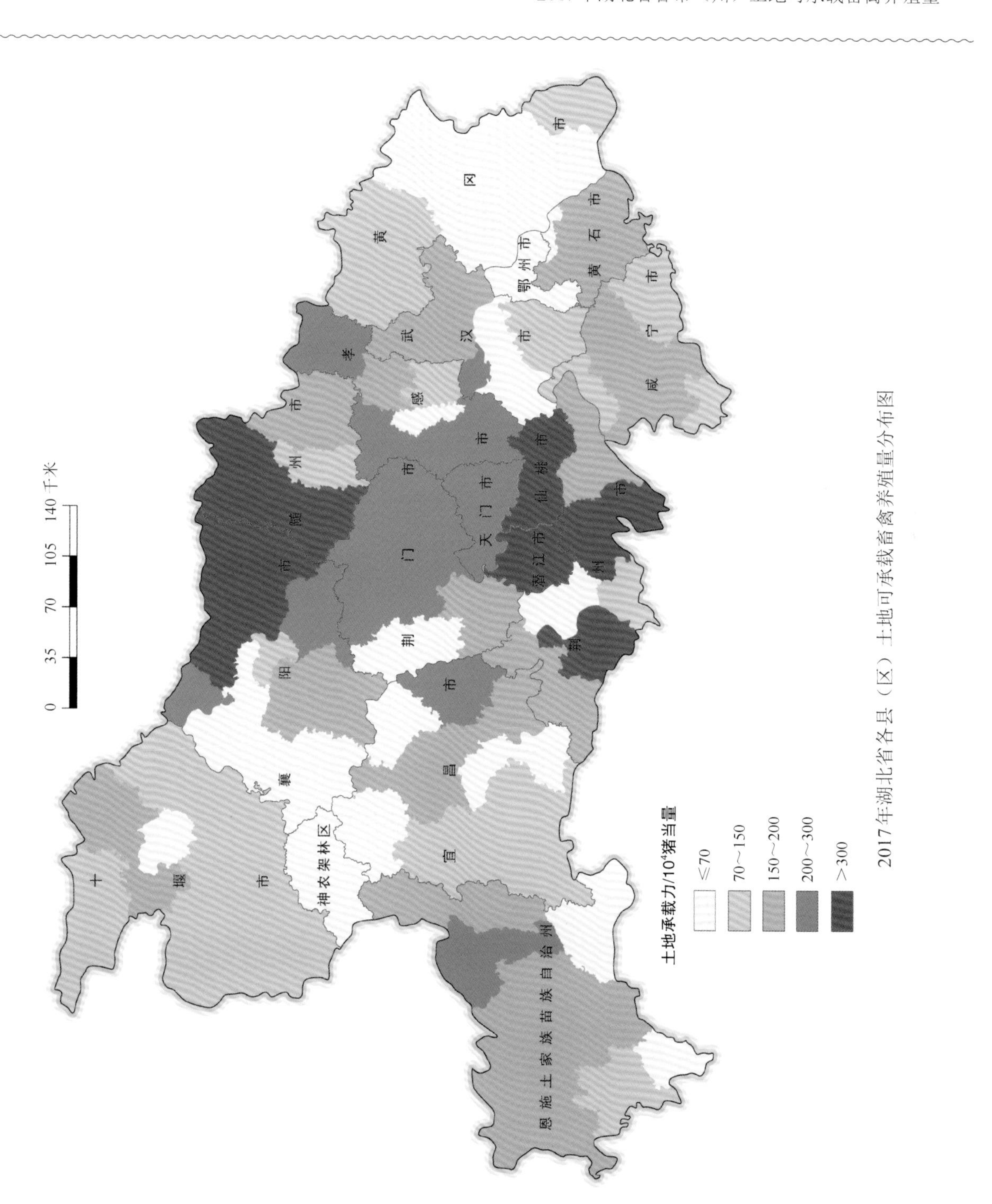

2017年湖北省各县（区）土地可承载畜禽养殖量分布图

4.19 湖南省土地承载力分布

根据作物养分需求，基于畜禽粪便土地承载测算方法，以氮养分为基础，有机肥替代化肥比例为50%测算，2017年湖南省可承载畜禽养殖量为1.1亿头猪当量；主要分布于邵阳市、常德市、衡阳市和永州市四市，分别为2 321.8万头、1 358.9万头、1 163.1万头和1 018.9万头猪当量。2017年湖南省各县（区）土地可承载畜禽养殖量分布见下图。

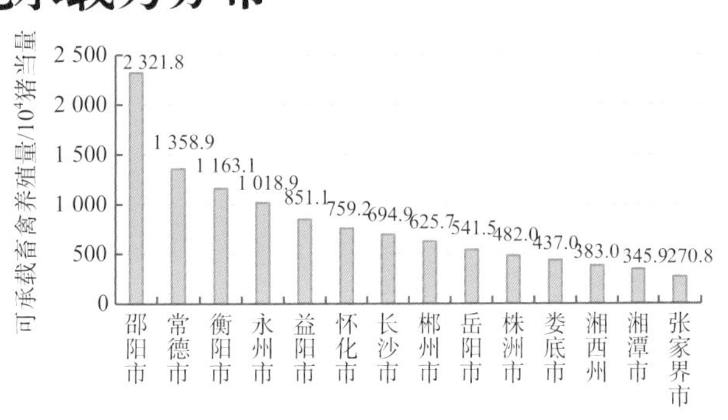

2017年湖南省各市（州）土地可承载畜禽养殖量

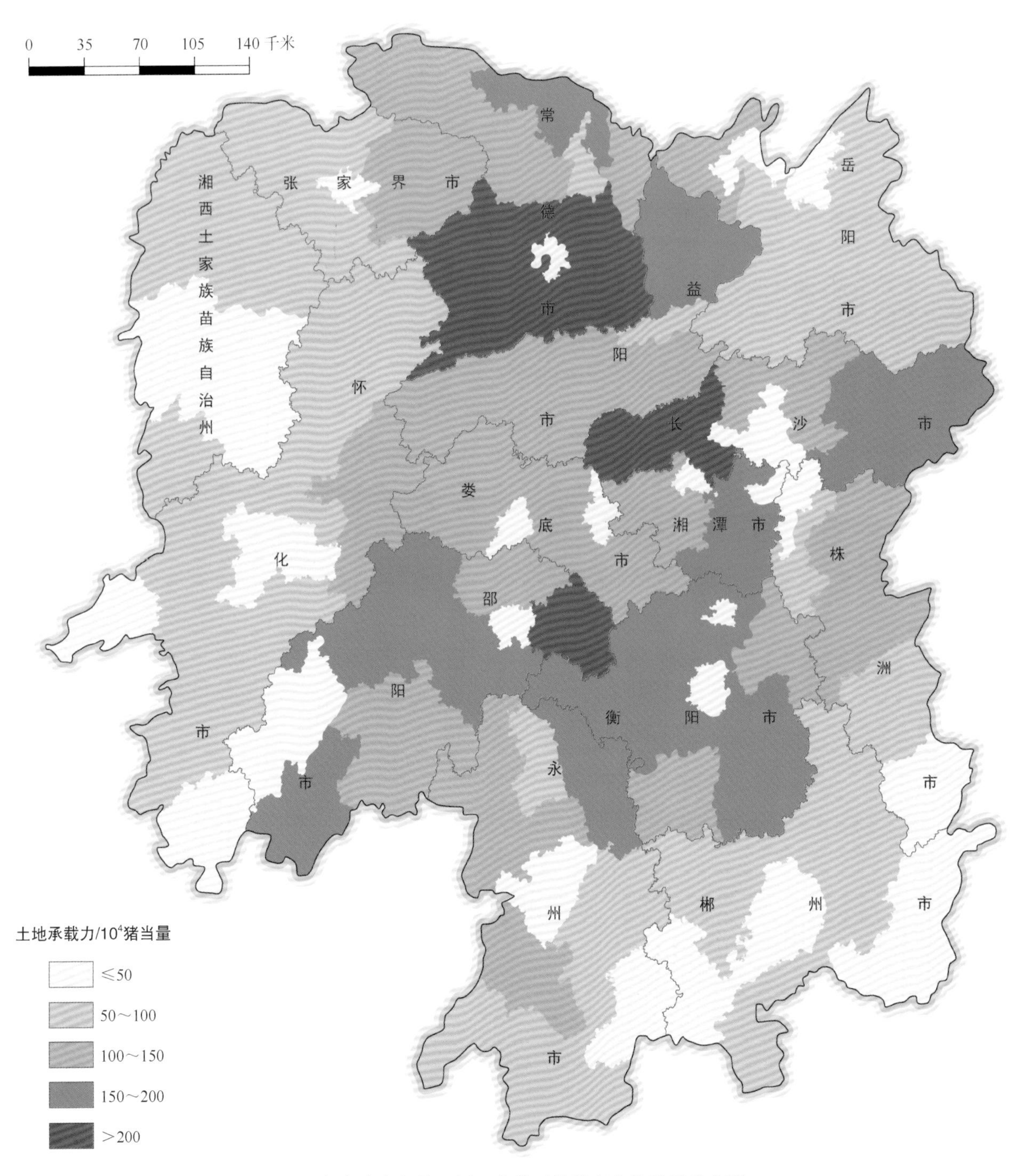

2017年湖南省各县（区）土地可承载畜禽养殖量分布图

4.20　广东省土地承载力分布

根据作物养分需求，基于畜禽粪便土地承载测算方法，以氮养分为基础，有机肥替代化肥比例为50%测算，2017年广东省可承载畜禽养殖量为5 876.1万头猪当量；主要分布于湛江市和茂名市两市，可承载畜禽养殖量分别为985.9万头和532.4万头猪当量。2017年广东省各县（区）土地可承载畜禽养殖量分布见下图。

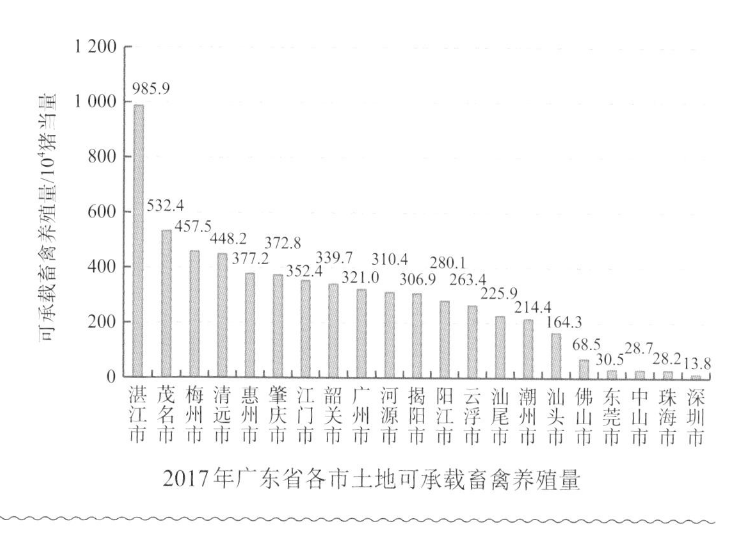

2017年广东省各市土地可承载畜禽养殖量

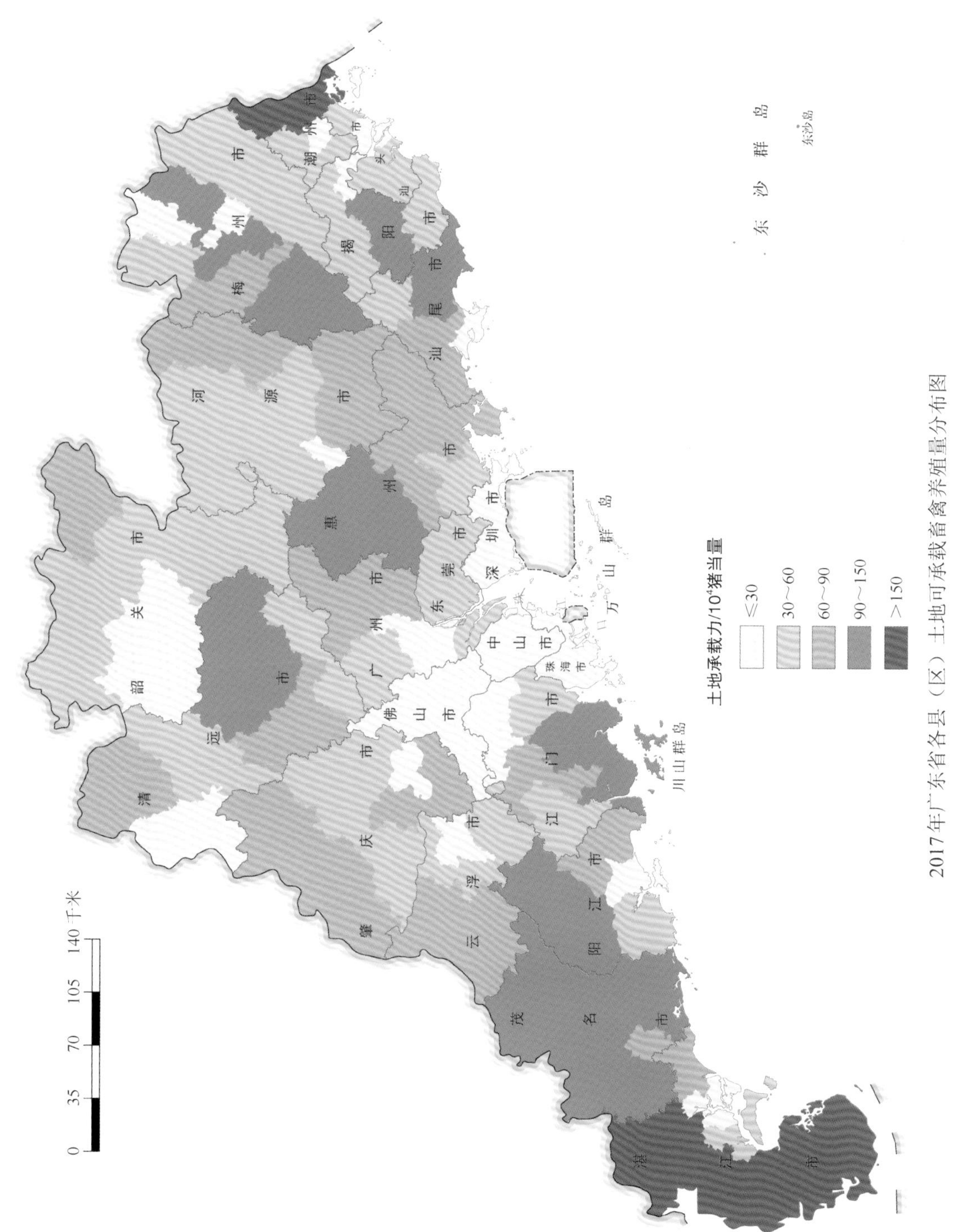

2017年广东省各县（区）土地可承载畜禽养殖量分布图

4.21 广西壮族自治区土地承载力分布

根据作物养分需求，基于畜禽粪便土地承载测算方法，以氮养分为基础，有机肥替代化肥比例为50%测算，2017年广西壮族自治区可承载畜禽养殖量为7 540.8万头猪当量；主要分布于南宁市、桂林市、百色市、柳州市、崇左市和贵港市六市，可承载畜禽养殖量分别为1 017.6万头、959.1万头、712.2万头、694.7万头、675.1万头和667.5万头猪当量。2017年广西壮族自治区各县（区）土地可承载畜禽养殖量分布见下图。

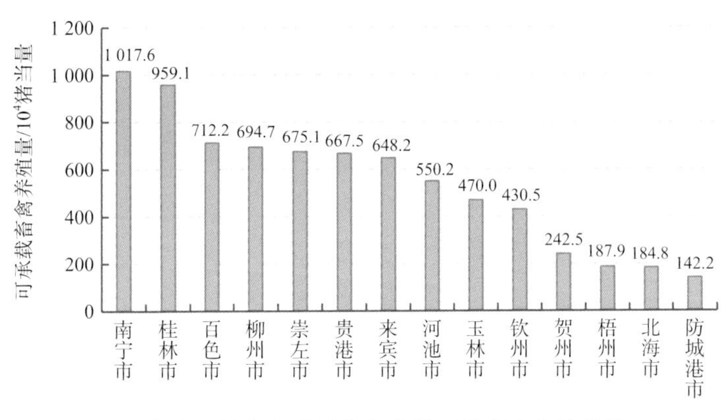

2017年广西壮族自治区各市土地可承载畜禽养殖量

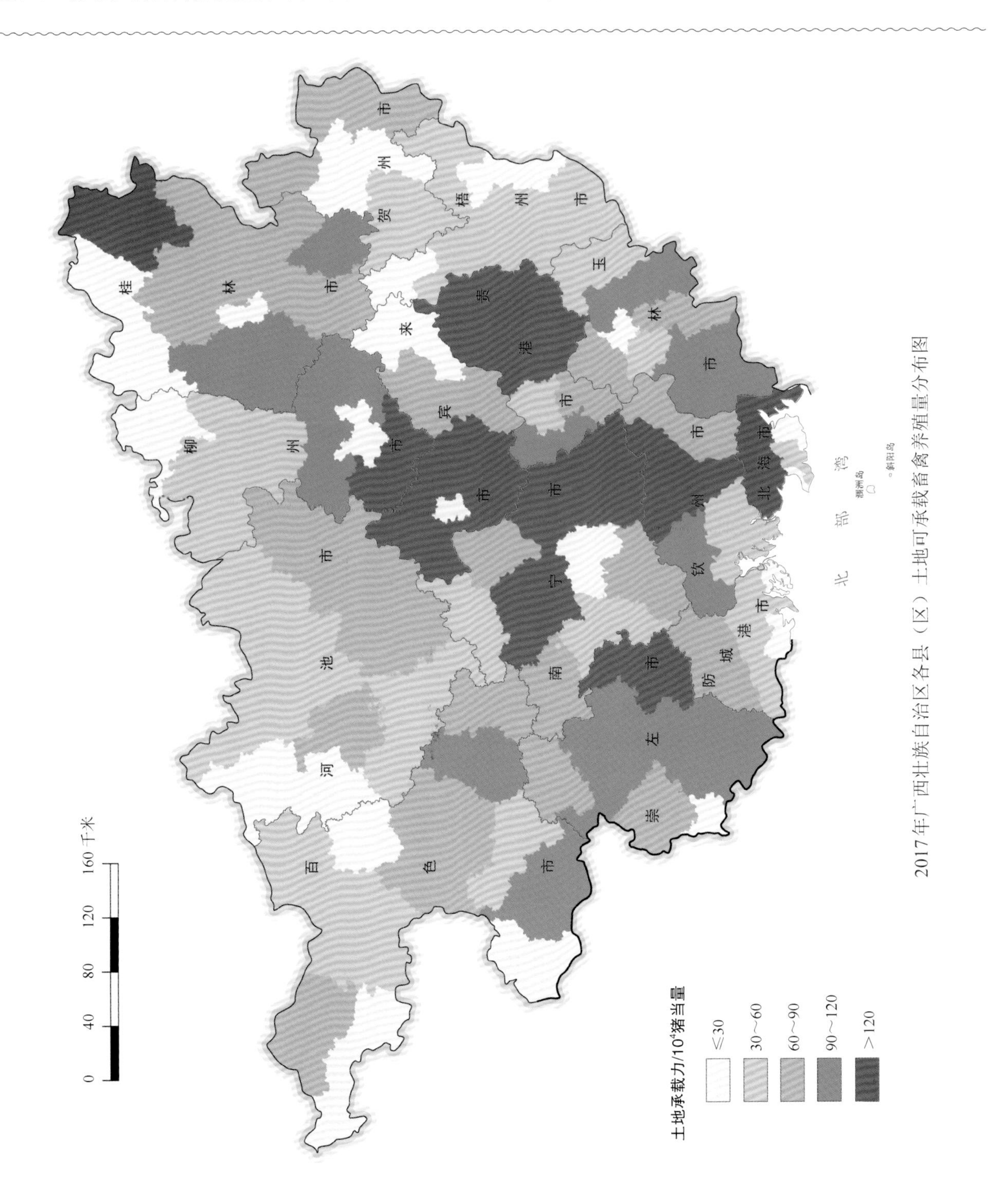

2017年广西壮族自治区各县（区）土地可承载畜禽养殖量分布图

4.22　海南省土地承载力分布

根据作物养分需求，基于畜禽粪便土地承载测算方法，以氮养分为基础，有机肥替代化肥比例为50%测算，2017年海南省可承载畜禽养殖量为1 212.6万头猪当量；主要分布于省直辖行政区，可承载畜禽养殖量为901.1万头猪当量。2017年海南省各县（区）土地可承载畜禽养殖量分布见下图。

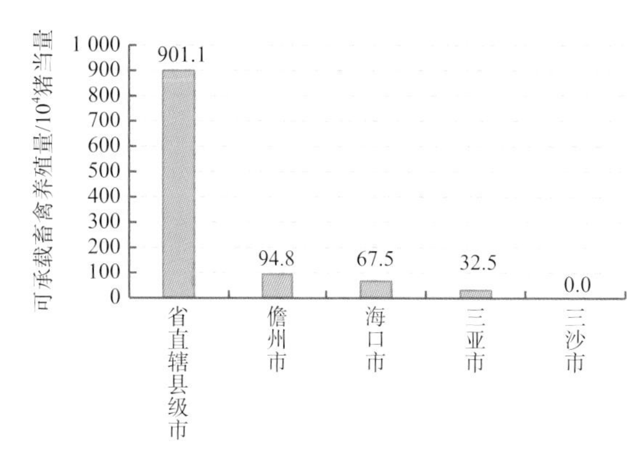

2017年海南省各市土地可承载畜禽养殖量

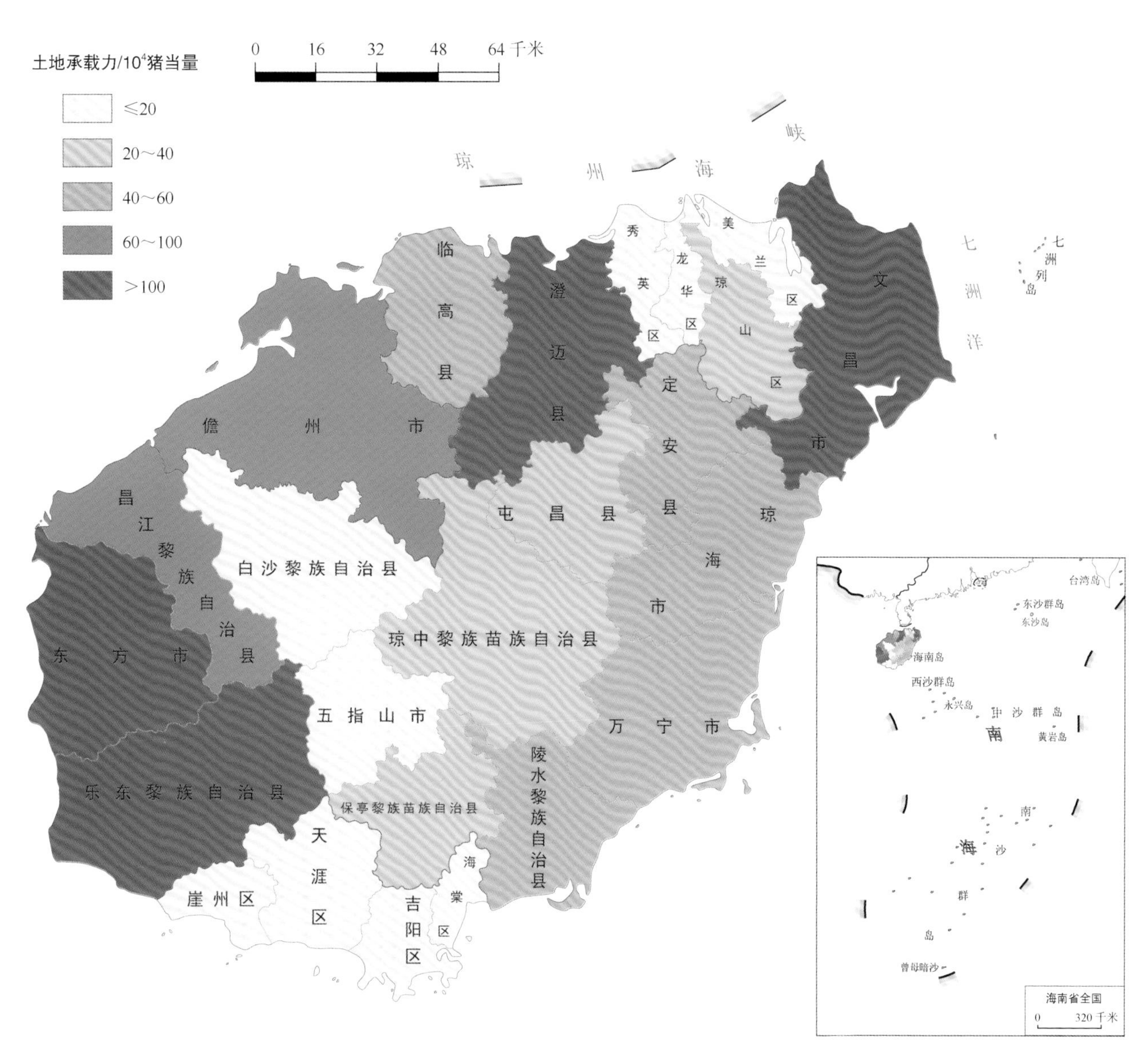

2017年海南省各县（区）土地可承载畜禽养殖量分布图

4.23 重庆市土地承载力分布

根据作物养分需求，基于畜禽粪便土地承载测算方法，以氮养分为基础，有机肥替代化肥比例为50%测算，2017年重庆市全市可承载畜禽养殖量为4 190.6万头猪当量；分布较为分散，其中涪陵区、合川区、开州区和江津区的土地承载力分别为240.6万头、232.1万头、221.5万头和219.0万头猪当量，分别占全市可承载量的5.7%、5.5%、5.3%和5.2%。2017年重庆市各县（区）土地可承载畜禽养殖量分布见下图。

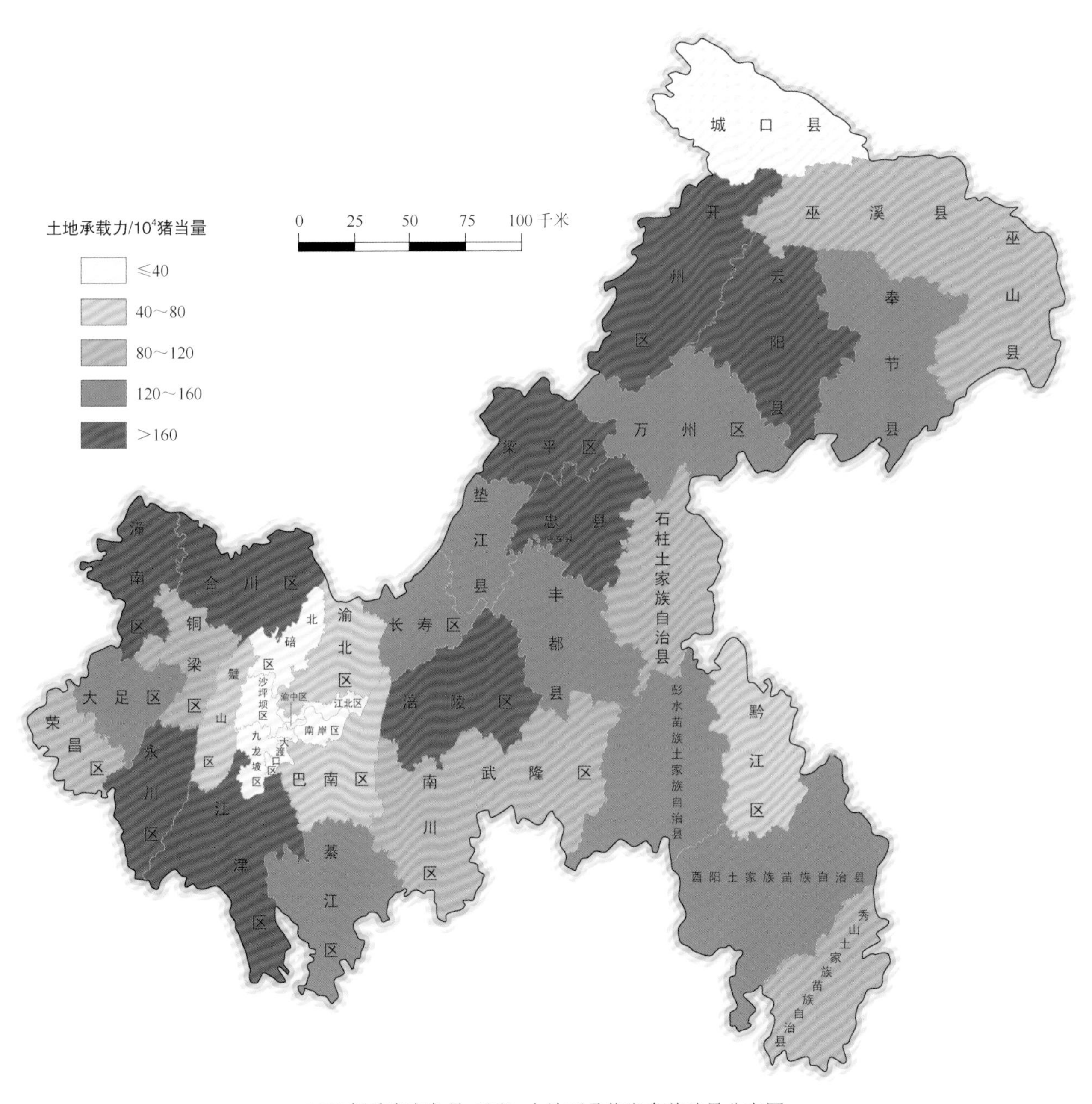

2017年重庆市各县（区）土地可承载畜禽养殖量分布图

4.24　四川省土地承载力分布

根据作物养分需求，基于畜禽粪便土地承载测算方法，以氮养分为基础，有机肥替代化肥比例为50%测算，2017年四川省可承载畜禽养殖量为1.3亿头猪当量；主要分布于南充市、绵阳市和凉山彝族自治州三市（州），可承载畜禽养殖量分别为1 264.2万头、1 232.2万头和1 206.7万头猪当量。2017年四川省各县（区）土地可承载畜禽养殖量分布见下图。

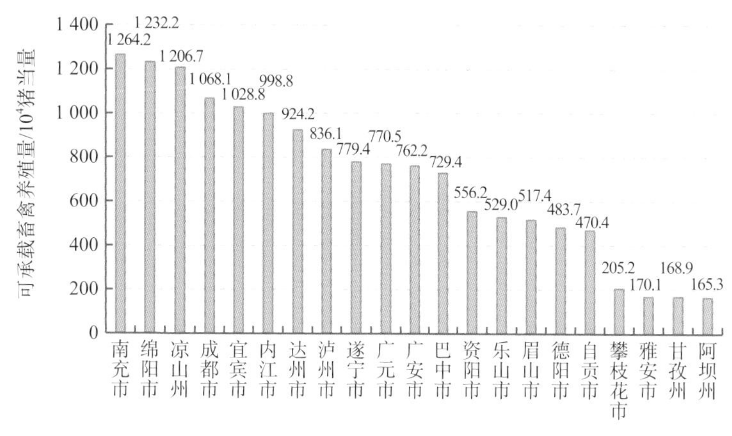

2017年四川省各市（州）土地可承载畜禽养殖量

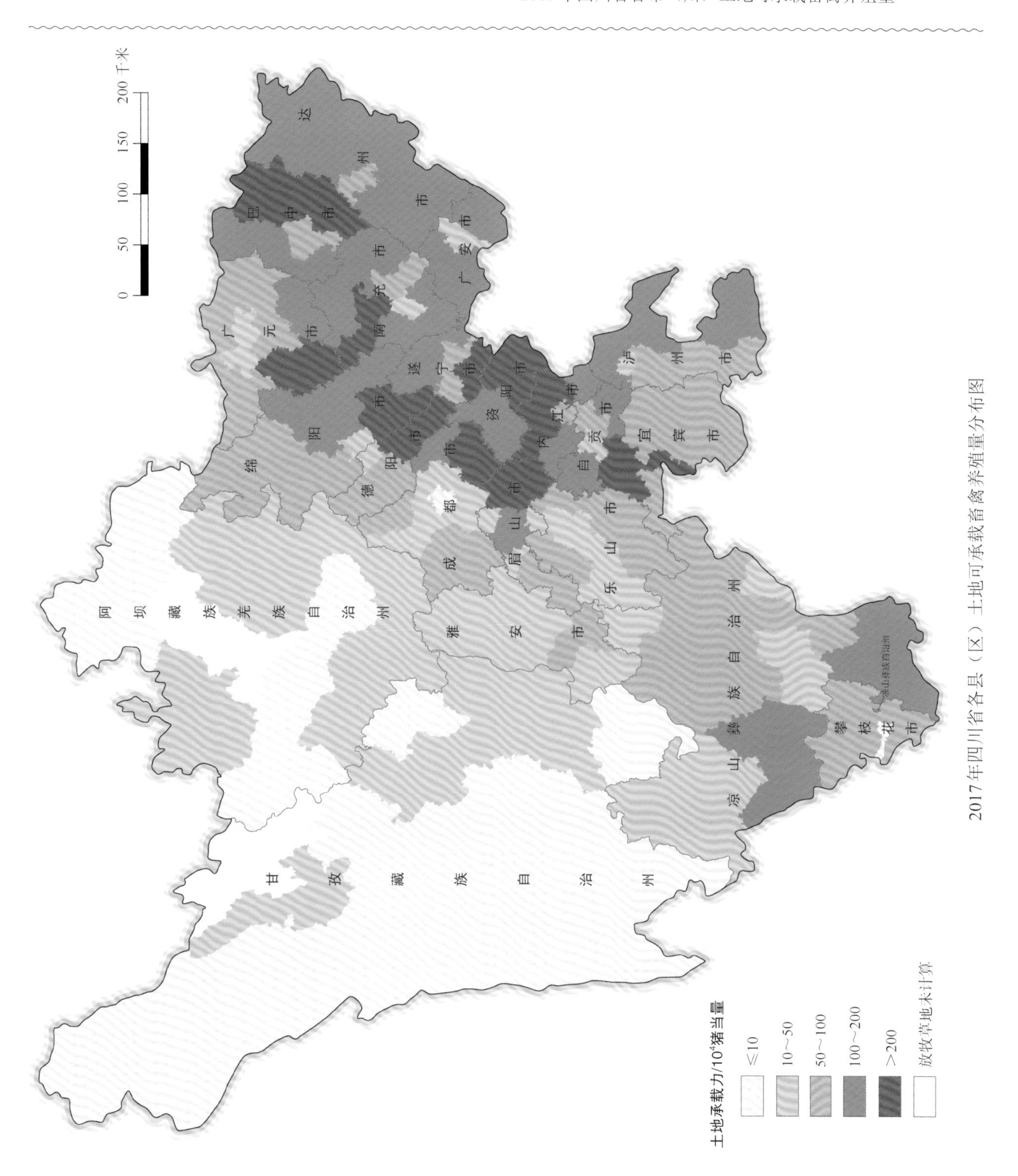

2017年四川省各县（区）土地可承载畜禽养殖量分布图

4.25 贵州省土地承载力分布

根据作物养分需求，基于畜禽粪便土地承载测算方法，以氮养分为基础，有机肥替代化肥比例为50%测算，2017年贵州省可承载畜禽养殖量为4 735.9万头猪当量；主要分布于毕节市、遵义市、黔东南苗族侗族自治州、黔南布依族苗族自治州四市（州），可承载畜禽养殖量分别为920.8万头、813.1万头、629.7万头和571.2万头猪当量。2017年贵州省各县（区）土地可承载畜禽养殖量分布见下图。

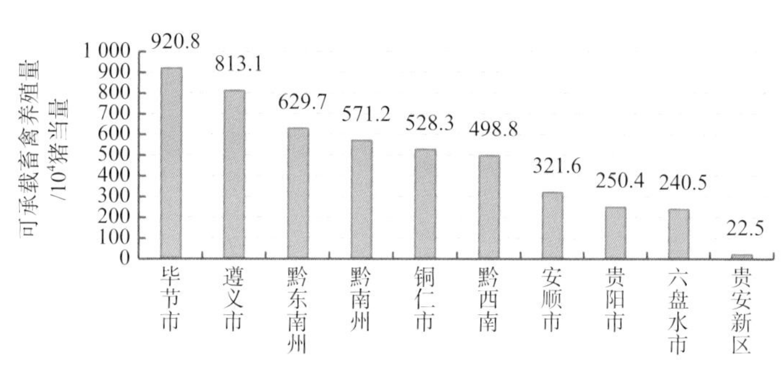

2017年贵州省各市（州、区）土地可承载畜禽养殖量

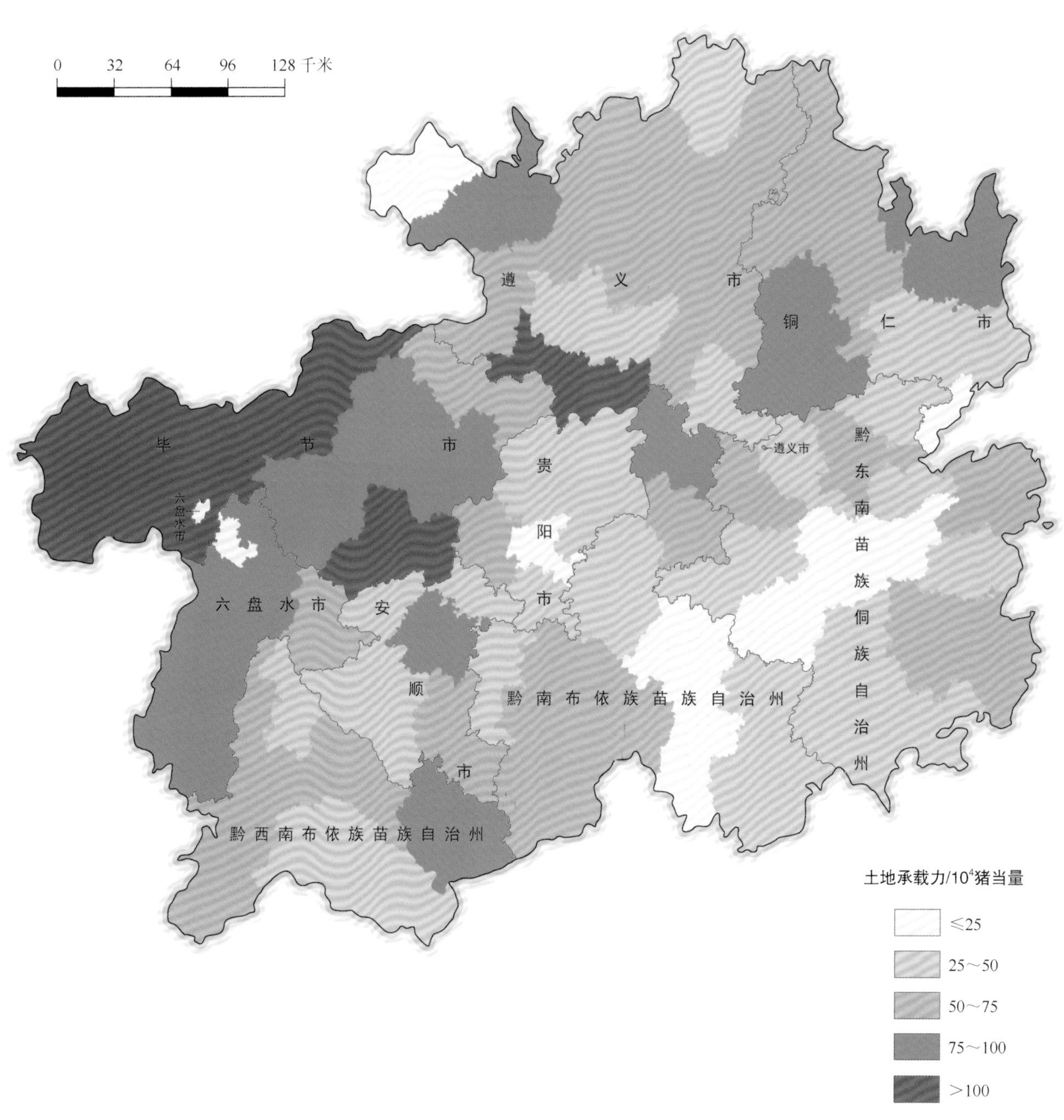

2017年贵州省各县（区）土地可承载畜禽养殖量分布图

4.26　云南省土地承载力分布

根据作物养分需求，基于畜禽粪便土地承载测算方法，以氮养分为基础，有机肥替代化肥比例为50%测算，2017年云南省可承载畜禽养殖量为7 581.1万头猪当量；主要分布于曲靖市和邵通市两市，可承载畜禽养殖量分别为1 047.6万头和882.7万头猪当量。2017年云南省各县（区）土地可承载畜禽养殖量分布见下图。

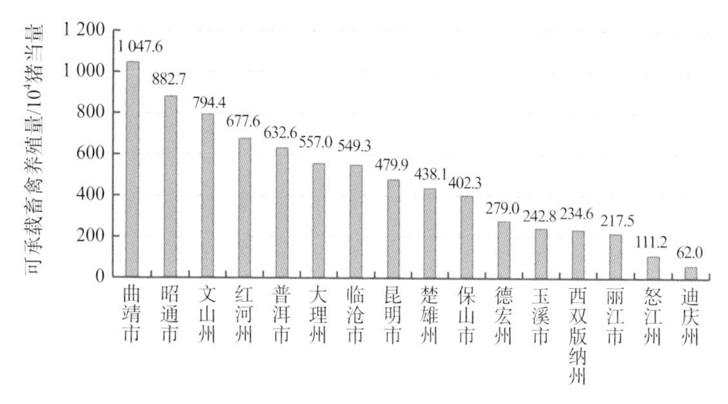

2017年云南省各市（州）土地可承载畜禽养殖量

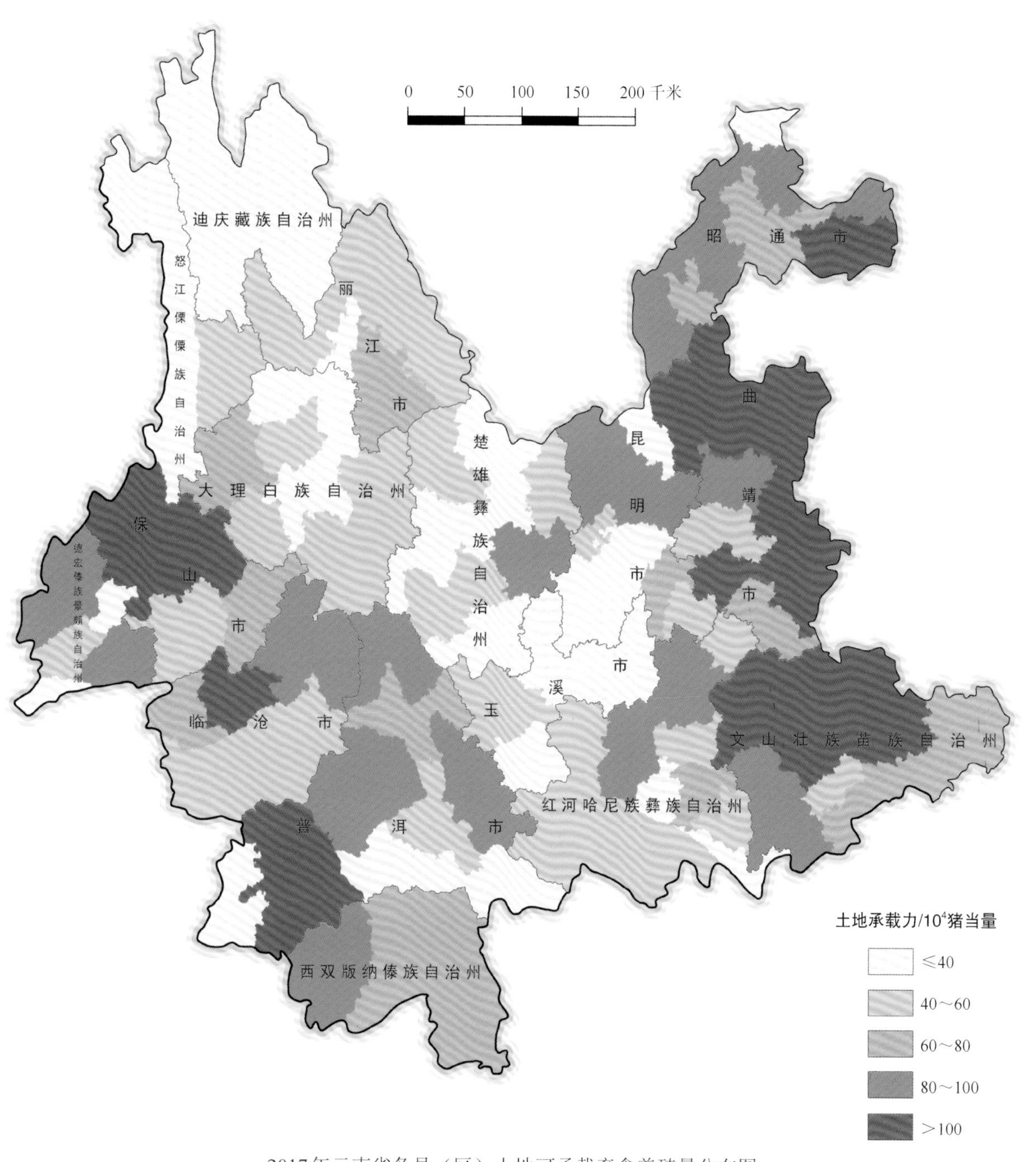

2017年云南省各县（区）土地可承载畜禽养殖量分布图

4.27 西藏自治区土地承载力分布

根据作物养分需求，基于畜禽粪便土地承载测算方法，以氮养分为基础，有机肥替代化肥比例为50%测算，2017年西藏自治区可承载畜禽养殖量为494.1万头猪当量；主要分布于日喀则市，其可承载畜禽养殖量为214.9万头猪当量。2017年西藏自治区各县（区）土地可承载畜禽养殖量分布见下图。

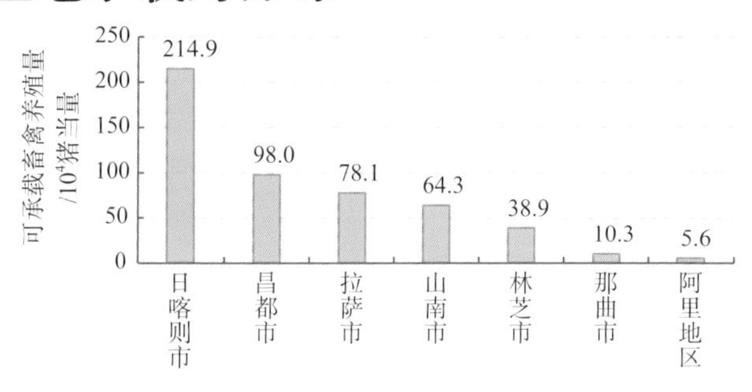

2017年西藏自治区各市（区）土地可承载畜禽养殖量

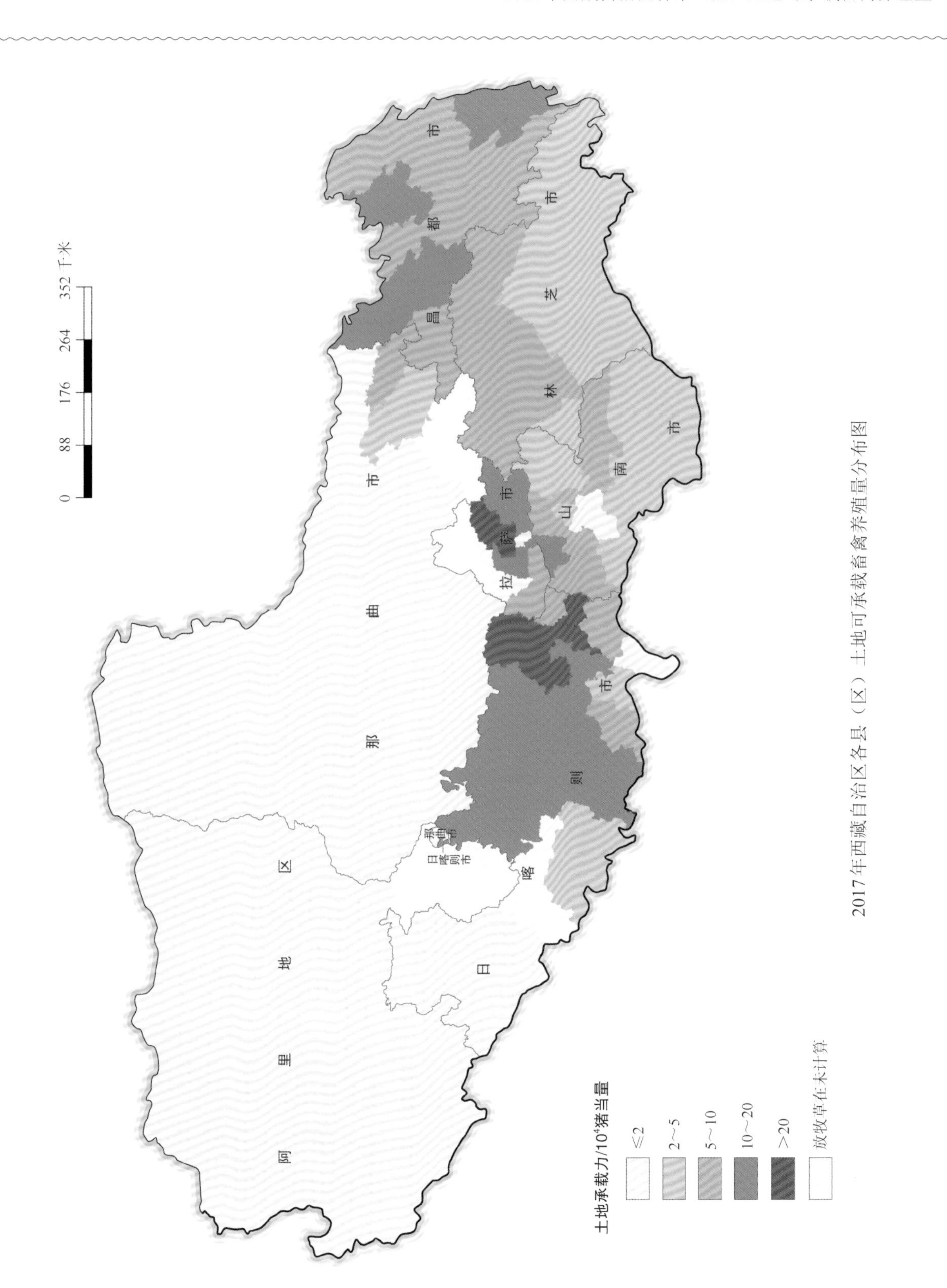

2017年西藏自治区各县（区）土地可承载畜禽养殖量分布图

4.28　陕西省土地承载力分布

根据作物养分需求，基于畜禽粪便土地承载测算方法，以氮养分为基础，有机肥替代化肥比例为50%测算，2017年陕西省可承载畜禽养殖量为6 918.1万头猪当量；主要分布于咸阳市，其可承载畜禽养殖量为3 480.6万头猪当量。2017年陕西省各县（区）土地可承载畜禽养殖量分布见下图。

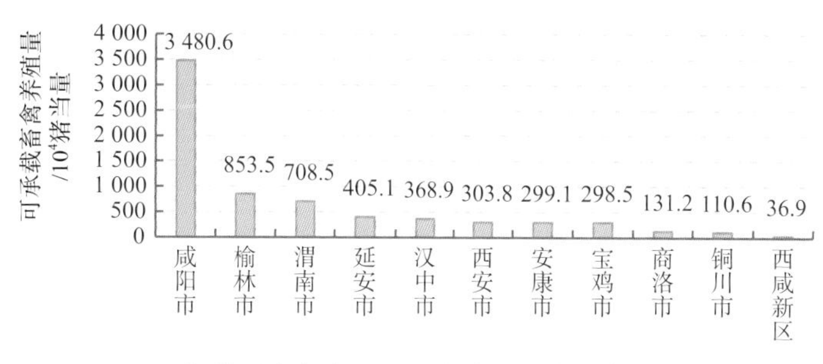

2017年陕西省各市（区）土地可承载畜禽养殖量

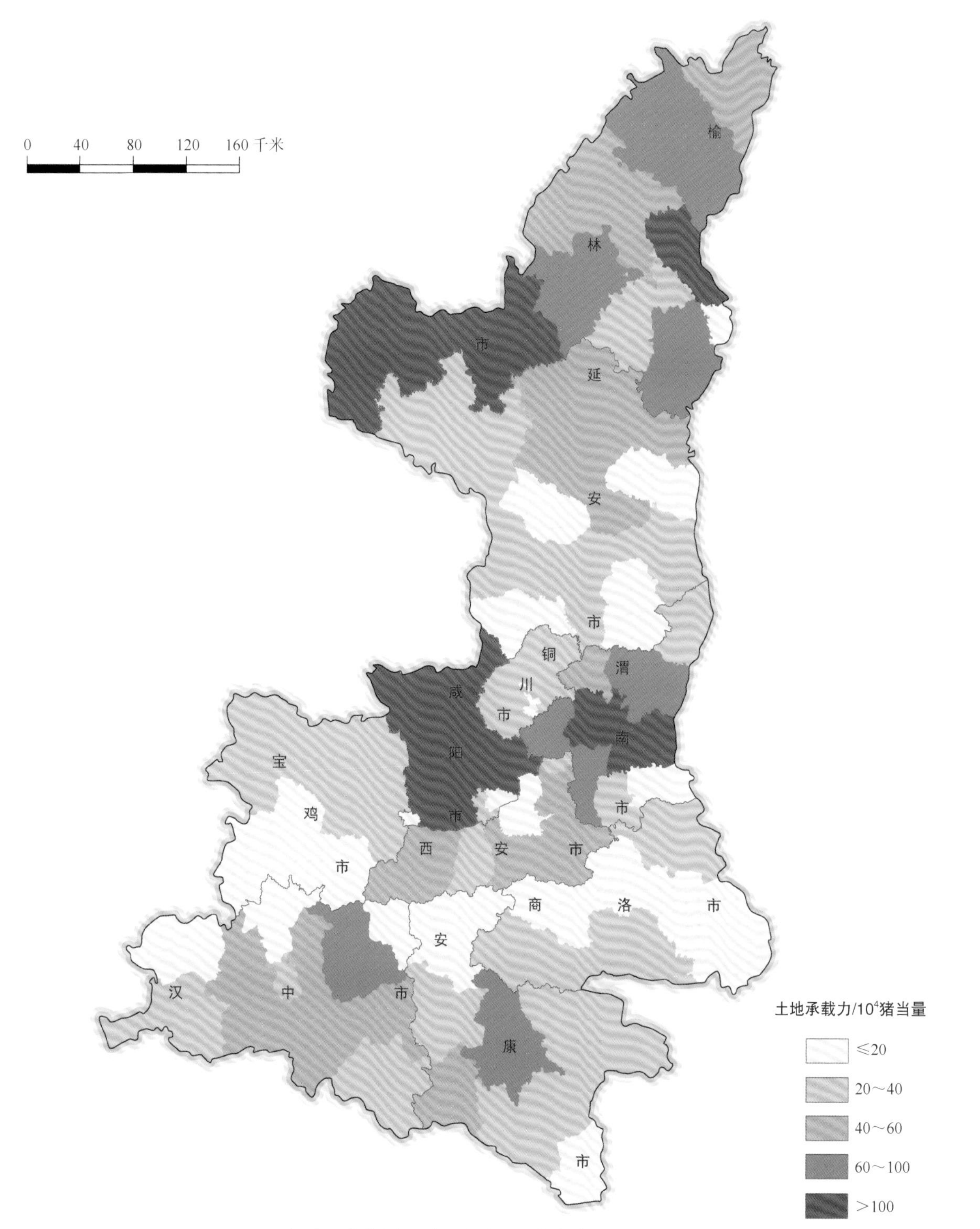

2017年陕西省各县（区）土地可承载畜禽养殖量分布图

4.29 甘肃省土地承载力分布

根据作物养分需求，基于畜禽粪便土地承载测算方法，以氮养分为基础，有机肥替代化肥比例为50%测算，2017年甘肃省全省可承载畜禽养殖量为5 414.3万头猪当量；主要分布于庆阳市、天水市、定西市、平凉市、陇南市五市，可承载畜禽养殖量分别为875.4万头、827.2万头、681.4万头、635.0万头和590.8万头猪当量。2017年甘肃省各县（区）土地可承载畜禽养殖量分布见下图。

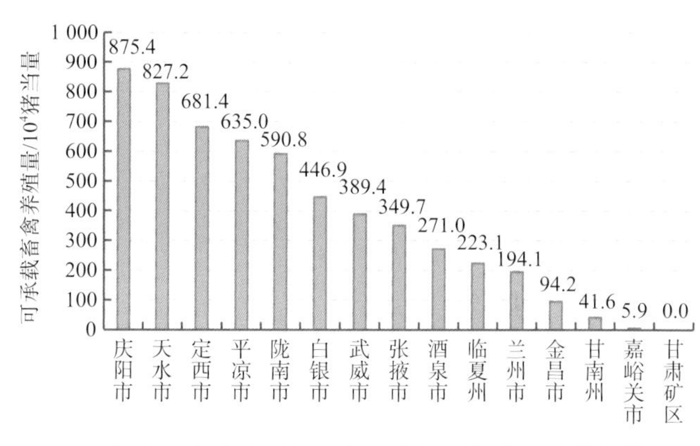

2017年甘肃省各市（州、区）土地可承载畜禽养殖量

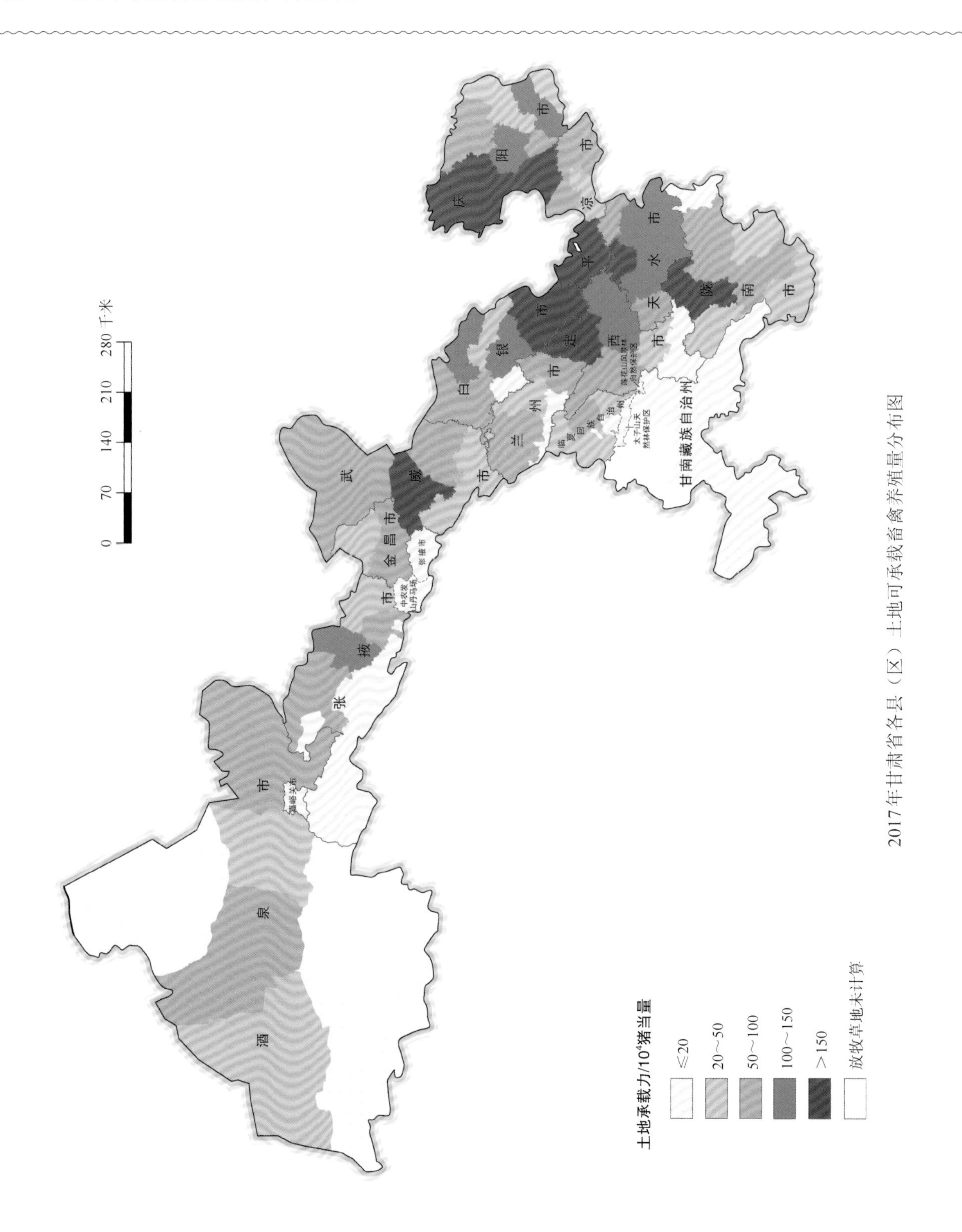

2017年甘肃省各县（区）土地可承载畜禽养殖量分布图

4.30　青海省土地承载力分布

根据作物养分需求，基于畜禽粪便土地承载测算方法，以氮养分为基础，有机肥替代化肥比例为50%测算，2017年青海省可承载畜禽养殖量为574.2万头猪当量；主要分布于海东市和西宁市两市，可承载畜禽养殖量分别为226.6万头和145.3万头猪当量。2017年青海省各县（区）土地可承载畜禽养殖量分布见下图。

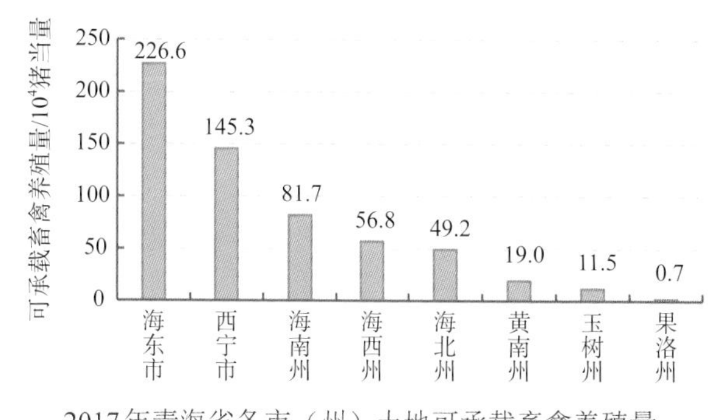

2017年青海省各市（州）土地可承载畜禽养殖量

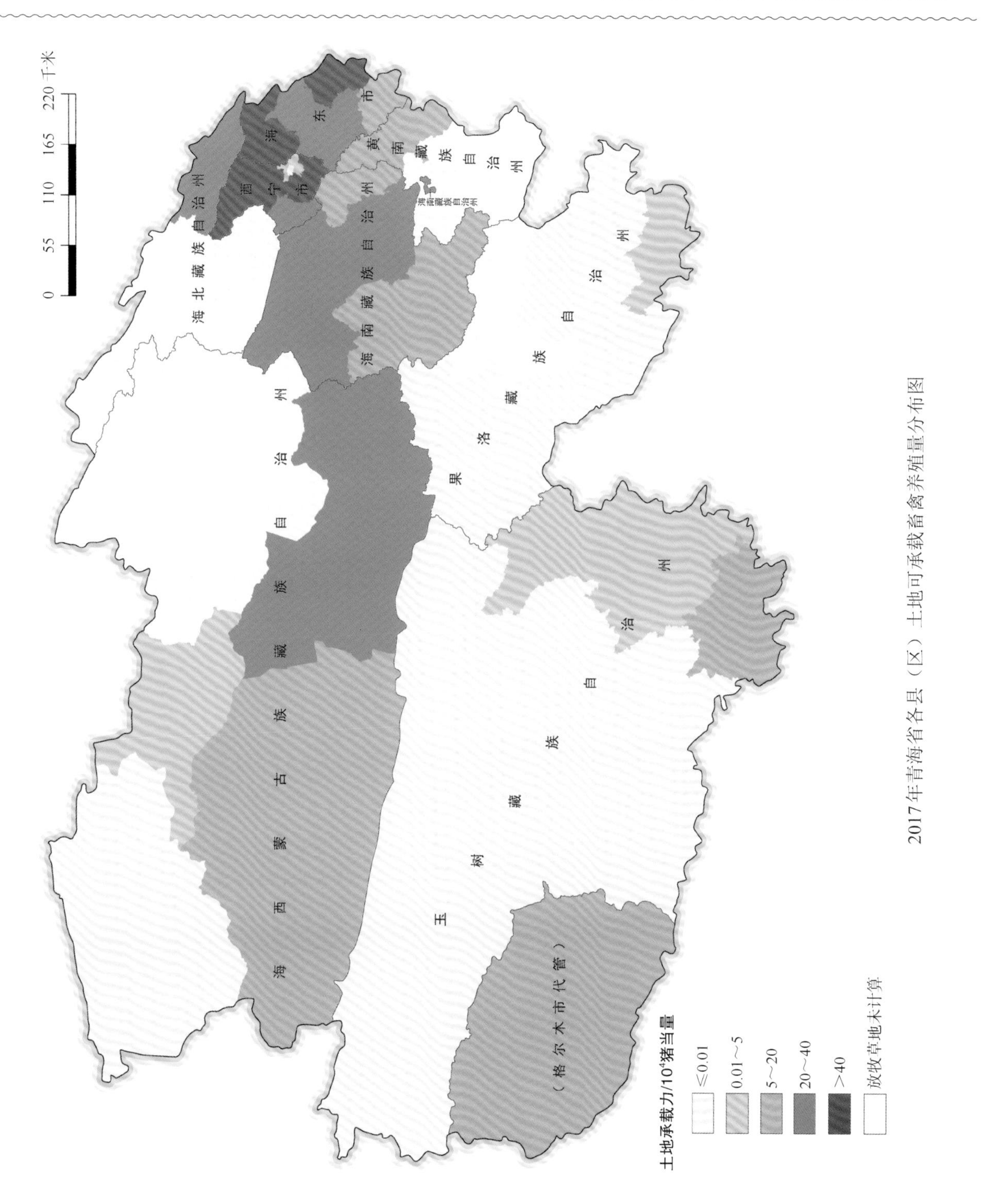

2017年青海省各县（区）土地可承载畜禽养殖量分布图

4.31 宁夏回族自治区土地承载力分布

根据作物养分需求，基于畜禽粪便土地承载测算方法，以氮养分为基础，有机肥替代化肥比例为50%测算，2017年宁夏回族自治区可承载畜禽养殖量为1 681.2万头猪当量；主要分布于固原市、吴忠市两市，可承载畜禽养殖量分别为466.1万头、434.7万头猪当量。2017年宁夏回族自治区各县（区）土地可承载畜禽养殖量分布见下图。

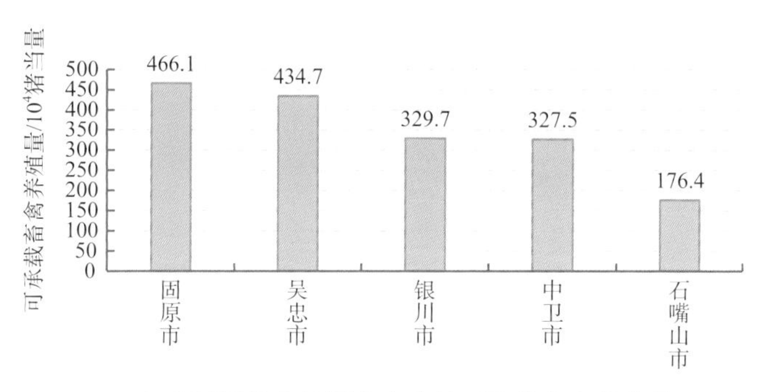

2017年宁夏回族自治区各市土地可承载畜禽养殖量

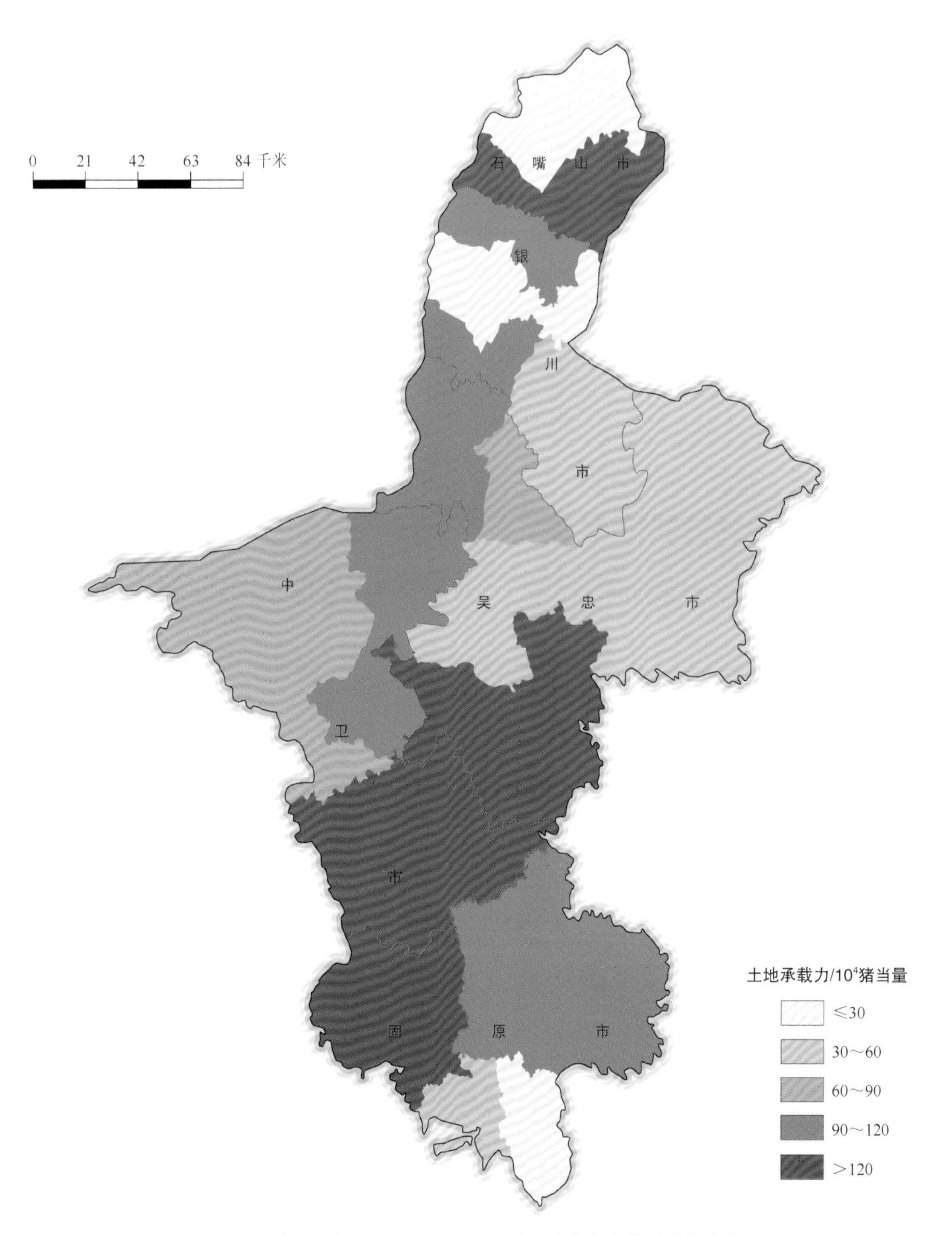

2017年宁夏回族自治区各县（区）土地可承载畜禽养殖量分布图

4.32　新疆维吾尔自治区土地承载力分布

根据作物养分需求，基于畜禽粪便土地承载测算方法，以氮养分为基础，有机肥替代化肥比例为50%测算，2017年新疆维吾尔自治区可承载畜禽养殖量为1.6亿头猪当量；主要分布于喀什地区、昌吉州、塔城地区、阿克苏地区、伊犁州、巴音郭楞六地（州），可承载畜禽养殖量分别为2 748.3万头、2 219.6万头、2 187.7万头、1 930.1万头、1 575.5万头和1 371.2万头猪当量。2017年新疆维吾尔自治区各县（区）土地可承载畜禽养殖量分布见下图。

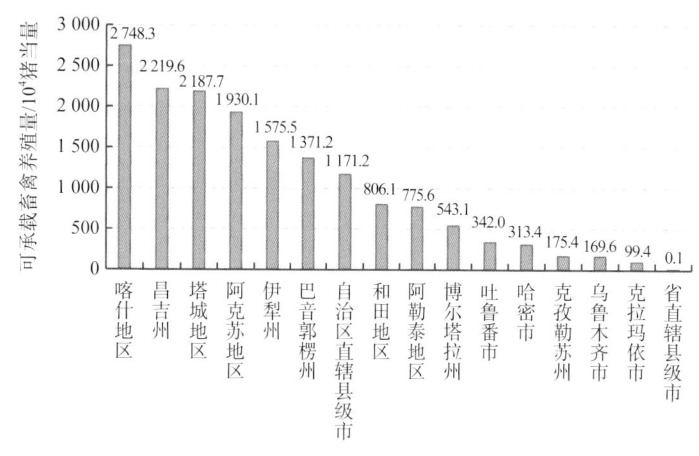

2017年新疆维吾尔自治区各市（州、区）土地可承载畜禽养殖量

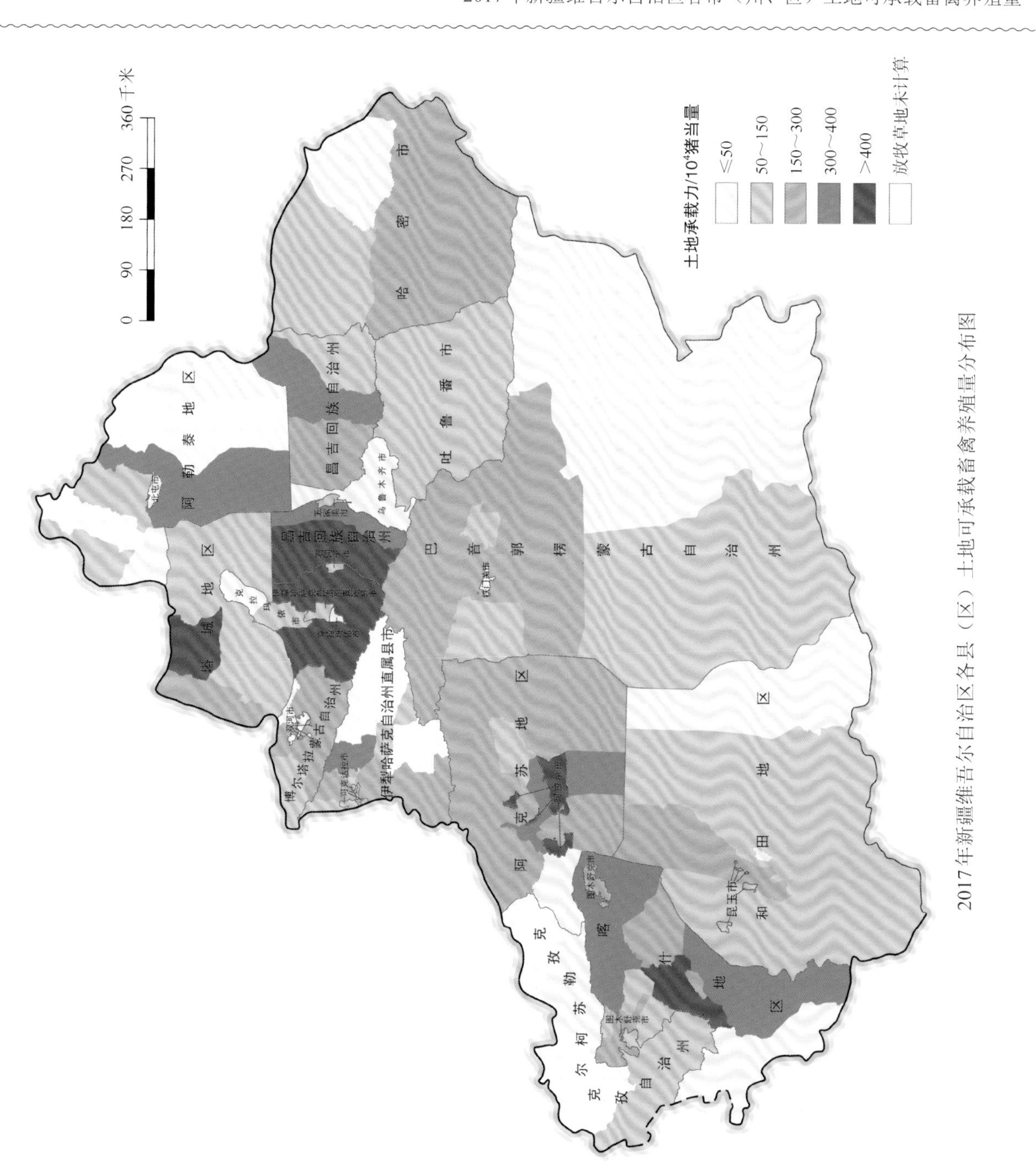

2017年新疆维吾尔自治区各县（区）土地可承载畜禽养殖量分布图

第五部分　土地承载力指数分布

为了更为直观地了解和比较各地畜禽实际养殖量与粪肥特定替代比例下的可承载的养殖负荷状况和可承载养殖量关系，本部分将图集第一部分计算获得的各区域2017年实际畜禽养殖量（A），与第四部分计算获得的在典型有机肥替代下的畜禽最大养殖量（R）进行比较，获得土地承载力指数。当土地承载力指数小于1（$A < R$）时，表明该区域总体上未超载，数值越小，表明可发展畜禽养殖的空间越大；如果承载力指数值大于1（$A > R$），表明该区域养殖负荷超过了种养循环的环境承载能力，需要合理调减畜禽养殖量。本部分计算的土地承载力指数分布图全部以氮养分需求为基础，以50%替代比例进行绘制。

5.1 全国土地承载力指数分布

2023年3月1日，新修订《中华人民共和国畜牧法》正式实施，该法规第四十六条中明确提出："国家支持建设畜禽粪污收集、储存、粪污无害化处理和资源化利用设施，推行畜禽粪污养分平衡管理，促进农用有机肥利用和种养结合发展。"土地承载力指数能客观反映各区域种养循环下养分平衡现状和发展潜力。基于相关数据测算，2017年我国全域畜禽粪便土地承载力指数为0.3，整体发展潜力较大；其中黑龙江省、河南省、吉林省、新疆维吾尔自治区、安徽省和江苏省的土地承载力指数均不超过0.2；且全国所有省（区、市）实际畜禽养殖量均未超过其省域畜禽养殖土地承载量。2017年全国各省（区、市）土地承载力指数分布见下图。

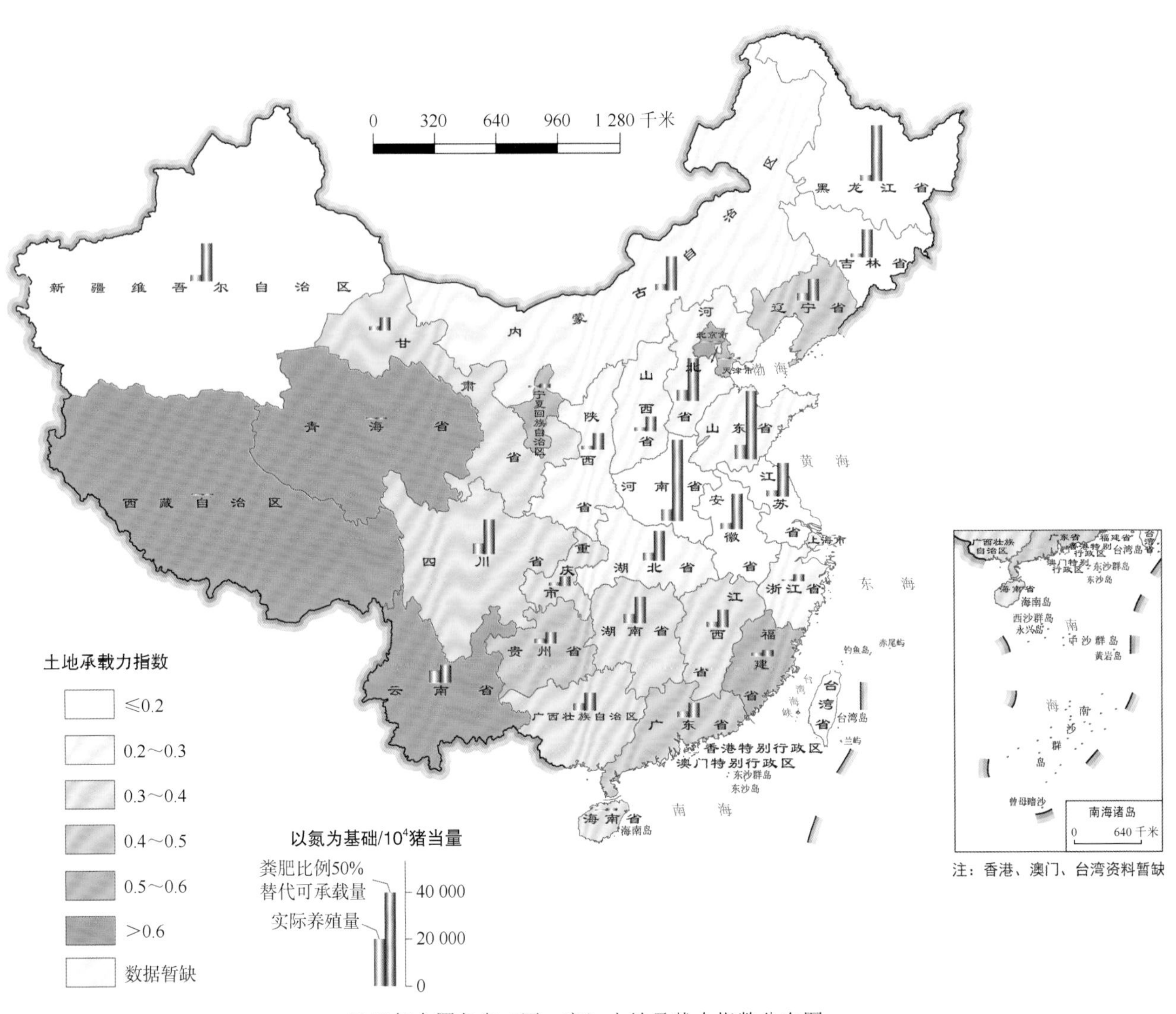

2017年全国各省（区、市）土地承载力指数分布图

5.2 北京市土地承载力指数分布

北京市属于都市型农业，持续发展养殖用地、环境制约、饲养成本等问题是制约其农业发展的主要瓶颈。而在发展生态农业方面，注重种养结合模式是一种可行路径。2017年北京市畜禽粪便土地承载力指数为0.8；其中大兴区的土地承载力指数最小，为0.2；而门头沟区、通州区、昌平区和平谷区实际畜禽养殖量均超过其区域畜禽粪便土地承载力，其土地承载力指数分别达到1.1、1.4、1.6和2.0。需要合理调整养殖布局，应通过种养结合，实施沼液灌溉农田、沼渣施肥等举措，缓解土地承载负荷，减少环境污染。2017年北京市各区土地承载力指数分布见下图。

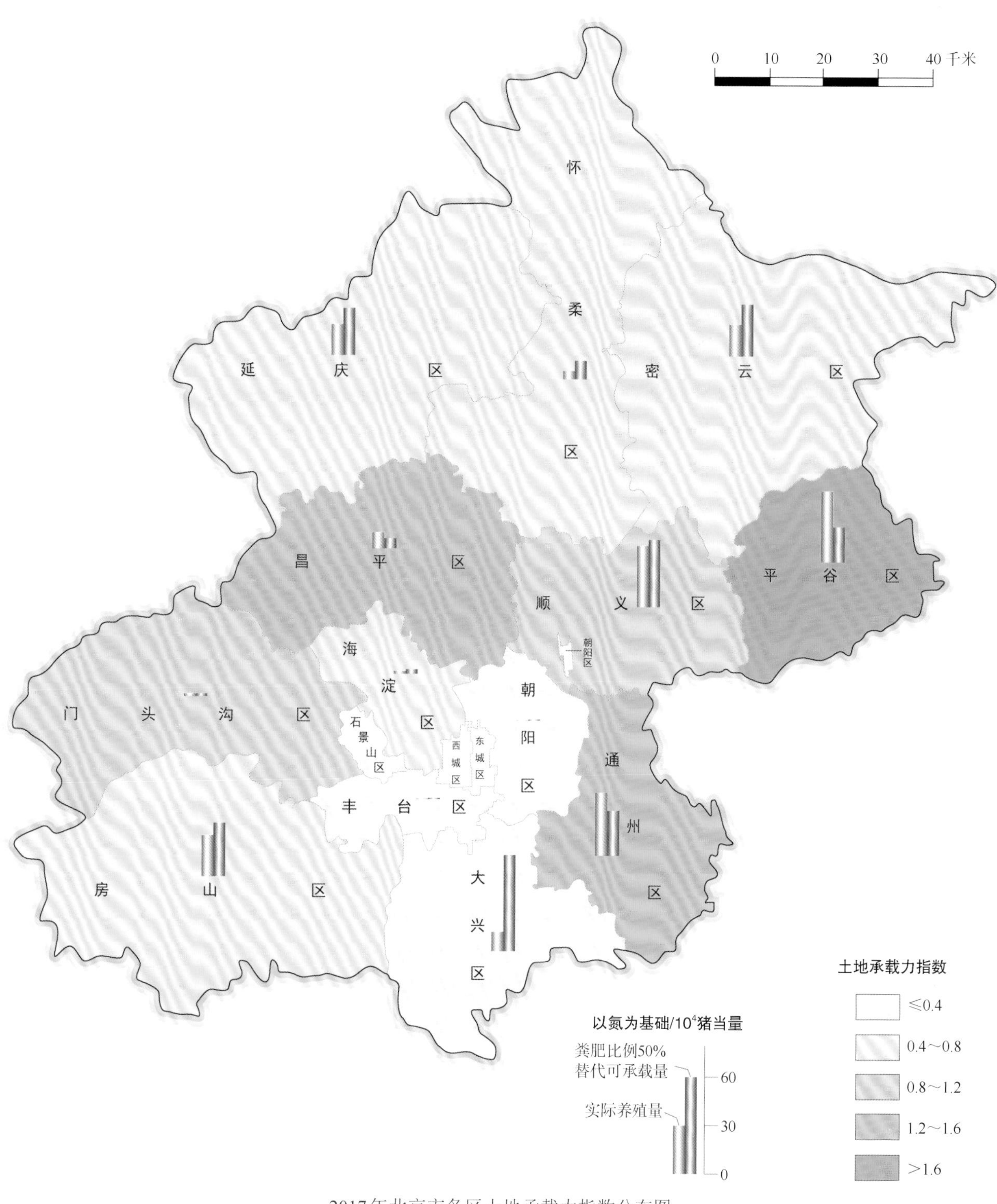

2017年北京市各区土地承载力指数分布图

5.3 天津市土地承载力指数分布

天津市随着畜禽养殖规模化水平不断提高，养殖环境污染问题日益严峻，在提高畜牧养殖业生产水平的同时，将绿色生态放在重要位置。2017年天津市畜禽粪便土地承载力指数为0.5；其中东丽区、津南区和西青区的土地承载力指数均不超过0.3，分别为0.1、0.2和0.3；且全部区域实际畜禽养殖量均未超过其区域畜禽粪便土地承载力。天津市作物养分需求地区分布与畜禽粪肥供给地区分布重合，则可建立种养结合联结机制，因地制宜，满足氮肥资源化利用条件。2017年天津市各区土地承载力指数分布见下图。

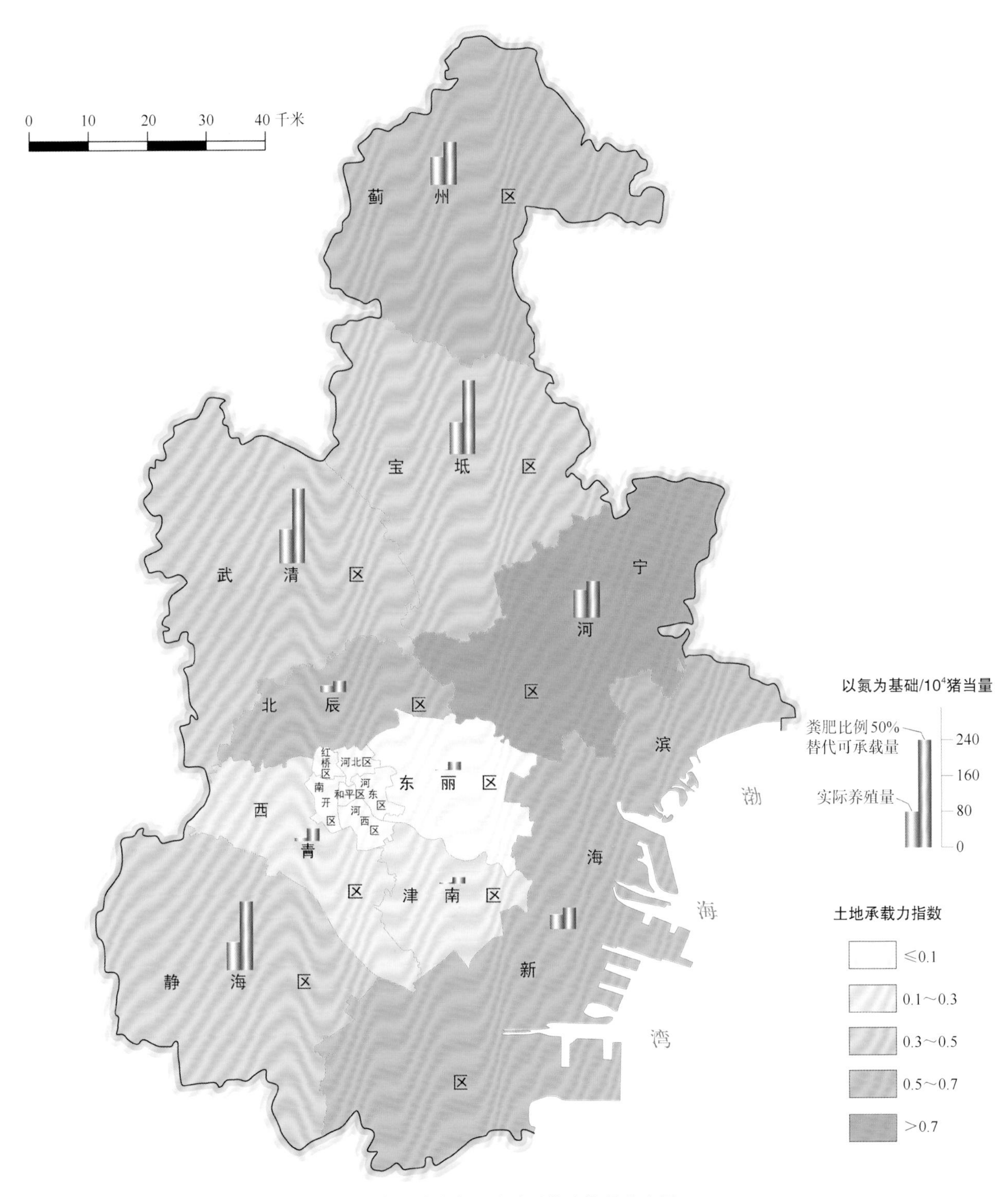

2017年天津市各区土地承载力指数分布图

5.4　河北省土地承载力指数分布

河北省作为全国粮棉油集中产区之一，同时其畜禽养殖规模化发展也很迅速。因而种养合理匹配是河北省可持续农业发展的必经之路。总体上看，河北省承载力指数较低，2017年，河北省全省域畜禽粪便土地承载力指数为0.2；其中邢台市、沧州市、邯郸市、保定市、石家庄市、张家口市的土地承载力指数均未大于0.3，分别为0.1、0.1、0.2、0.2、0.3和0.3；河北省作物种植对于养分的需求量主要集中在河北省中南部，而畜禽粪肥供给量主要集中在北部，所以制作有机肥，打通经济快速的运输通道有利于河北省全域推进种养结合、养分循环的发展。2017年河北省各县（区）土地承载力指数分布见下图。

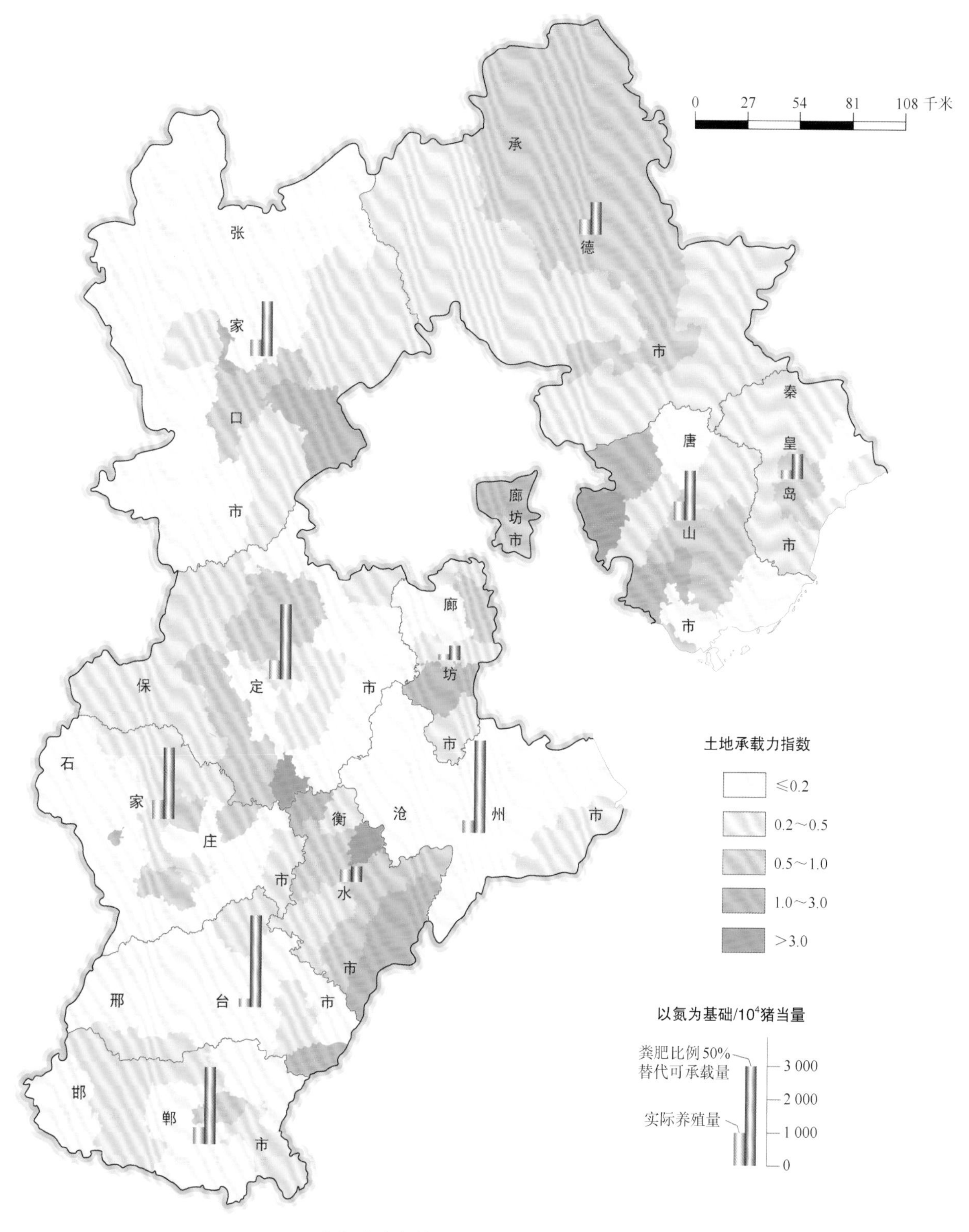

2017年河北省各县（区）土地承载力指数分布图

5.5 山西省土地承载力指数分布

山西省畜禽产业呈现了跨越式发展的态势，通过转变生产方式实施可持续发展模式。2017年山西省全省域畜禽粪便土地承载力指数为0.2；其中临汾市、运城市、忻州市、吕梁市和朔州市的土地承载力指数均低，分别为0.1、0.2、0.2、0.3和0.3。实施畜禽粪便养分综合管理，扩大粪肥还田，可促使种养结合的发展。2017年山西省各县（区）土地承载力指数分布见下图。

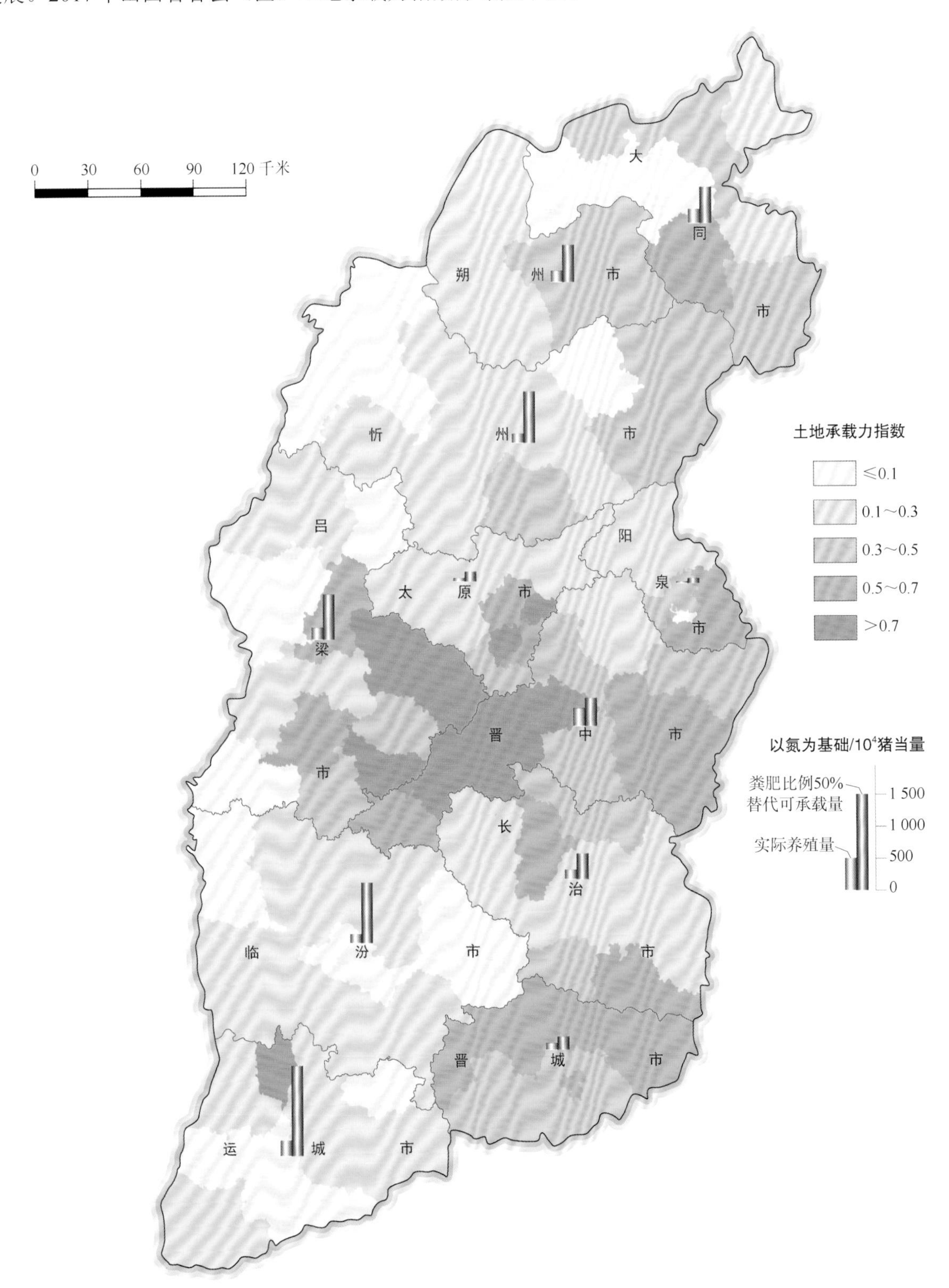

2017年山西省各县（区）土地承载力指数分布图

5.6　内蒙古自治区土地承载力指数分布

内蒙古自治区丰富的牧草资源是促进畜禽养殖业得天独厚的优势，2017年内蒙古自治区畜禽粪便土地承载力指数为0.2；其中呼伦贝尔市、兴安盟、乌兰察布市、巴彦淖尔市、包头市和鄂尔多斯市的土地承载力指数均不超过0.2，分别为0.1、0.1、0.2、0.2、0.2和0.2；内蒙古自治区作物养分需求量高的地区集中在中部与东部，应通过实施高标准农田建设、畜禽粪污综合利用，加大以高效节水为主的高标准农田建设，做好农牧业面源污染防治，发展现代农牧业，提升农牧业生态质量效益。2017年内蒙古自治区各县（区）土地承载力指数分布见下图。

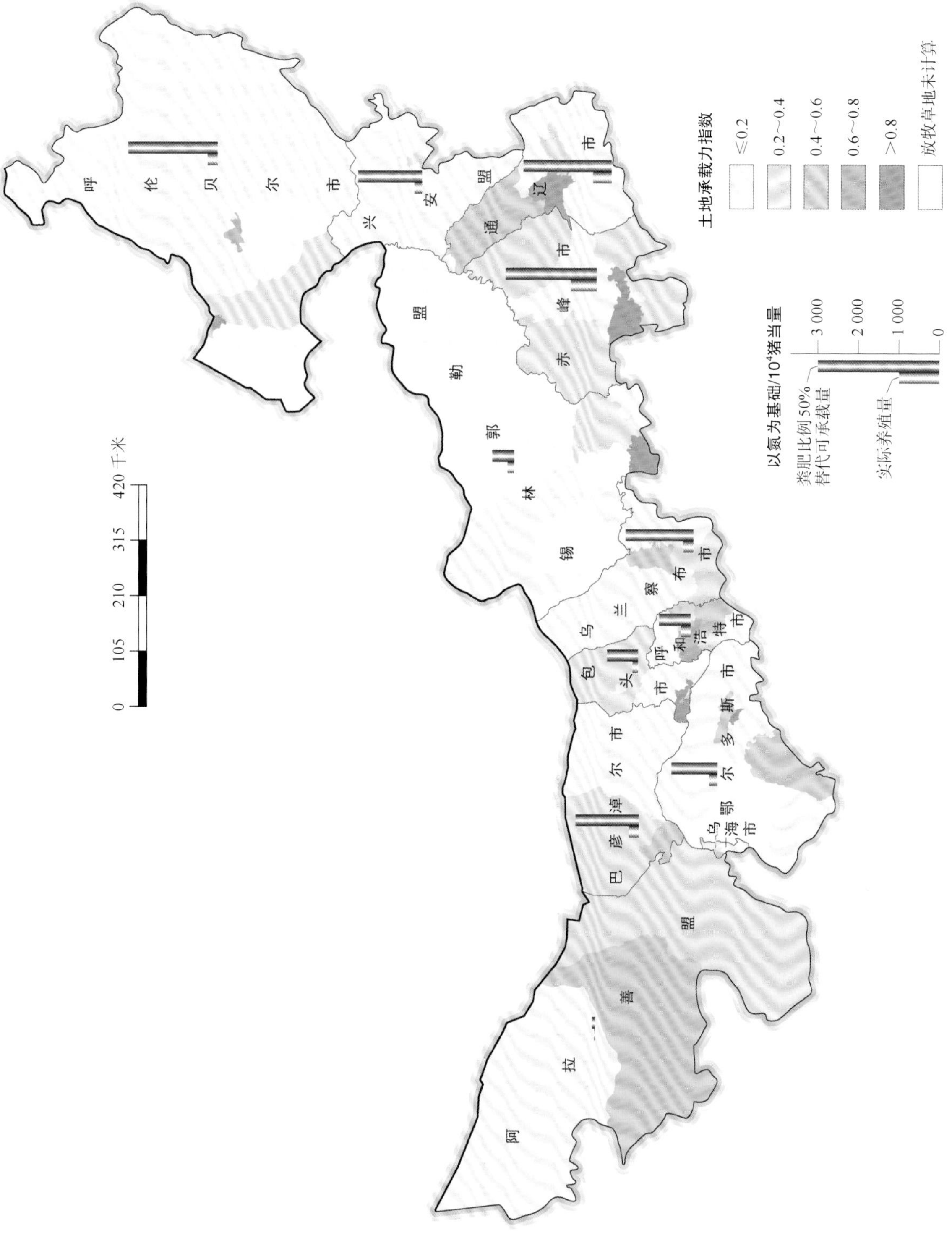

2017年内蒙古自治区各县（区）土地承载力指数分布图

5.7 辽宁省土地承载力指数分布

2017年辽宁省全省域畜禽粪便土地承载力指数为0.4；其中阜新市、盘锦市和本溪市的土地承载力指数均低于0.3，分别为0.2、0.2和0.2；为减少环境污染，推动畜禽粪污资源化利用和种养循环，应加大畜禽粪污无害化处理后在大田作物的适用比例，促进种养循环和农业绿色发展。2017年辽宁省各县（区）土地承载力指数分布见下图。

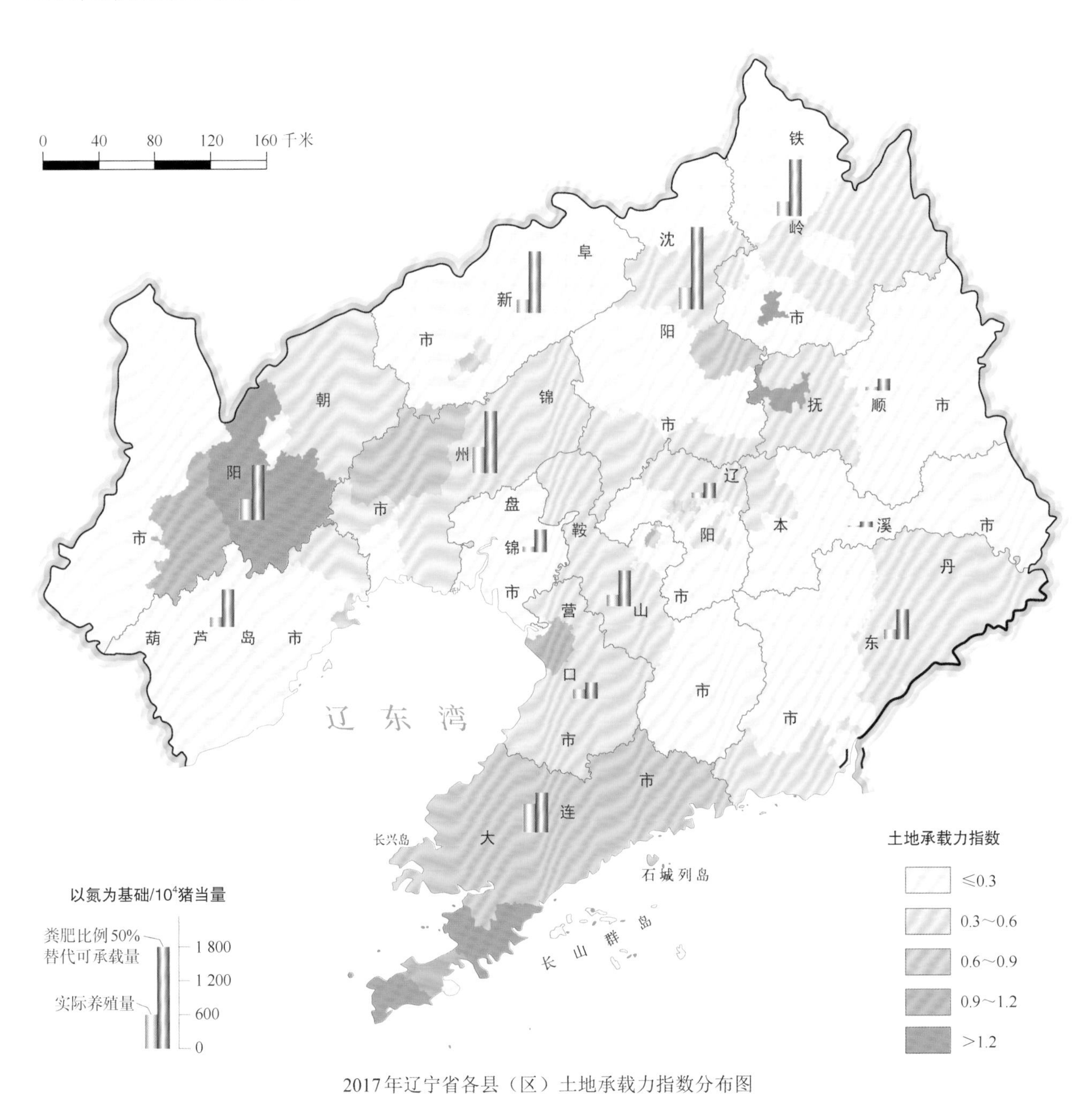

2017年辽宁省各县（区）土地承载力指数分布图

5.8　吉林省土地承载力指数分布

吉林省是重要的商品粮基地也是畜牧大省，伴随畜禽养殖向规模化、集约化加速转型，单位土地面积载畜量越来越高，但是总体上看，土地承载力指数较低，2017年吉林省全省域畜禽粪便土地承载力指数为0.1；其中松原市、白城市、通化市、吉林市和延边朝鲜族自治州的土地承载力指数均低于0.2，分别为0.1、0.1、0.1、0.1和0.1；吉林省作物种植对于养分的需求量主要集中在西北部，畜禽粪肥供给量也主要集中在西北部，建议积极推进粪肥还田，推动有机肥替代和东北黑土地保护。2017年吉林省各县（区）土地承载力指数分布见下图。

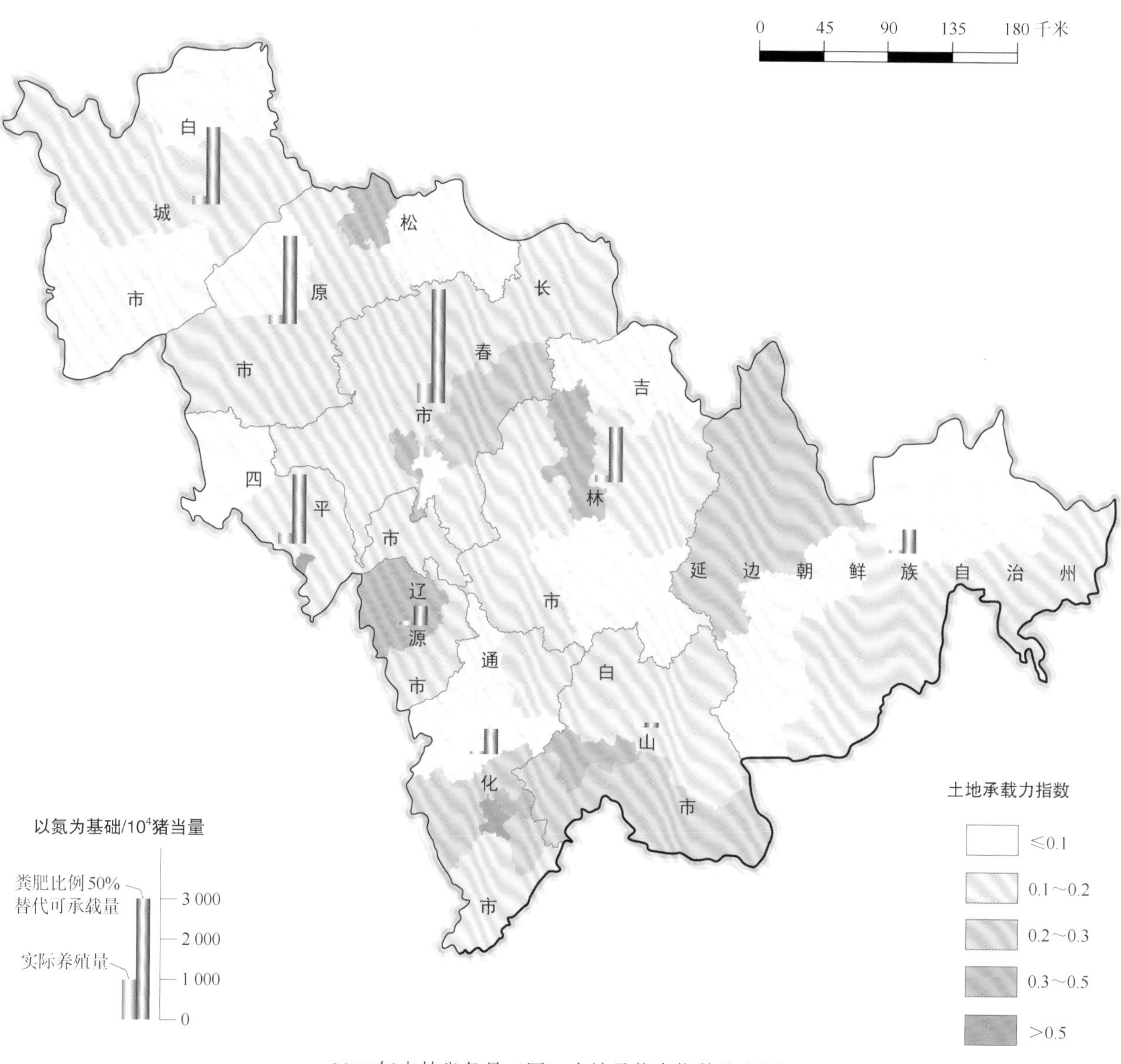

2017年吉林省各县（区）土地承载力指数分布图

5.9 黑龙江省土地承载力指数分布

黑龙江作为我国的大粮仓和种养商品粮基地，畜禽粪便土地承载力指数较低，畜牧业发展潜力较大。2017年黑龙江省全省域畜禽粪便土地承载力指数为0.1；其中黑河市、佳木斯市、双鸭山市的土地承载力指数均为0.1；黑龙江省作物养分需求量较高地区与畜禽养殖量高的地区基本相符，2017年黑龙江省各县（区）土地承载力指数分布见下图。

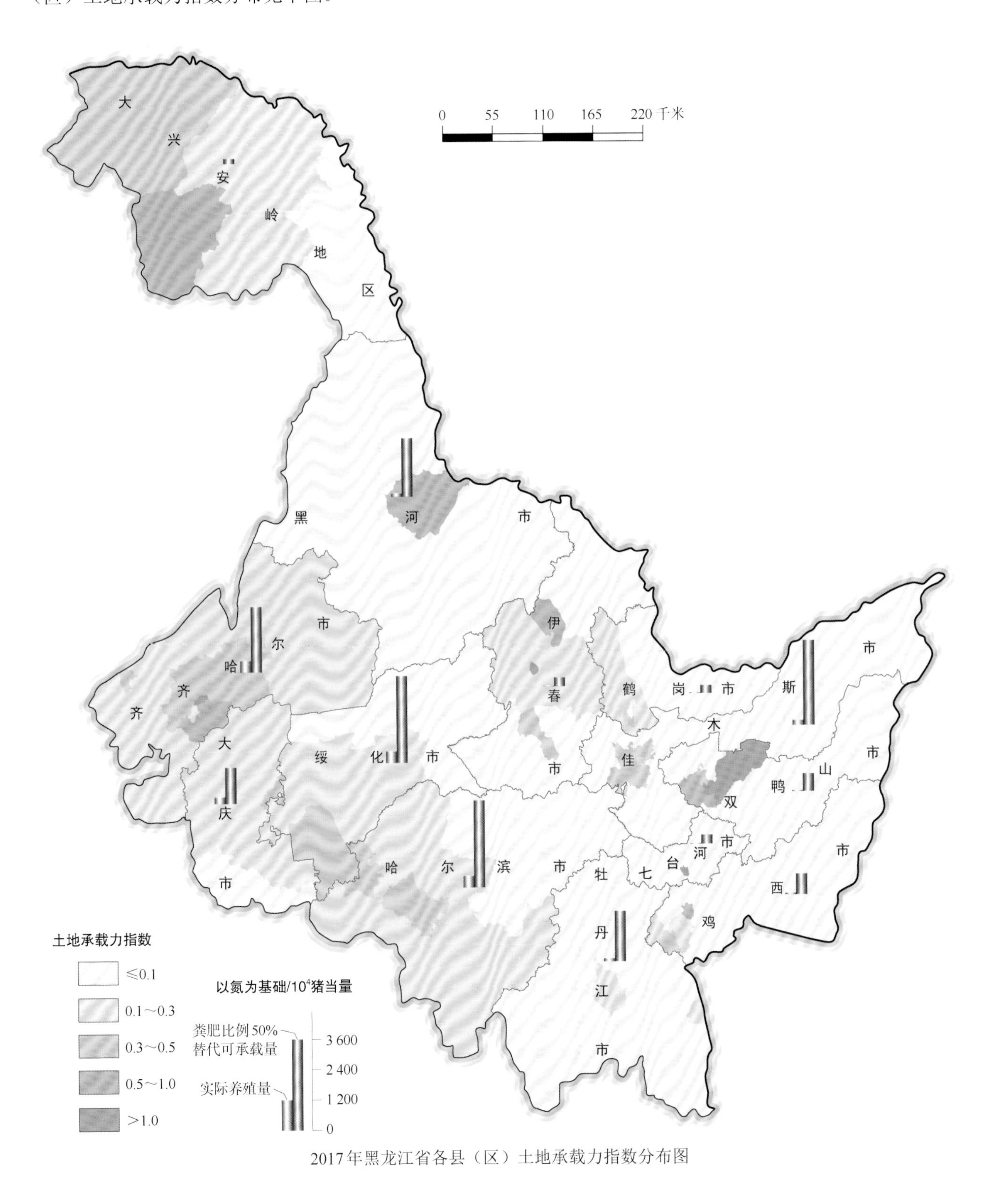

2017年黑龙江省各县（区）土地承载力指数分布图

5.10　上海市土地承载力指数分布

2017年上海市畜禽粪便土地承载力指数为0.2；其中青浦区、嘉定区和浦东新区和的土地承载力指数均不超过0.1，分别为0.04、0.1和0.1；上海市作物种植对于养分的需求量主要集中在东部与西南部，上海大力发展高效生态农业，以崇明岛为重要的农业生产保障基地，实现生产基地内部的生态链良性循环，并取得较好的经济效益、生态效益和社会效益。2017年上海市各区土地承载力指数分布见下图。

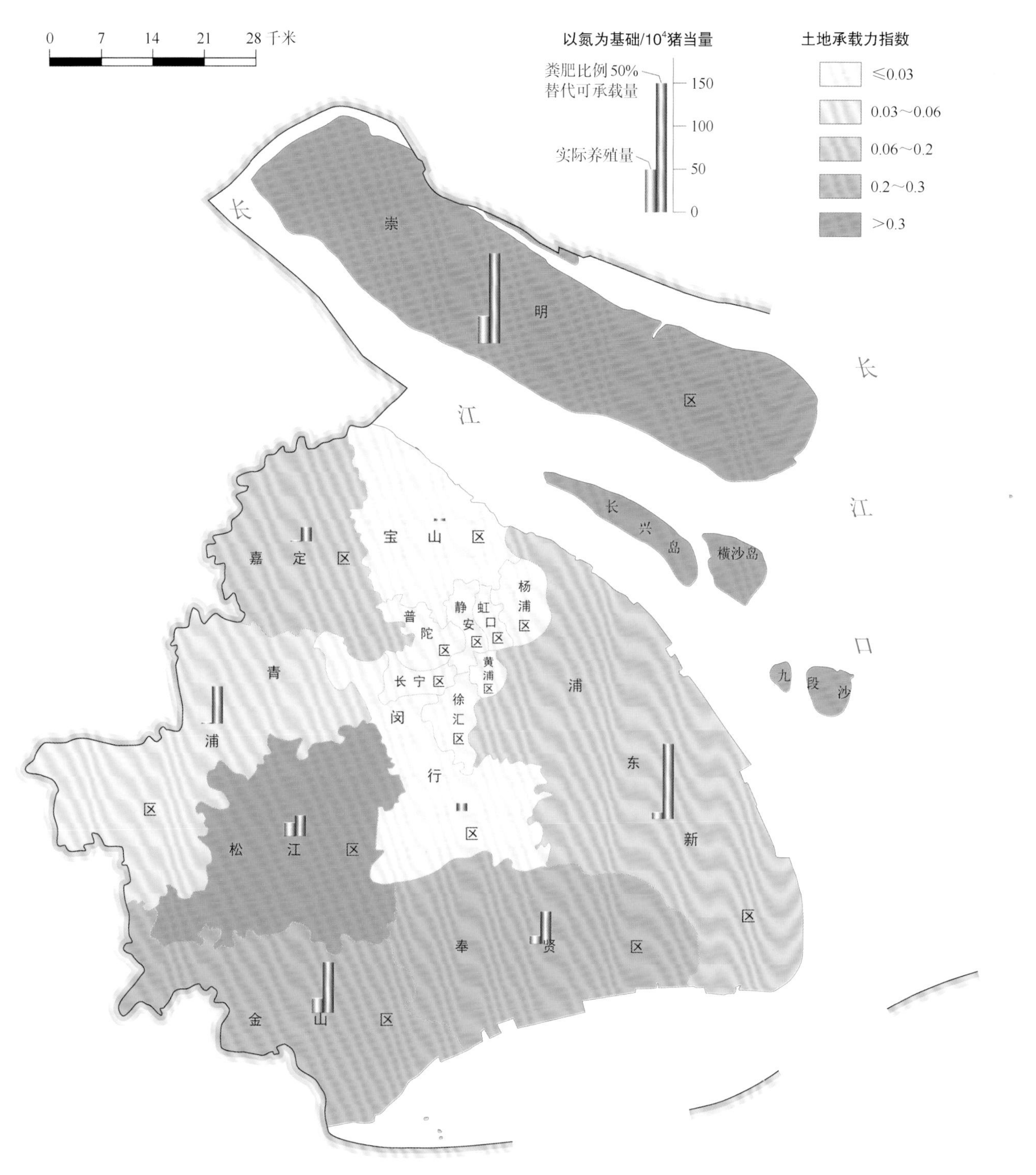

2017年上海市各区土地承载力指数分布图

5.11 江苏省土地承载力指数分布

江苏省通过推行绿色种养循环农业，实现畜禽废弃物变废为宝、减少化肥使用、防控农业面源污染。2017年江苏省全省域畜禽粪便土地承载力指数为0.2；其中镇江市、南京市和扬州市的土地承载力指数均不超过0.1，分别为0.04、0.1和0.1；江苏省作物种植对于养分的需求量较分散，而畜禽粪肥供给量主要集中在北部，坚持绿色发展理念，积极推广种养平衡、立体种养、农牧结合等生态健康养殖模式，因场制宜使用沼液、有机肥替代化肥，促进畜禽粪污资源化利用。2017年江苏省各县（区）土地承载力指数分布见下图。

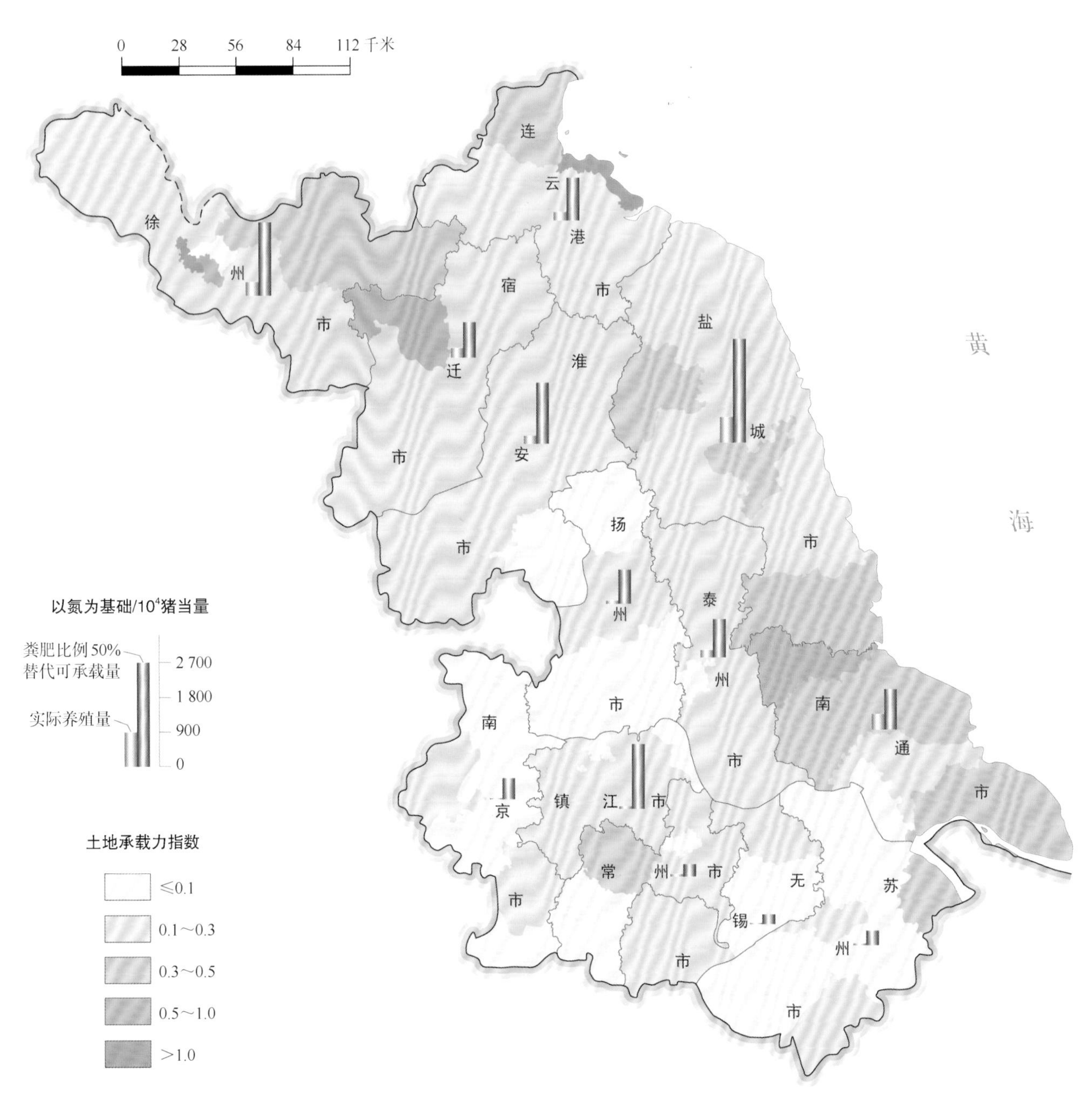

2017年江苏省各县（区）土地承载力指数分布图

5.12　浙江省土地承载力指数分布

浙江省是“绿水青山就是金山银山”的发源地，浙江省始终坚持以此为遵循，坚定高效生态的现代农业发展方向不动摇，形成了率先实现农业绿色可持续发展的现实基础。2017年浙江省全省域畜禽粪便土地承载力指数为0.2；其中宁波市、丽水市、嘉兴市和绍兴市的土地承载力指数均不超过0.2，分别为0.1、0.2、0.2和0.2。2017年浙江省各县（区）土地承载力指数分布见下图。

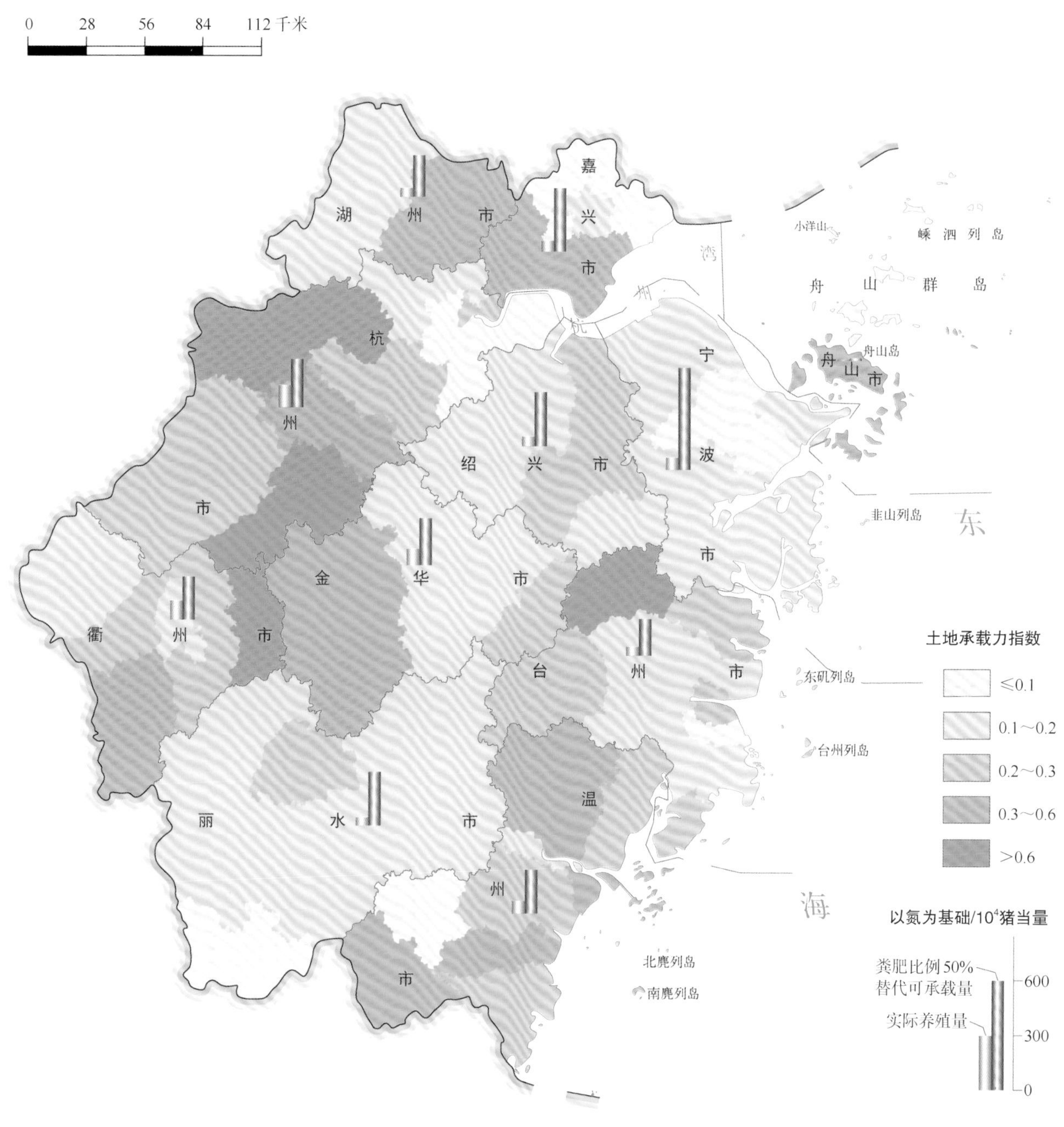

2017年浙江省各县（区）土地承载力指数分布图

5.13 安徽省土地承载力指数分布

安徽省是种植业和畜牧业大省，也是生态保护重点区域，近年来注重发展可持续发展的绿色生态农业模式。2017年安徽省全省域畜禽粪便土地承载力指数为0.2；其中马鞍山市、合肥市、淮南市和池州市的土地承载力指数均低于0.2；种养循环和土地承载能力较为匹配，应大力发展生态循环农业，推行种养结合、立体种植为主的生态循环模式。2017年安徽省各县（区）土地承载力指数分布见下图。

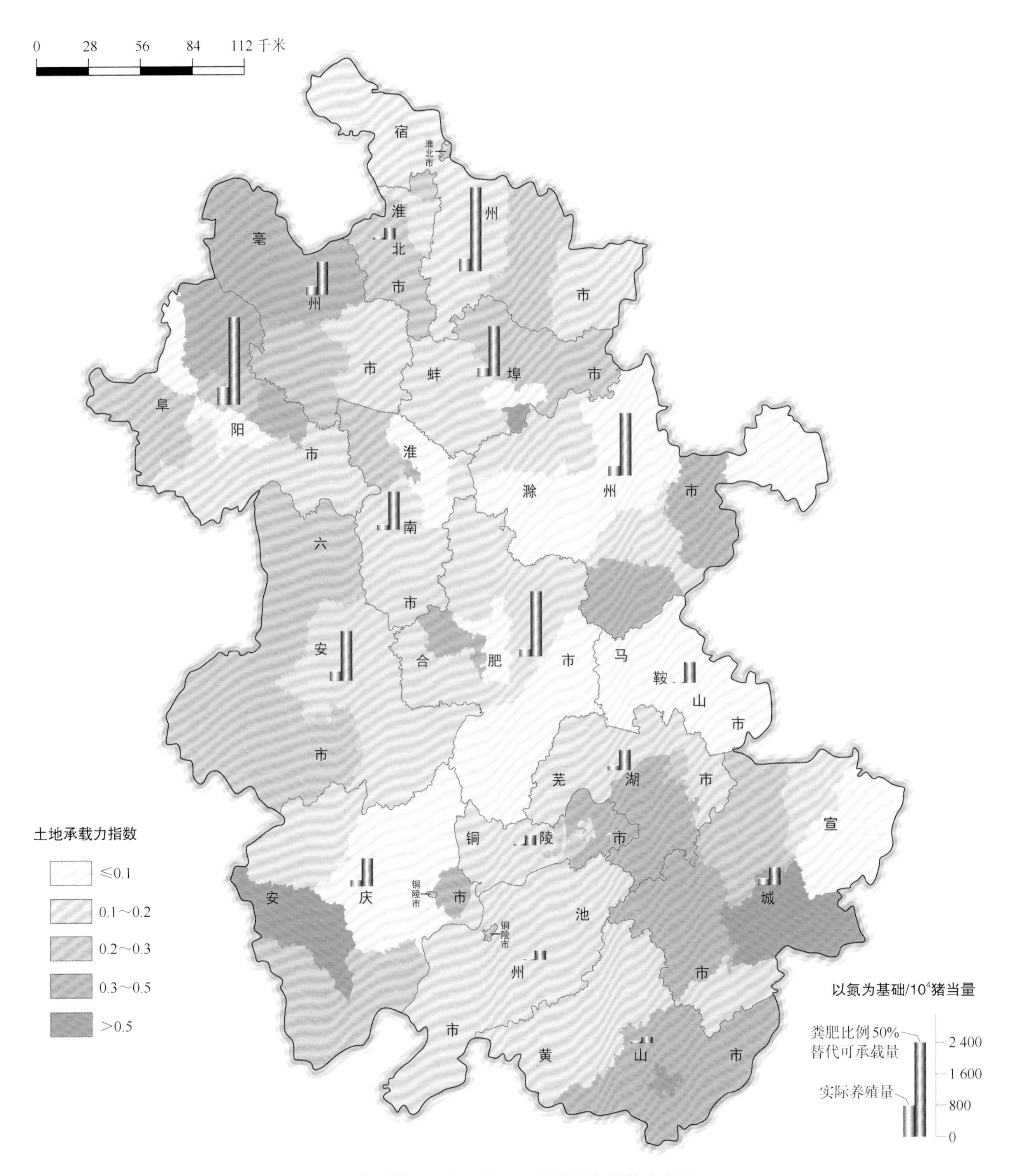

2017年安徽省各县（区）土地承载力指数分布图

5.14　福建省土地承载力指数分布

福建省素有“八山一水一分田”之称，由于其畜牧业较为发达，而农田面积有限，畜禽粪便土地承载力指数较高，2017年福建省全省域畜禽粪便土地承载力指数为0.6；其中三明市、泉州市和莆田市的土地承载力指数分别为0.2、0.2和0.3；从种植与养殖布局比较，福建省作物种植主要集中在中部与北部，而畜禽养殖主要集中在南部，应打通种养业协调发展通道，实施综合养分管理，协同解决畜禽饲料问题与粪便资源化利用问题，跟进种、水、肥、管等措施，大力推动生态循环农业发展。2017年福建省各县（区）土地承载力指数分布见下图。

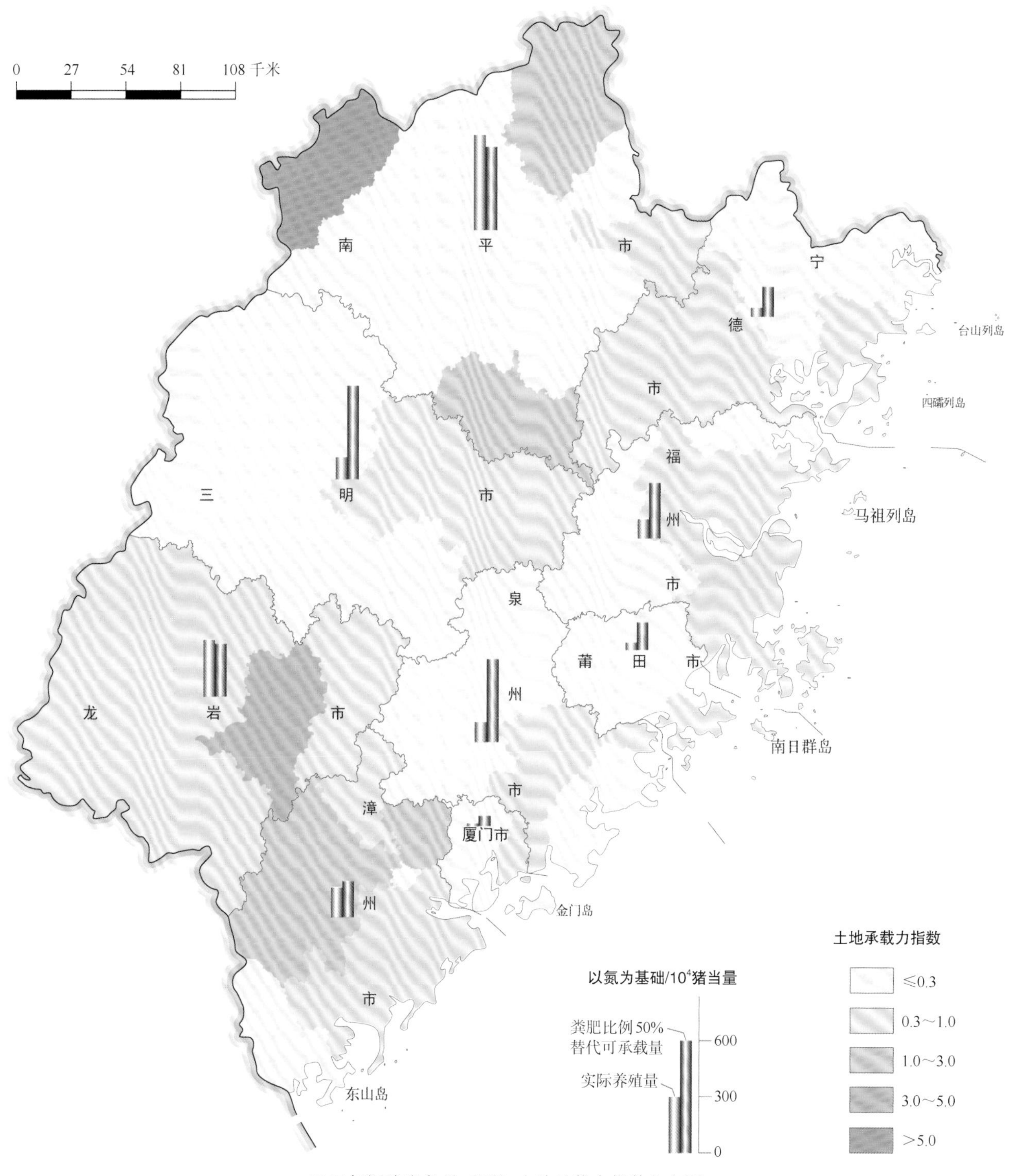

2017年福建省各县（区）土地承载力指数分布图

5.15 江西省土地承载力指数分布

江西省畜禽养殖发展迅速，是养殖大省，同时种养不匹配问题也日益凸显。2017年江西省全省域畜禽粪便土地承载力指数为0.3；其中上饶市、九江市和抚州市的土地承载力指数均不超过0.2，分别为0.1、0.2和0.2；江西省作物种植主要集中在中部，畜禽养殖主要集中在中南部，应实行规范化、标准化、规模化的综合种养，稳步提升发展水平与经济生态综合效益，引领农业绿色发展。2017年江西省各县（区）土地承载力指数分布见下图。

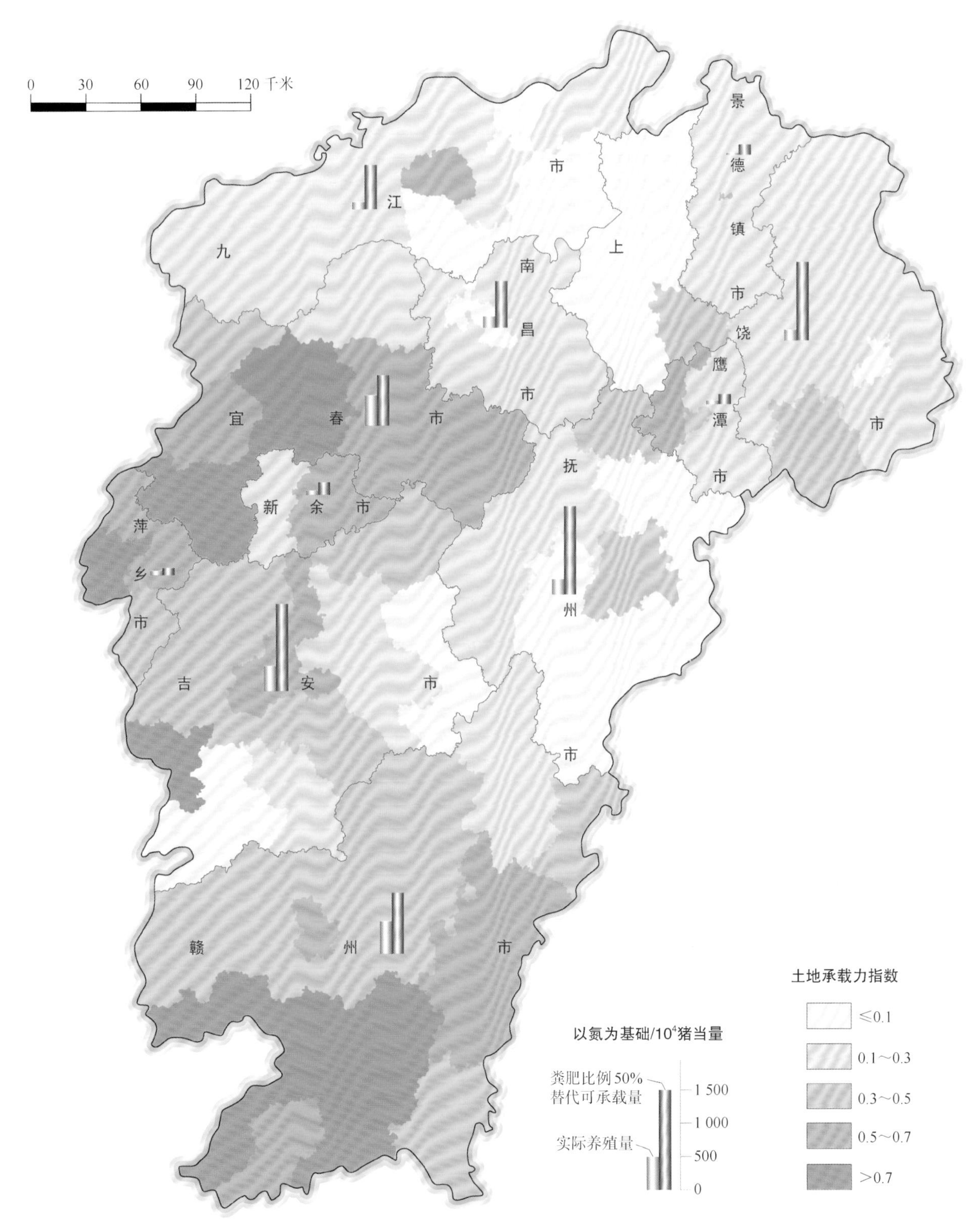

2017年江西省各县（区）土地承载力指数分布图

5.16　山东省土地承载力指数分布

山东省是农业大省，同时也是畜牧业大省，种养循环总体形势较为有利，2017年山东省全省域畜禽粪便土地承载力指数为0.2；其中济南市、枣庄市、莱芜市、泰安市和济宁市的土地承载力指数均只有0.1；且全部市域实际畜禽养殖量均低于其区域畜禽粪便土地承载力。山东省助力打通绿色生态大循环，优化养殖布局，促进循环农业高质量发展，加快推进全省农牧循环。2017年山东省各县（区）土地承载力指数分布见下图。

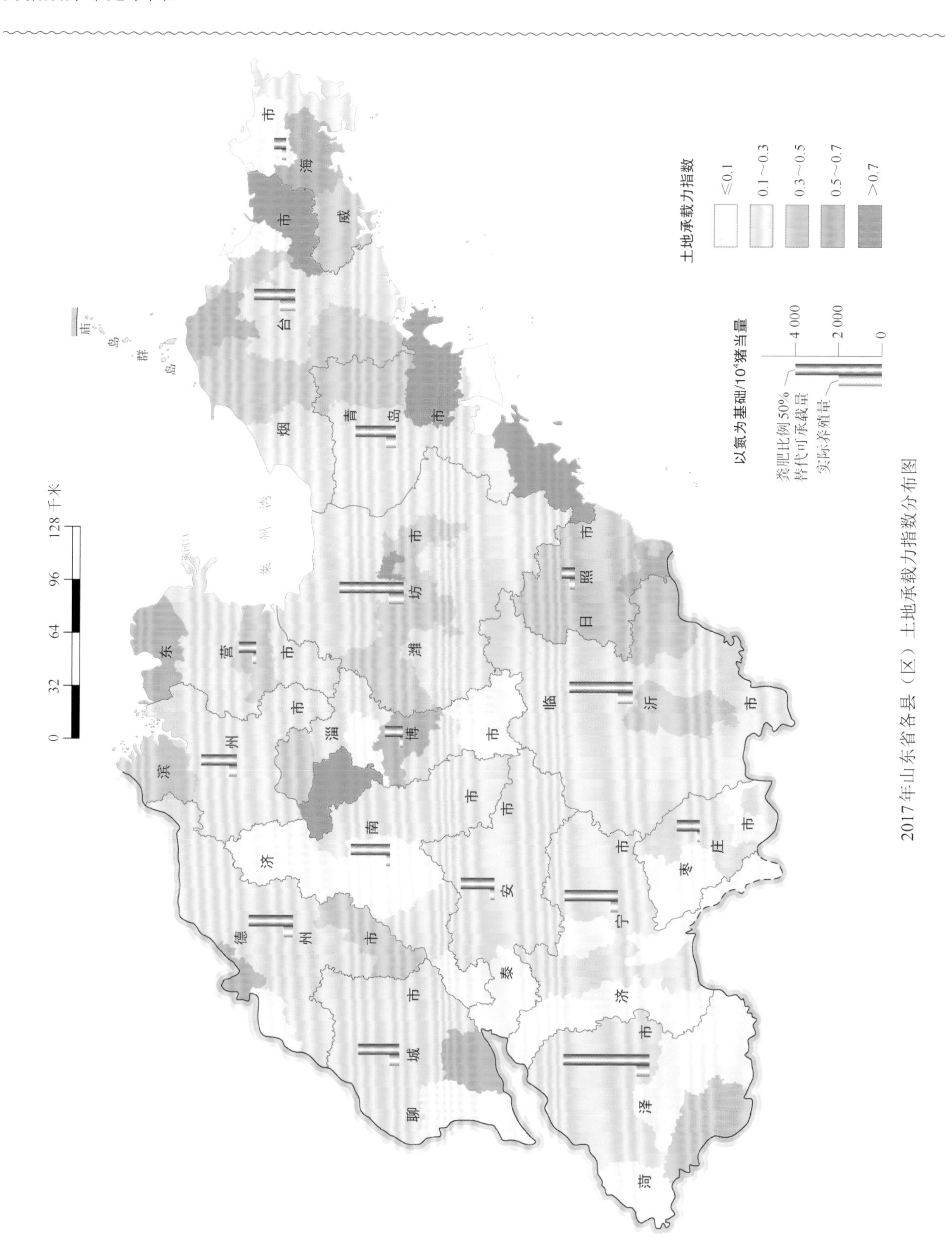

2017年山东省各县（区）土地承载力指数分布图

5.17 河南省土地承载力指数分布

河南省作为重要的商品粮基地，同时也是重要的畜产品产地，畜产品稳产保供能力不断增强，走出了“快而稳，大而强”的畜禽发展之路。2017年河南省全省域畜禽粪便土地承载力指数为0.1；其中信阳市和商丘市的土地承载力指数均低于0.1。河南是典型的农业大省，地势平坦，有利于畜禽粪污还田利用，开展绿色种养循环农业条件得天独厚，围绕加快畜禽粪污资源化利用，实施畜禽粪肥综合养分管理，打通种养循环堵点，促进粪肥还田，推动农业绿色高质量发展。2017年河南省各县（区）土地承载力指数分布见下图。

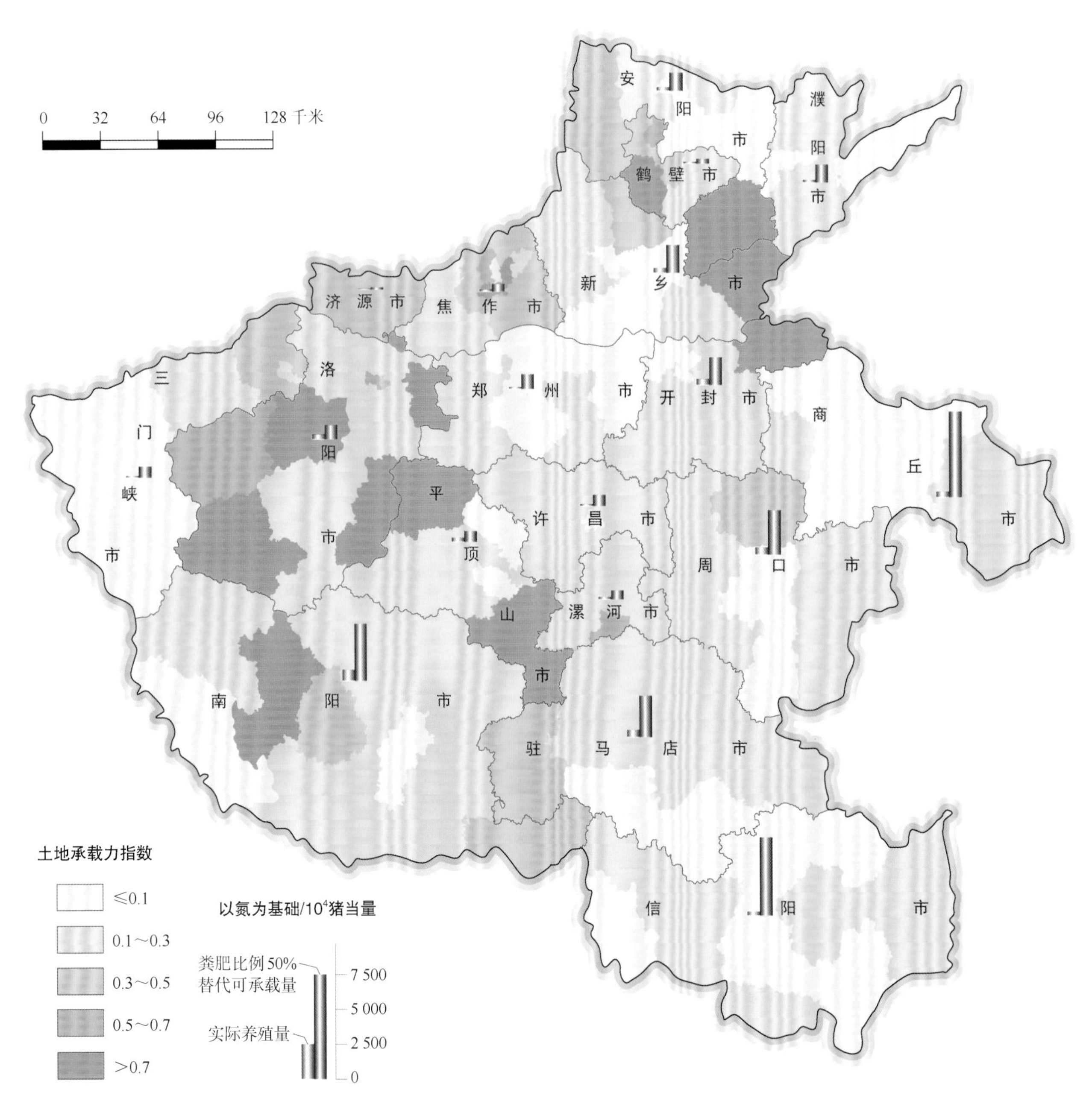

2017年河南省各县（区）土地承载力指数分布图

5.18　湖北省土地承载力指数分布

湖北省着力推进农林牧渔结合发展，重在找准利益结合点，促进农林渔牧结合发展。2017年湖北省全省域畜禽粪便土地承载力指数为0.3；其中省直辖县级市、随州市、武汉市和咸宁市的土地承载力指数均低于0.2。湖北省作物种植主要集中在中部与西南部，而畜禽养殖也主要集中在中部与西南部。应通过科学调整农业结构，青贮饲料对接食草畜牧发展，并进行粪污还田、还草，形成种养相互促进的循环产业结合链。2017年湖北省各县（区）土地承载力指数分布见下图。

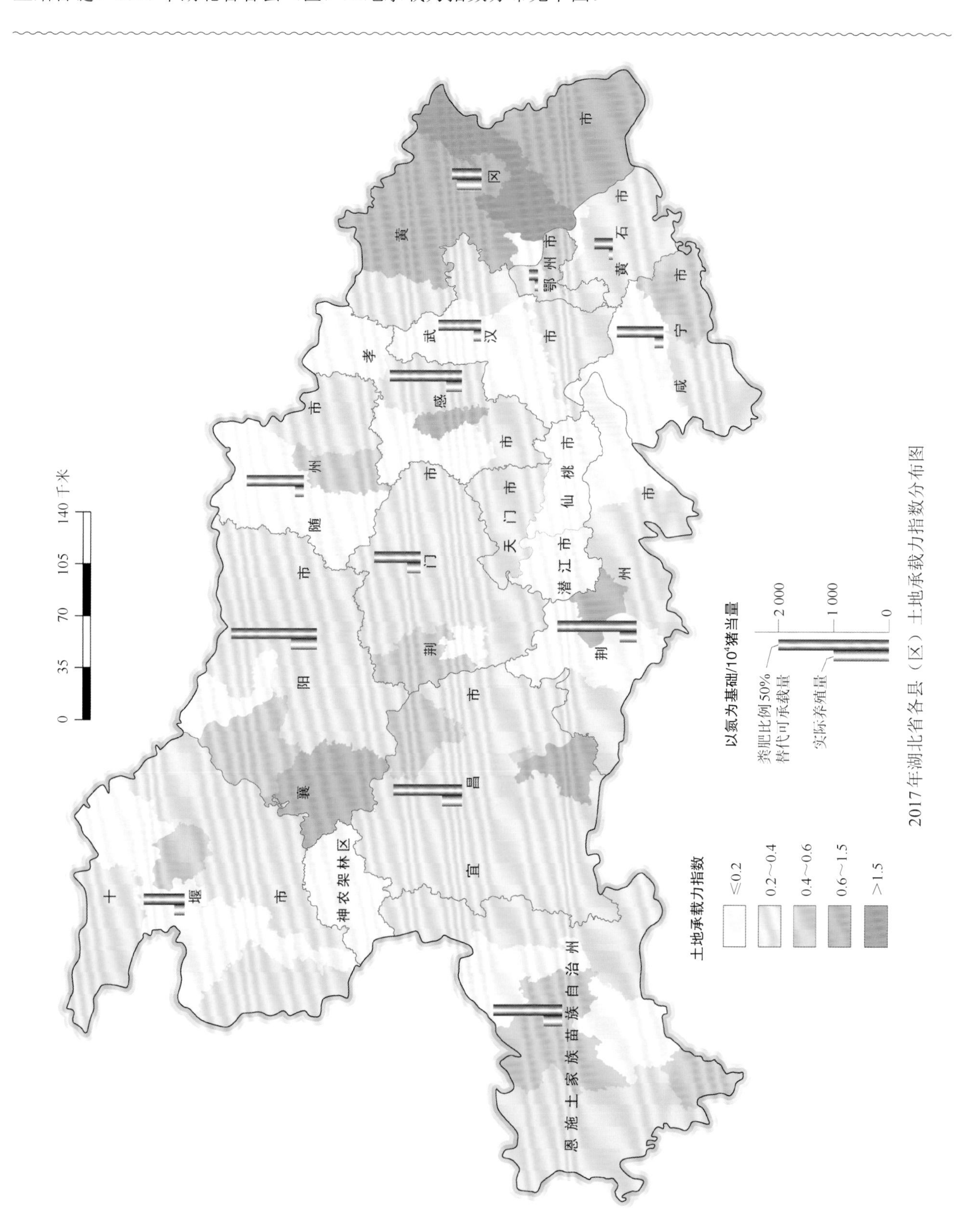

2017年湖北省各县（区）土地承载力指数分布图

5.19　湖南省土地承载力指数分布

湖南省是畜禽养殖大省，随着畜禽养殖加速转型，单位土地面积载畜量较高，2017年湖南省全省域畜禽粪便土地承载力指数为0.4；其中邵阳市、张家界市和湘西土家族苗族自治州的土地承载力指数均不超过0.3，分别为0.2、0.3和0.3，湖南省作物种植主要集中在中部与北部，与畜禽粪肥供给量主要集中地区相符，则因地制宜采取种养结合，通过优势带建设，持续推动大田作物种养结合高质量发展。2017年湖南省各县（区）土地承载力指数分布见下图。

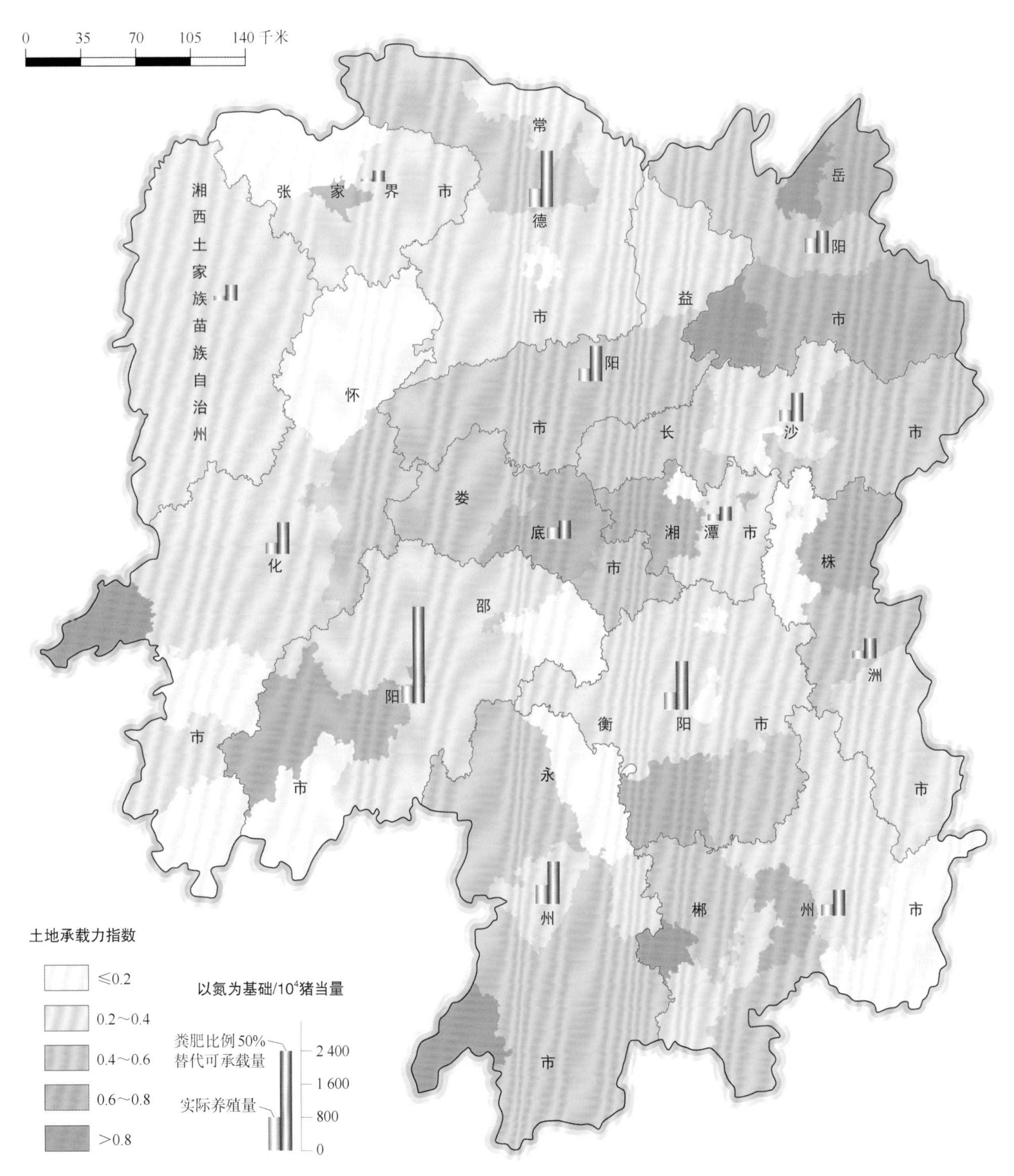

2017年湖南省各县（区）土地承载力指数分布图

5.20 广东省土地承载力指数分布

广东畜牧业产业化水平和种业发展水平均居于全国领先地位，但也存在区域发展不均衡问题。2017年广东省全省域畜禽粪便土地承载力指数为0.4；其中东莞市、潮州市、惠州市、汕尾市和揭阳市的土地承载力指数均低于0.2。提高畜禽养殖污水处理效率，加强废弃物的资源化利用，有利于推动全省畜牧业环境管理能力的提升，同时有效减轻对养殖场周边生态系统的危害，实现畜禽养殖业规模化健康、可持续发展。2017年广东省各县（区）土地承载力指数分布见下图。

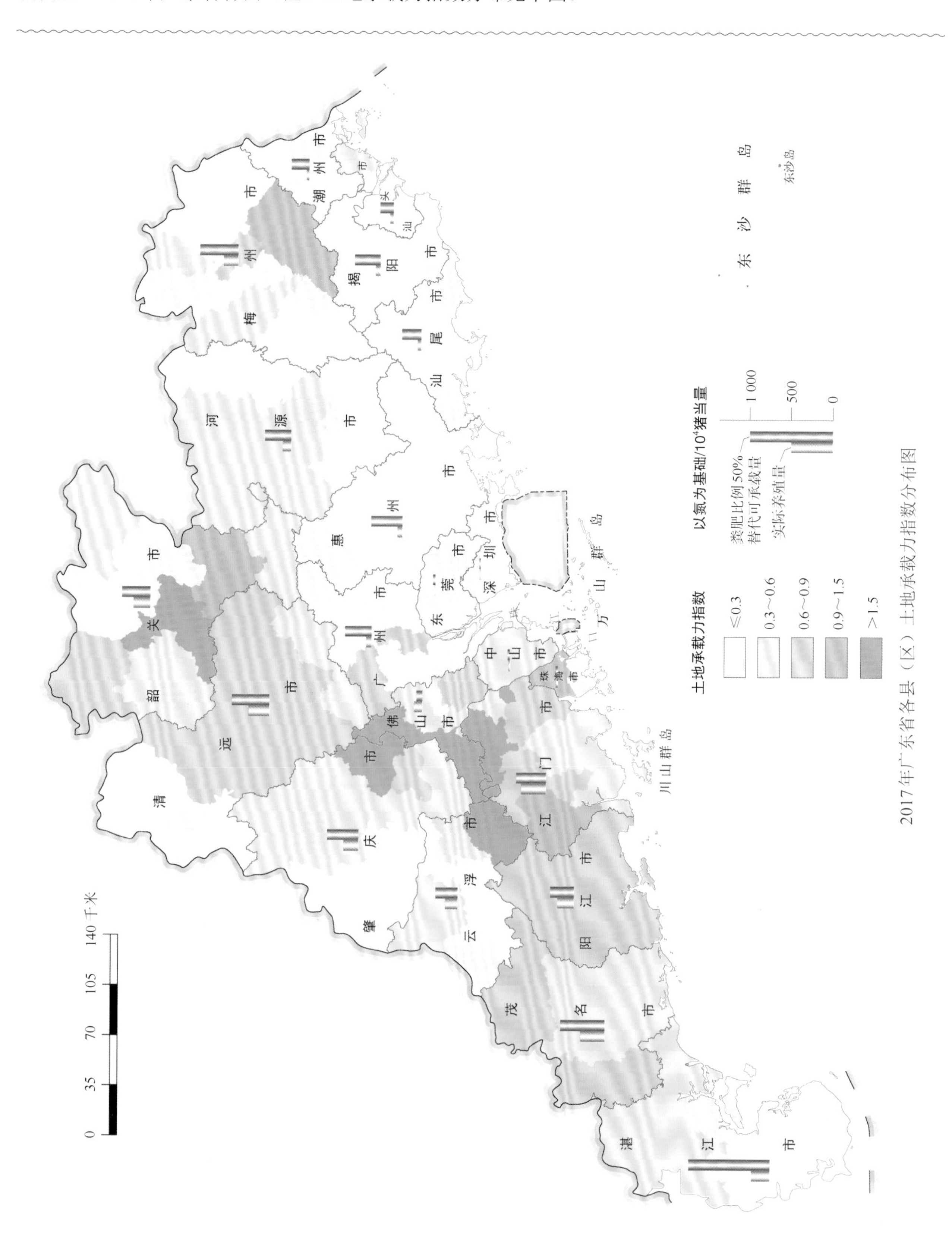

2017年广东省各县（区）土地承载力指数分布图

5.21 广西壮族自治区土地承载力指数分布

广西壮族自治区是中国畜禽养殖大省（区）和粤港澳大湾区重要畜禽产品生产供应地。2017年广西壮族自治区全区域畜禽粪便土地承载力指数为0.4；其中崇左市、来宾市、防城港市和柳州市的土地承载力指数均低于0.3。广西壮族自治区积极探索适合不同的处理利用技术模式，尤其是玉林市福绵区“截污建池、收运还田”，整区推进粪污资源化利用模式在全国推广应用，实施畜禽粪肥还田后再提高补贴标准的方式，对实施畜禽粪肥还田的土地确权农户进行耕地地力保护补贴，探索建立耕地地力保护补贴发放与耕地地力保护行为相挂钩的有效机制，有力地推动了种养循环和农业高质量发展。2017年广西壮族自治区各县（区）土地承载力指数分布见下图。

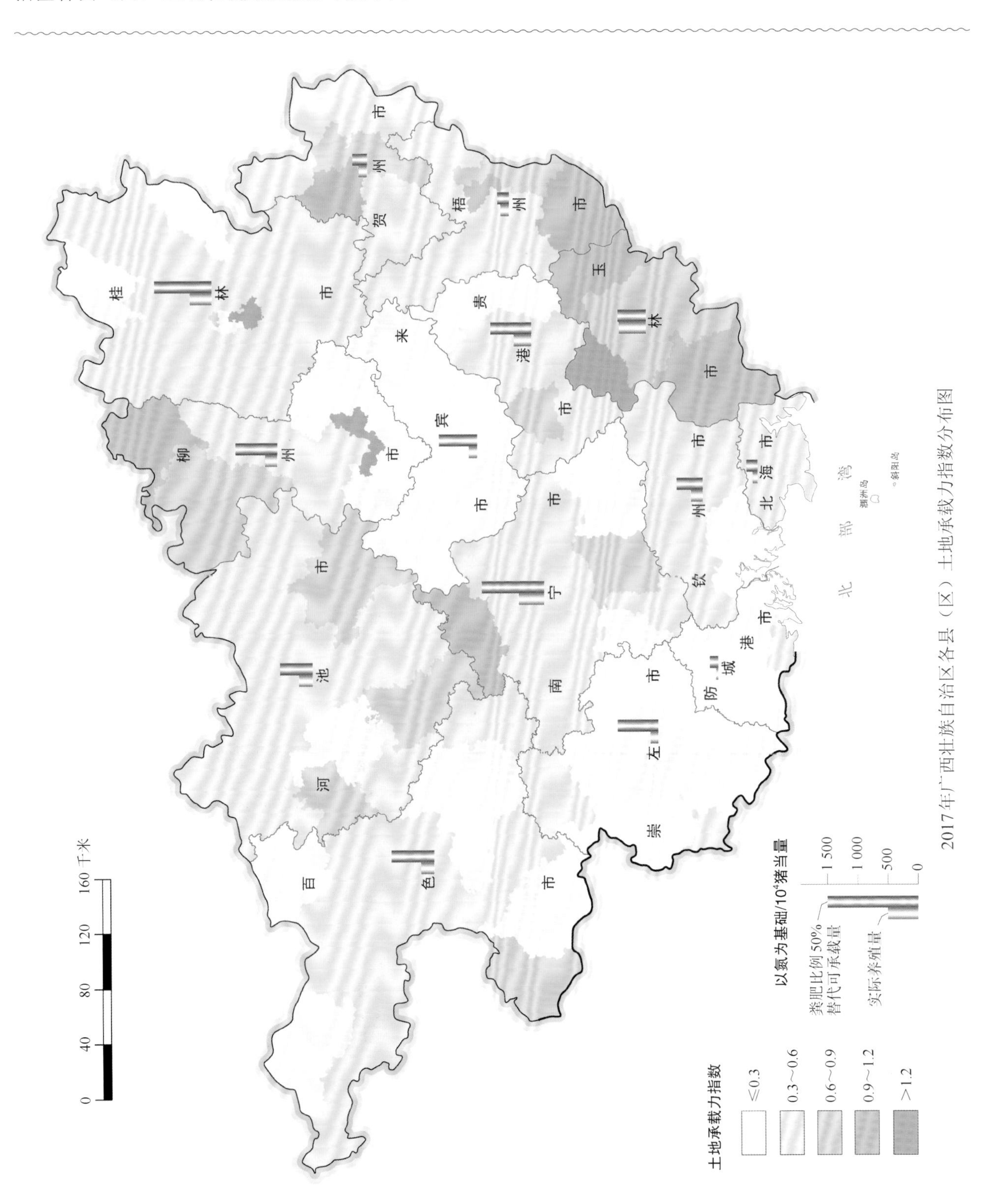

2017年广西壮族自治区各县（区）土地承载力指数分布图

5.22　海南省土地承载力指数分布

海南省加快实施种养一体化循环农业示范工程建设，推动循环农业经济生产的发展。2017年海南省全省域畜禽粪便土地承载力指数为0.4；其中三亚市、省直辖县级市和儋州市的土地承载力指数均不超过0.5，分别为0.4、0.4和0.5。从种养布局来看，海南省作物种植主要集中西南部，施行生态循环农业发展，构建资源节约、环境友好、产业循环、综合利用的新型农业发展模式。2017年海南省各县（区）土地承载力指数分布见下图。

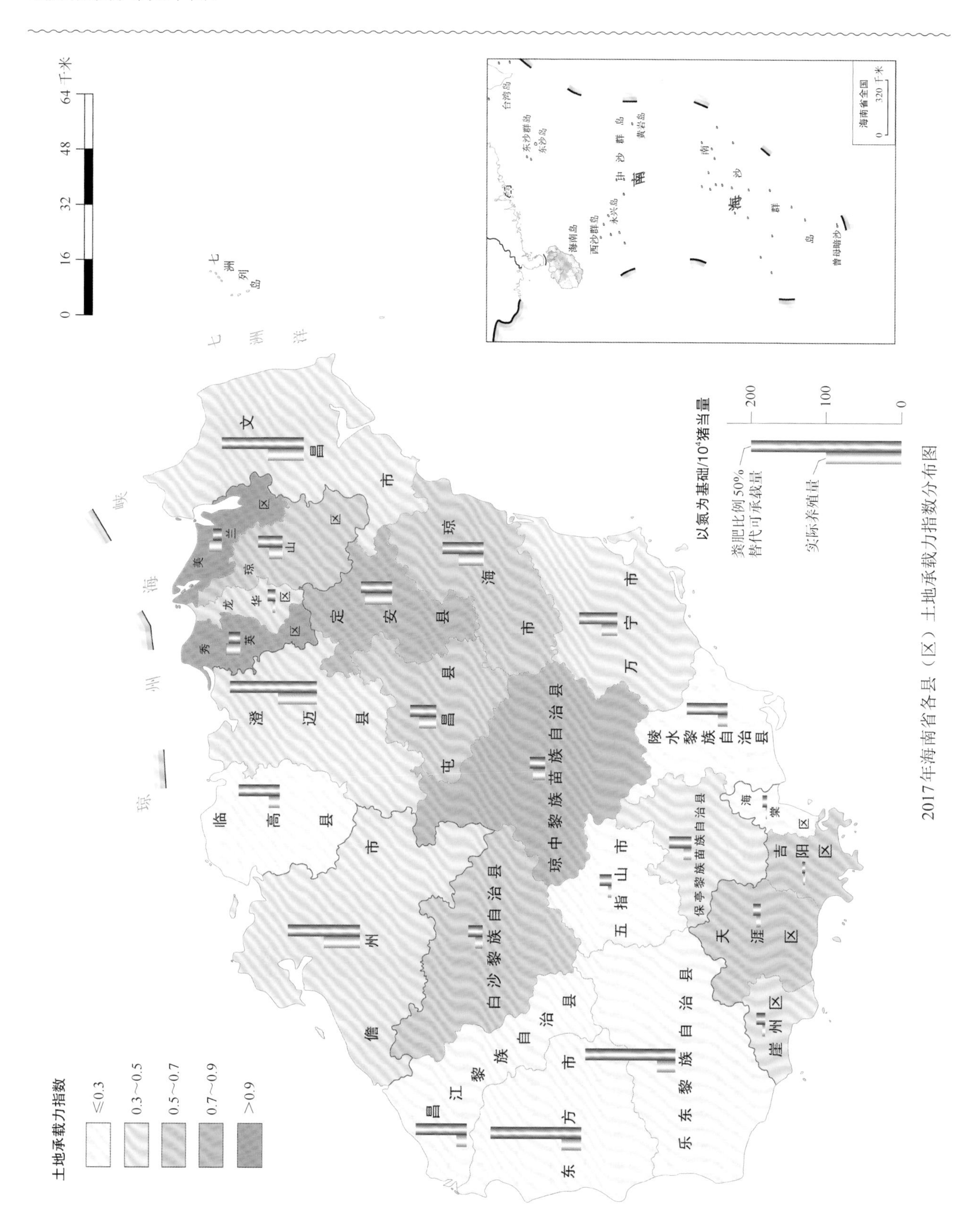

2017年海南省各县（区）土地承载力指数分布图

5.23 重庆市土地承载力指数分布

重庆市积极推动农业生产绿色高效发展，广泛推广绿色防控技术，着力推进种养有机结合，按照“以种带养、以养促种、种养结合、循环利用”种养循环发展理念，以就地消纳、能量循环、综合利用为主线，实现经济效益和生态效益双赢。2017年重庆市畜禽粪便土地承载力指数为0.3；其中沙坪坝区、北碚区、渝北区和九龙坡区的土地承载力指数均不超过0.2，分别为0.1、0.1、0.1和0.2。2017年重庆市各县（区）土地承载力指数分布见下图。

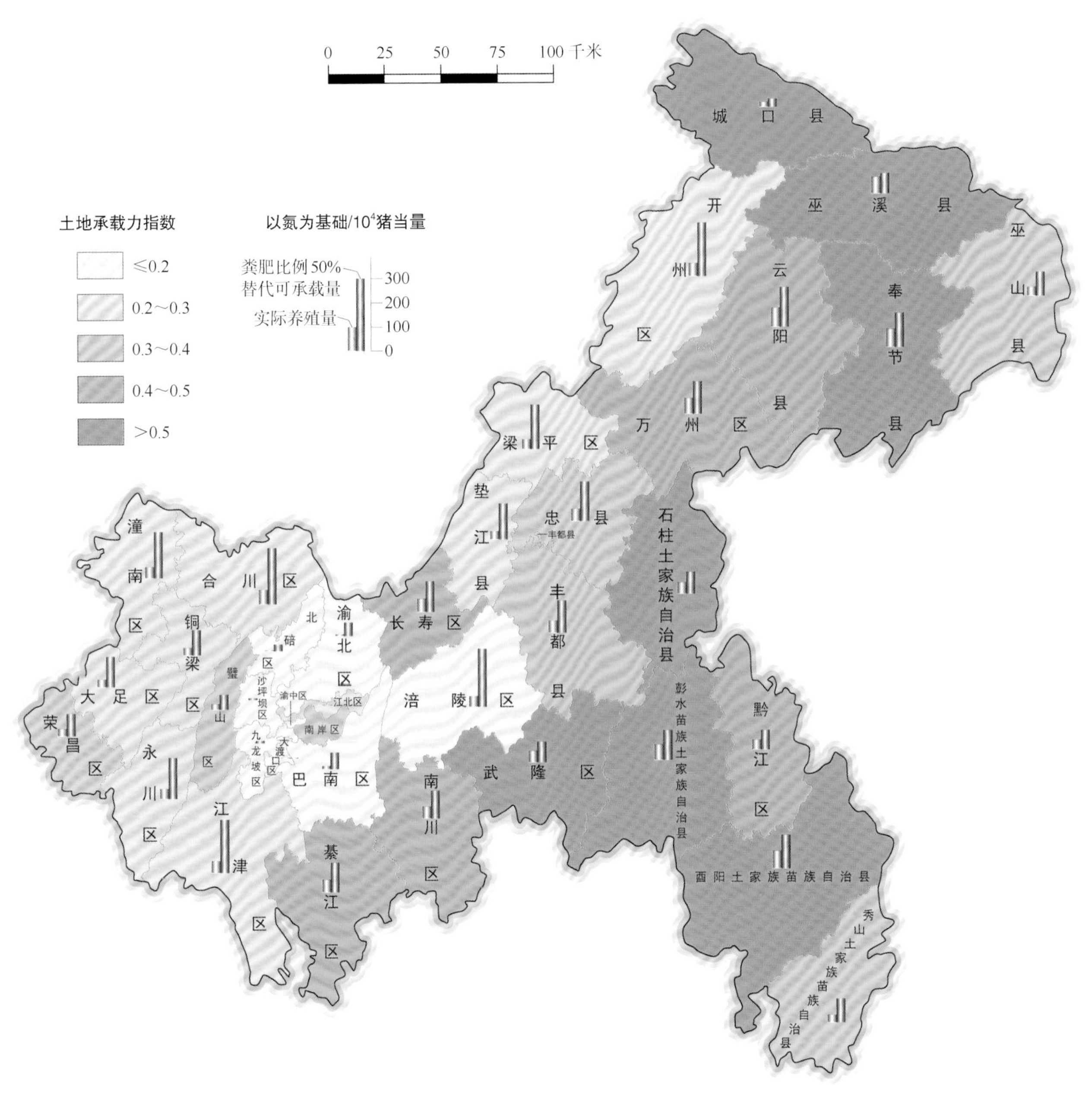

2017年重庆市各县（区）土地承载力指数分布图

5.24　四川省土地承载力指数分布

2017年四川省全省域畜禽粪便土地承载力指数为0.3；其中内江市、广安市、阿坝藏族羌族自治州、遂宁市、宜宾市和绵阳市的土地承载力指数均不超过0.3，分别为0.1、0.2、0.2、0.2、0.2和0.3。四川省由于地势原因作物种植主要集中在东部，实施种养循环，在粪肥还田前进行质量监测，应科学确定粪肥还田的投入量和替代化肥的比例。同时，紧盯种养结合、点面结合和养用结合，以推进粪肥就近就地还田利用、促进畜禽粪污资源化利用和耕地质量保护。2017年四川省各县（区）土地承载力指数分布见下图。

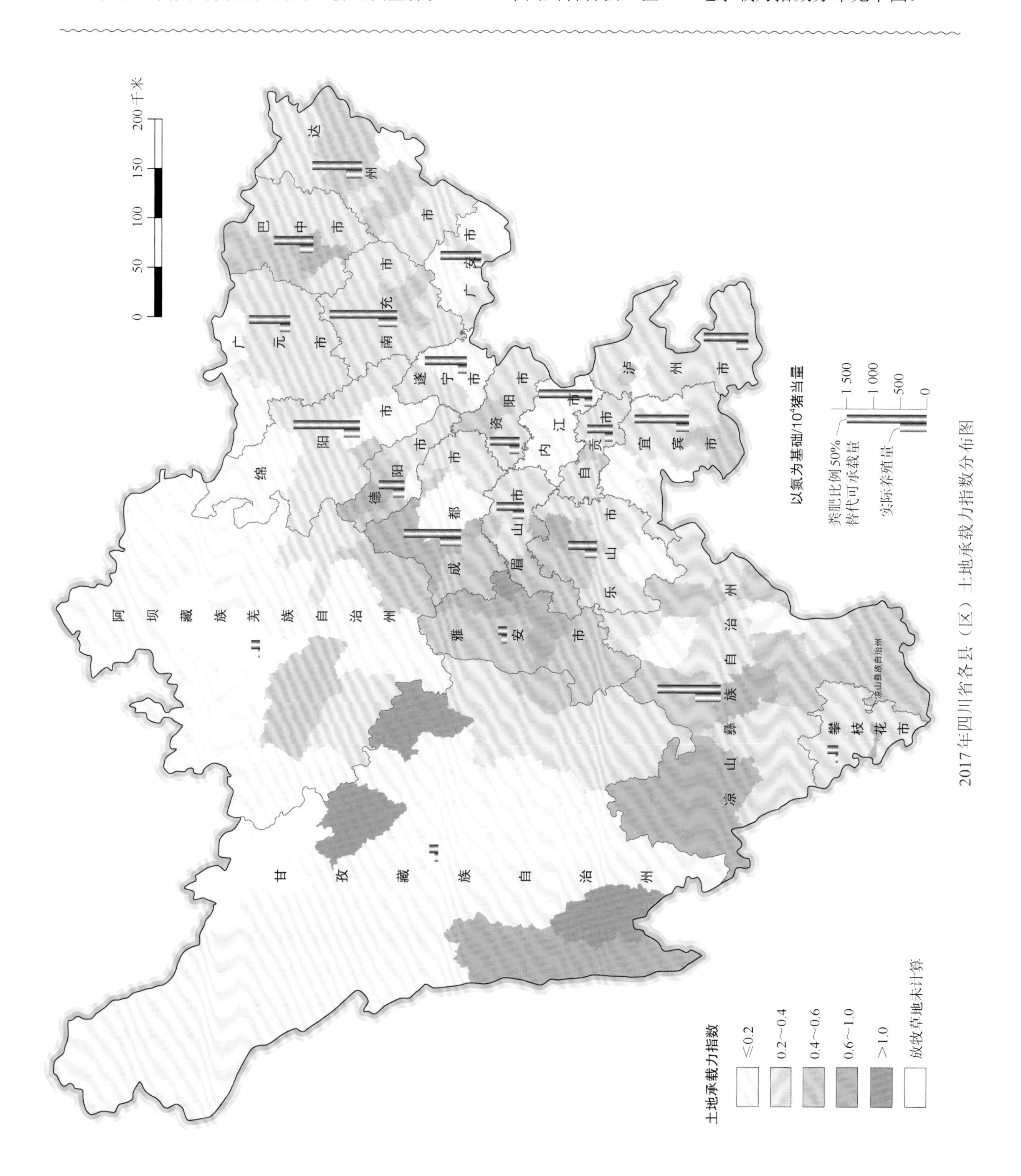

2017年四川省各县（区）土地承载力指数分布图

5.25 贵州省土地承载力指数分布

贵州省充分利用土地资源，实施种养结合。2017年贵州省全省域畜禽粪便土地承载力指数为0.4；其中贵安新区省直管新区和黔东南苗族侗族自治州的土地承载力指数均不超过0.3，分别为0.2和0.3。贵州省作物种植主要集中在西北部，应因势利导，开展畜禽粪污综合养分管理，加快发展农业特色优势产业，逐步优化农业空间布局，实现农业绿色和高质量发展。2017年贵州省各县（区）土地承载力指数分布见下图。

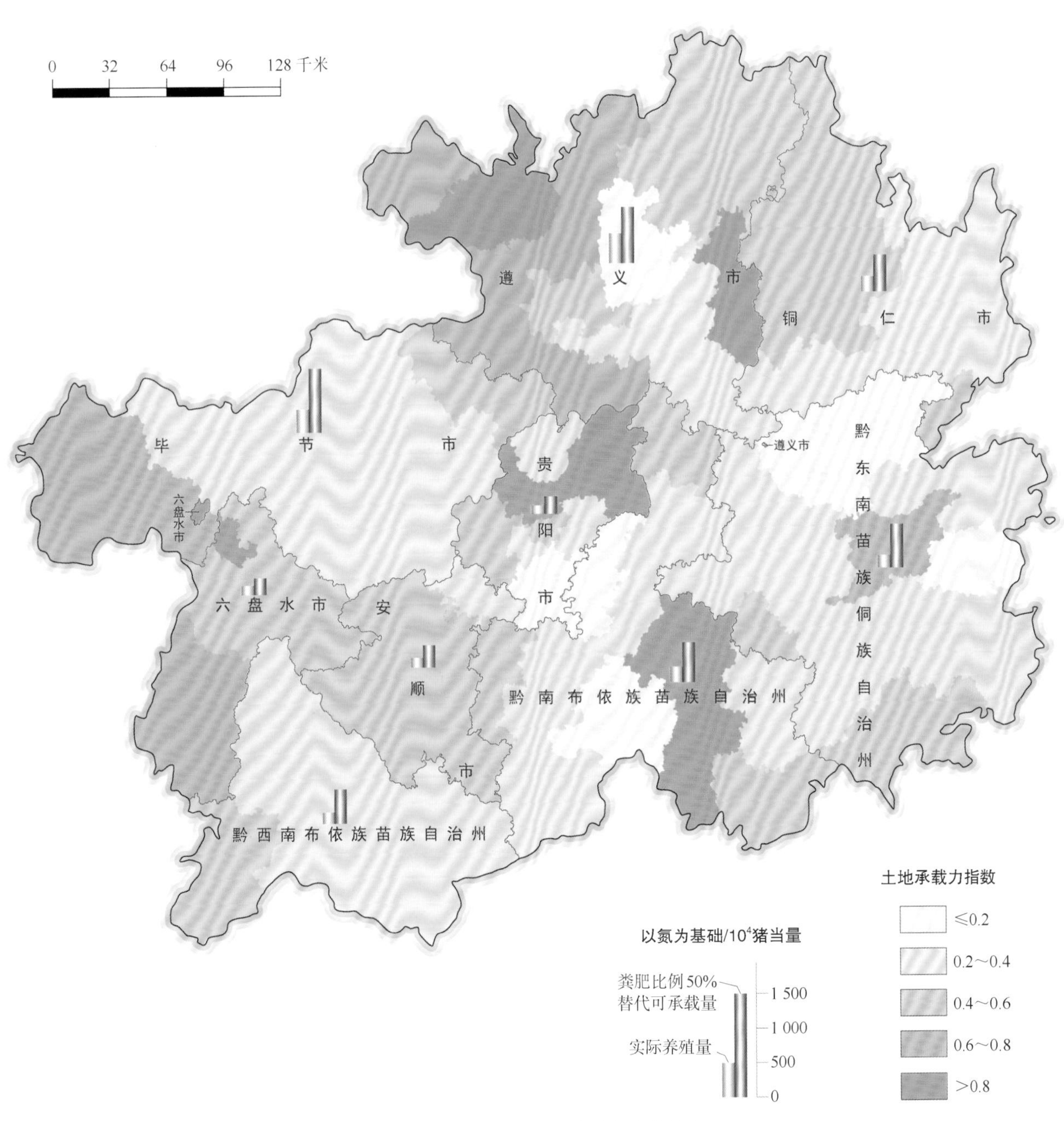

2017年贵州省各县（区）土地承载力指数分布图

5.26　云南省土地承载力指数分布

云南省畜禽养殖依托种养结合，畜禽养殖各方面得到飞速发展，绿色发展机制有效运转，但总体上该省土地承载力指数仍较高。2017年云南省畜禽粪便土地承载力指数为0.7；其中西双版纳傣族自治州、德宏傣族景颇族自治州、普洱市和昭通市的土地承载力指数均不超过0.4，分别为0.3、0.3、0.4和0.4。云南省作物种植主要集中在东部与西部，所以在土地承载力高的地区，应按照畜禽粪污资源化处理原则进行还田，科学实施种养结合绿色农业。2017年云南省各县（区）土地承载力指数分布见下图。

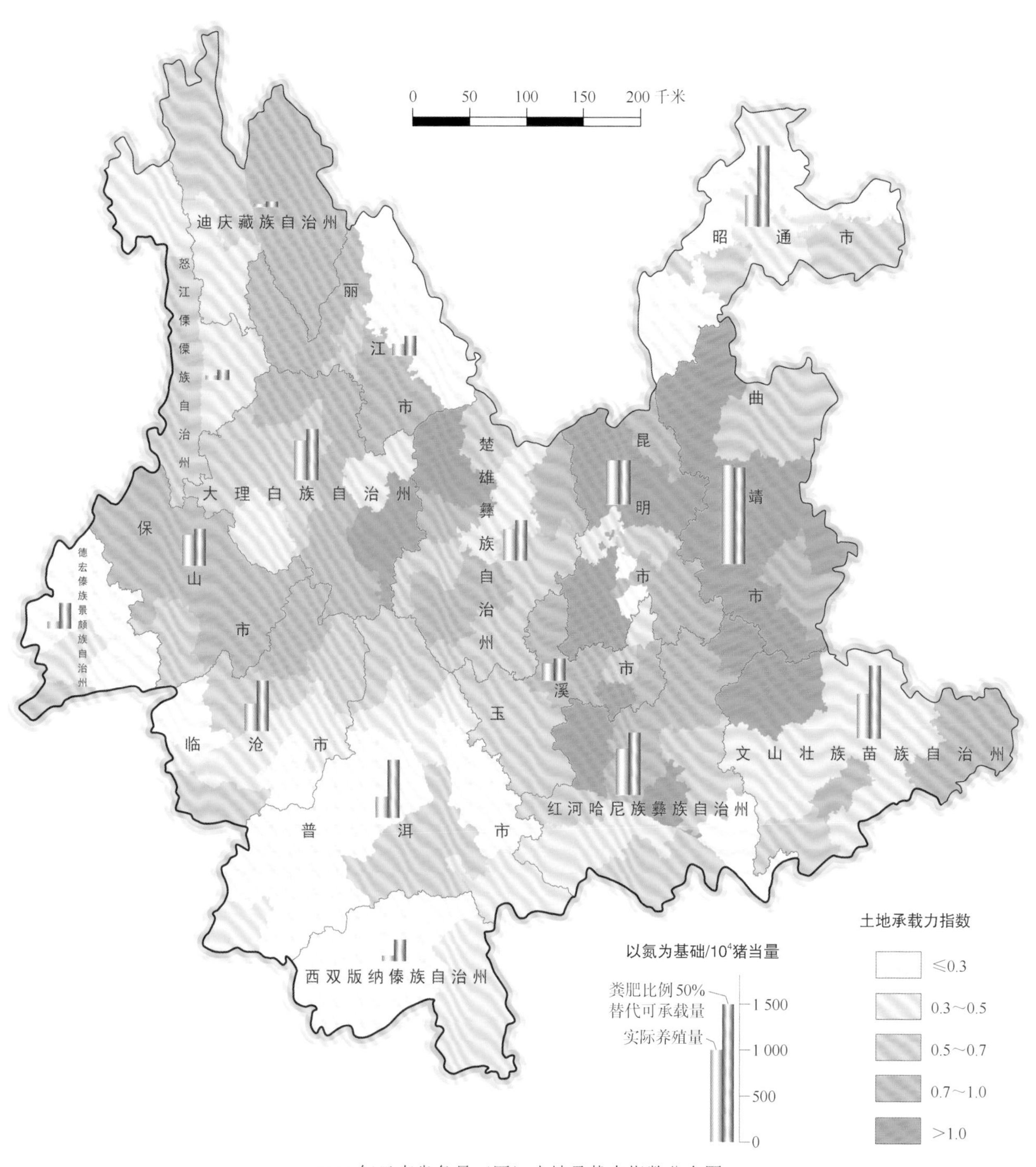

2017年云南省各县（区）土地承载力指数分布图

5.27 西藏自治区土地承载力指数分布

西藏自治区由于特殊地理环境，放牧饲养是其主要特点。2017年西藏自治区畜禽粪便土地承载力指数为0.8；其日喀则市的土地承载力指数最低，为0.5。西藏自治区作物种植主要集中在东南部，在农区应挖掘资源潜力、提高农牧业资源利用的生产率，突出现代农牧业比较优势与地方特色的原则，深入挖掘与研究以不同于常规平原、盆地的西藏自治区农牧业循环发展方式，推进高原循环农牧业模式的推广与应用。2017年西藏自治区各县（区）土地承载力指数分布见下图。

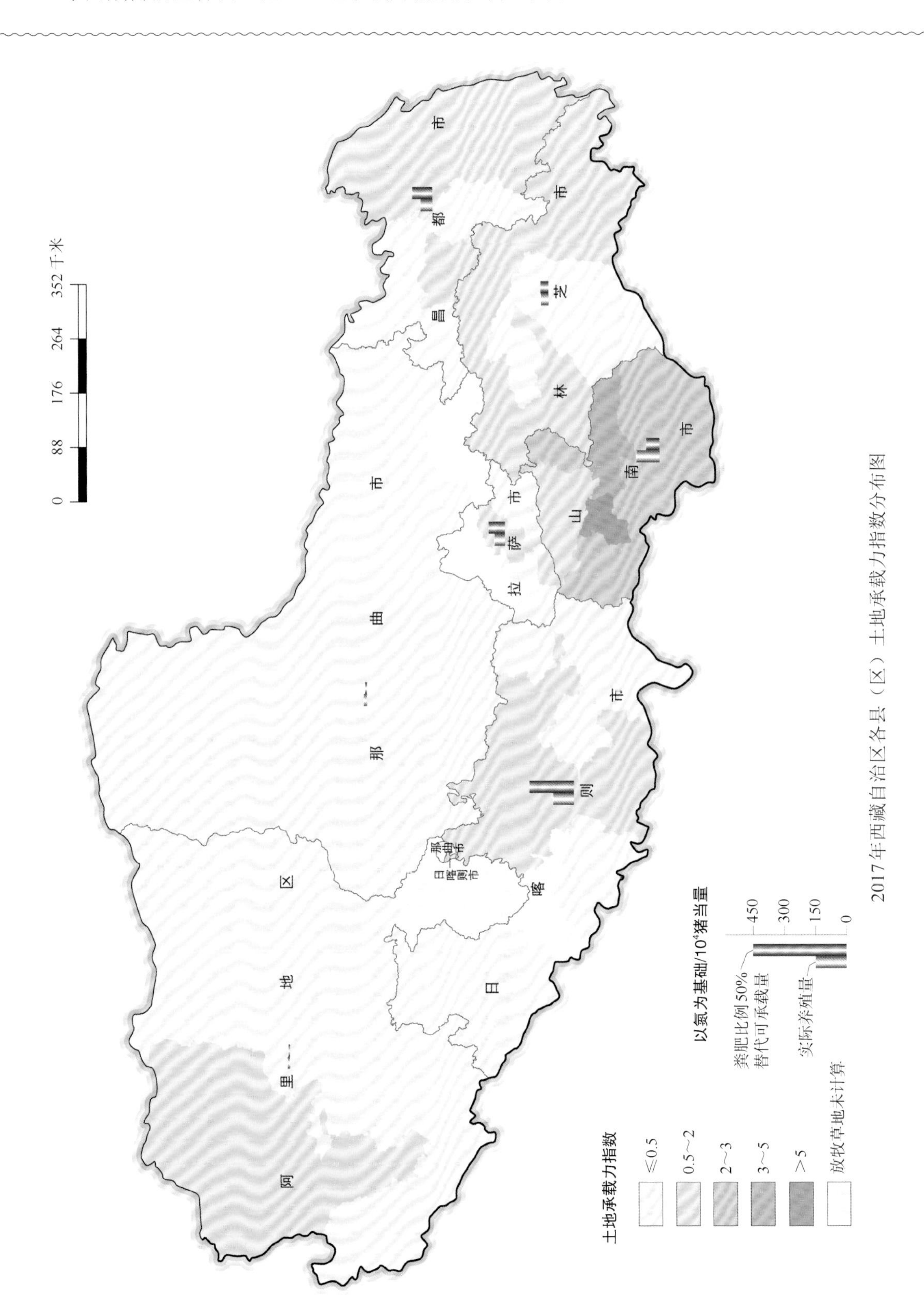

2017年西藏自治区各县（区）土地承载力指数分布图

5.28　陕西省土地承载力指数分布

2017年陕西省畜禽粪便土地承载力指数为0.2；其中咸阳市和延安市的土地承载力指数分别为0.1和0.2。陕西省总体承载力较低，但需注重区域功能性划分优化，推行畜禽粪便综合养分管理，提升优势农产品品质，实现农牧循环和农业绿色可持续性发展。2017年陕西省各县（区）土地承载力指数分布见下图。

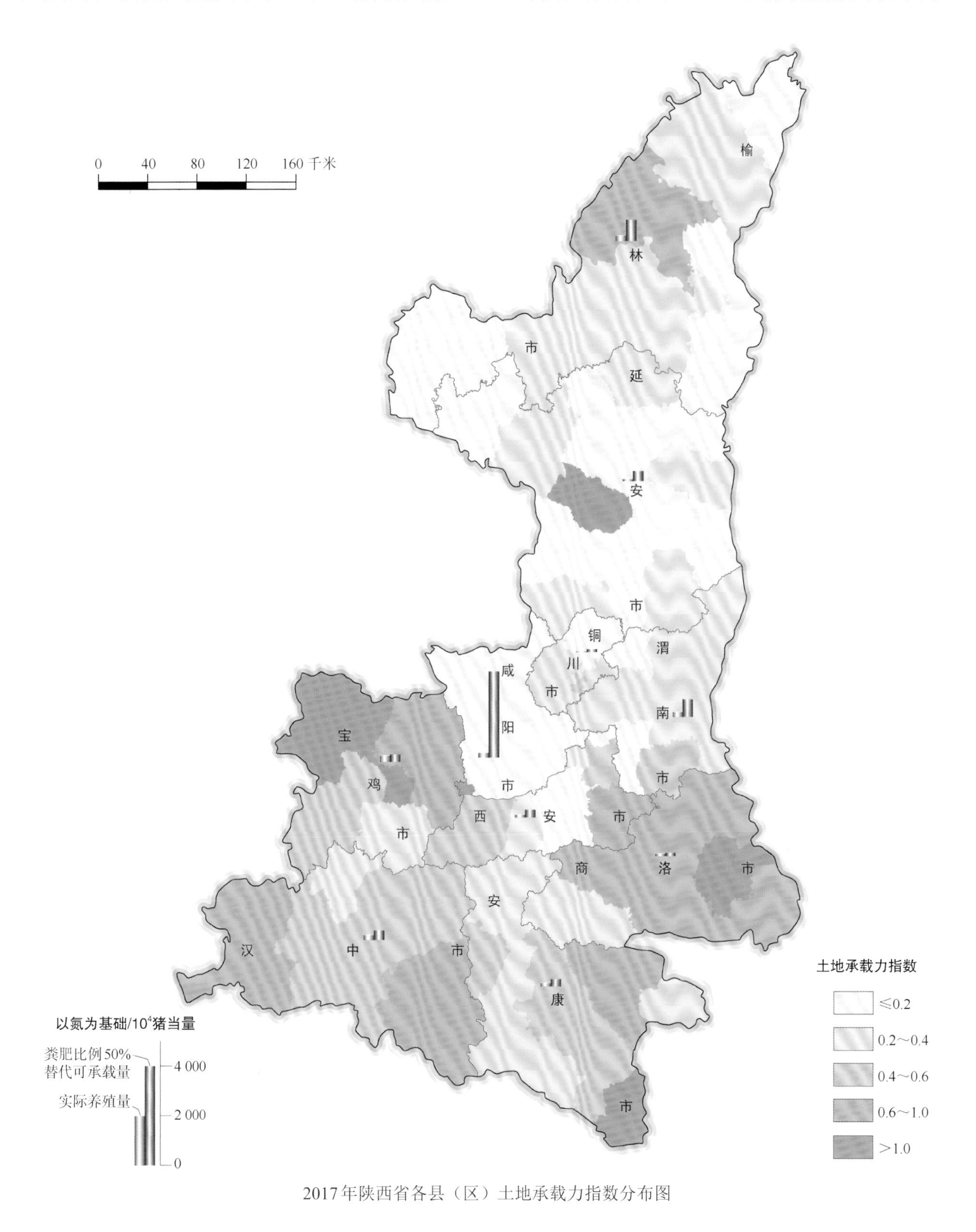

2017年陕西省各县（区）土地承载力指数分布图

5.29 甘肃省土地承载力指数分布

2017年甘肃省畜禽粪便土地承载力指数为0.3；其中陇南市、庆阳市和天水市的土地承载力指数均不超过0.2，分别为0.1、0.1和0.2。从种养布局来看，甘肃省作物种植主要集中在东部，促进农业基础更加稳固、粮食和重要农产品供给保障更加有力，需注重区域功能性划分优化，推行畜禽粪便综合养分管理，科学推行种养结合，实现农牧循环和农业绿色可持续性发展。2017年甘肃省各县（区）土地承载力指数分布见下图。

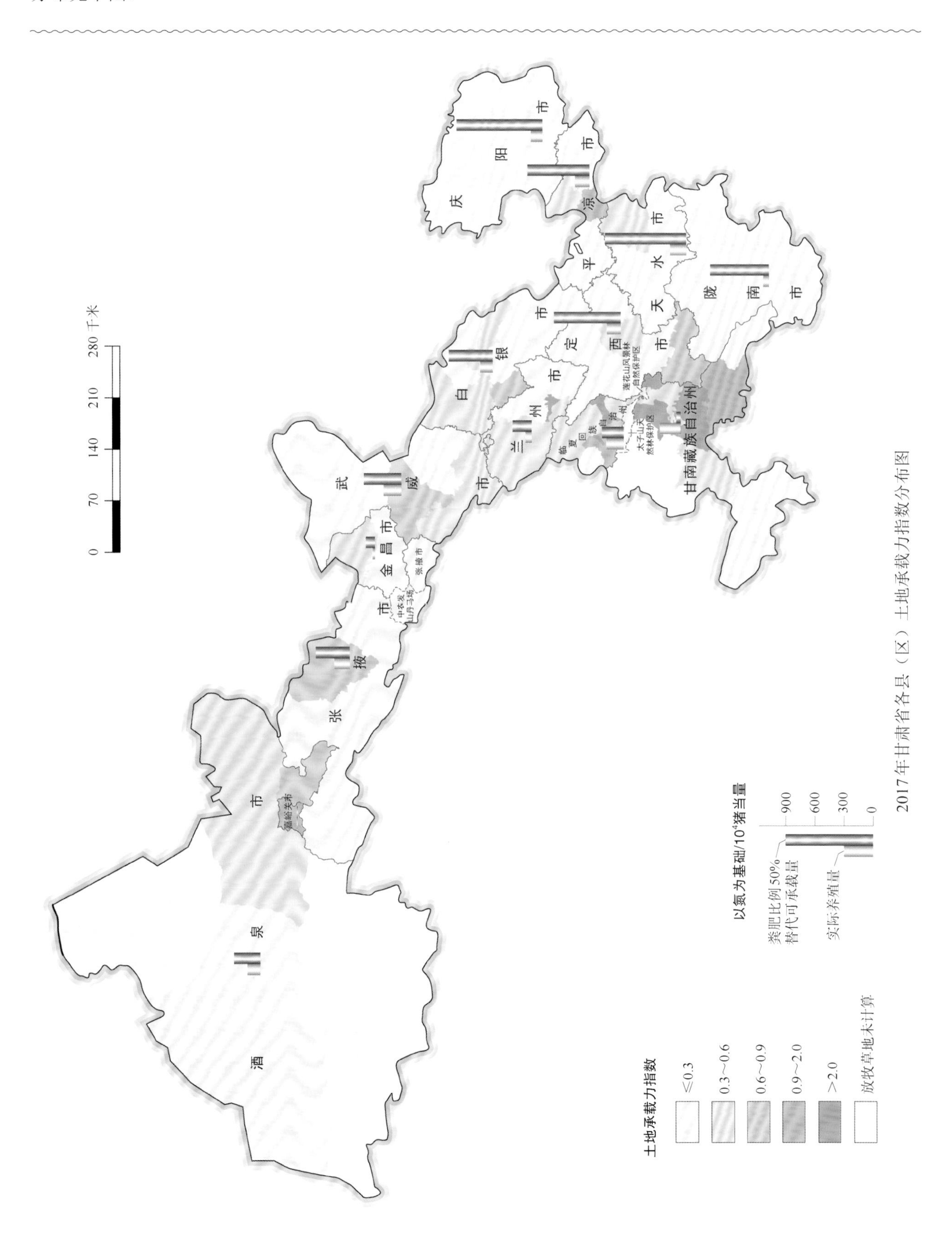

2017年甘肃省各县（区）土地承载力指数分布图

5.30　青海省土地承载力指数分布

青海省加快产业结构调整和发展方式转变，实现畜牧业又快又好的发展。但是部分牧区承载力指数较高，导致2017年青海省全省域畜禽粪便土地承载力指数达到0.9；其中玉树藏族自治州的土地承载力指数最低，为0.04；而海北藏族自治州和西宁市的实际畜禽养殖量均高于其区域畜禽粪便土地承载力分别为1.0和1.6。2017年青海省各县（区）土地承载力指数分布见下图。

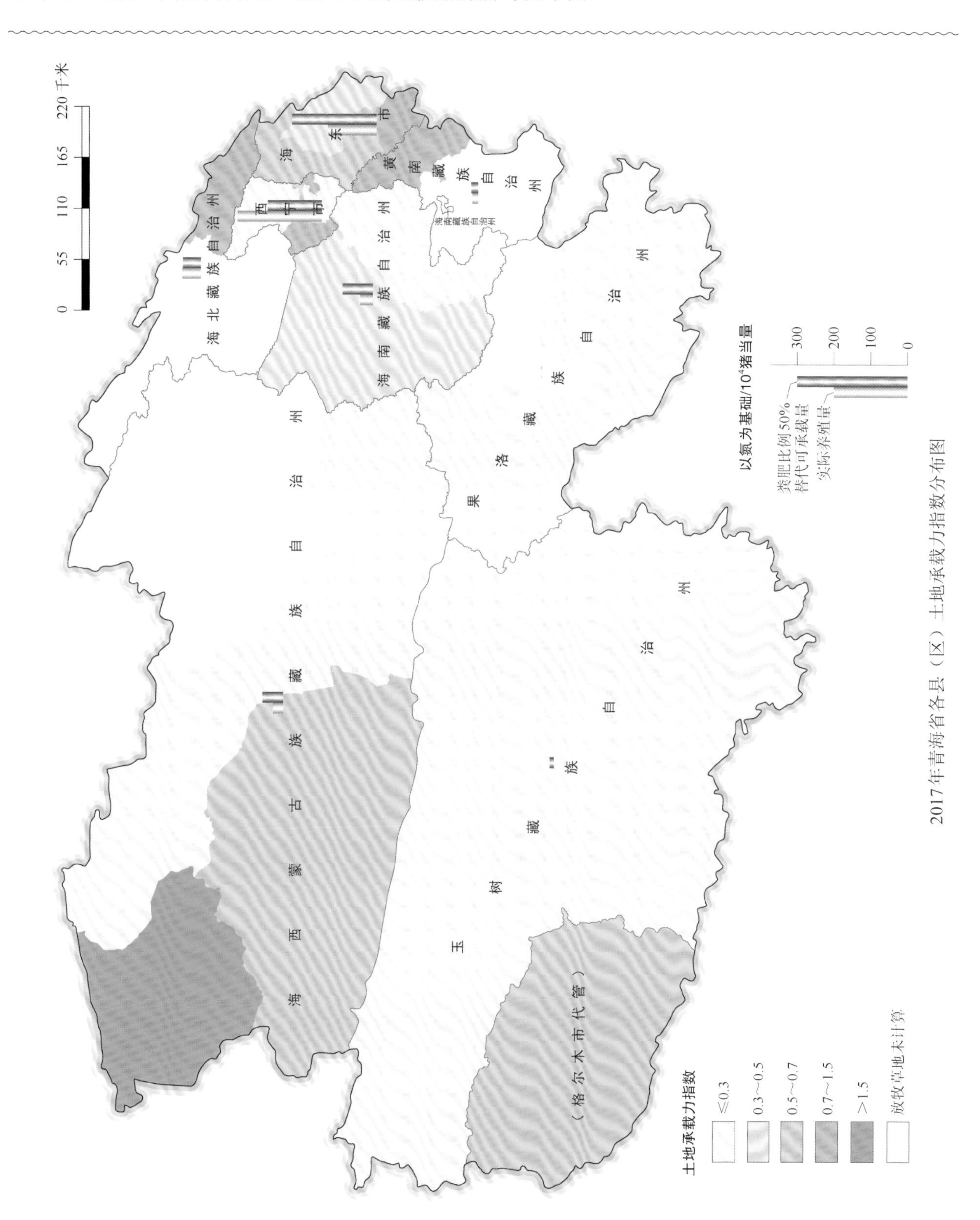

2017年青海省各县（区）土地承载力指数分布图

5.31 宁夏回族自治区土地承载力指数分布

宁夏回族自治区大力推进畜禽健康养殖，突出质量效益，转方式、调结构。2017年宁夏回族自治区全自治区畜禽粪便土地承载力指数为0.5；其中石嘴山市的土地承载力指数最低，为0.3。宁夏回族自治区作物种植主要集中在中南部，以农业现代化与绿色化、工业化、城镇化、信息化协调发展为主攻方向，突出以工促农、以城带乡，突出生态治理和绿色发展，大力发展绿色高质、效益突出的现代农业，加快推进城乡全面融合发展。2017年宁夏回族自治区各县（区）土地承载力指数分布见下图。

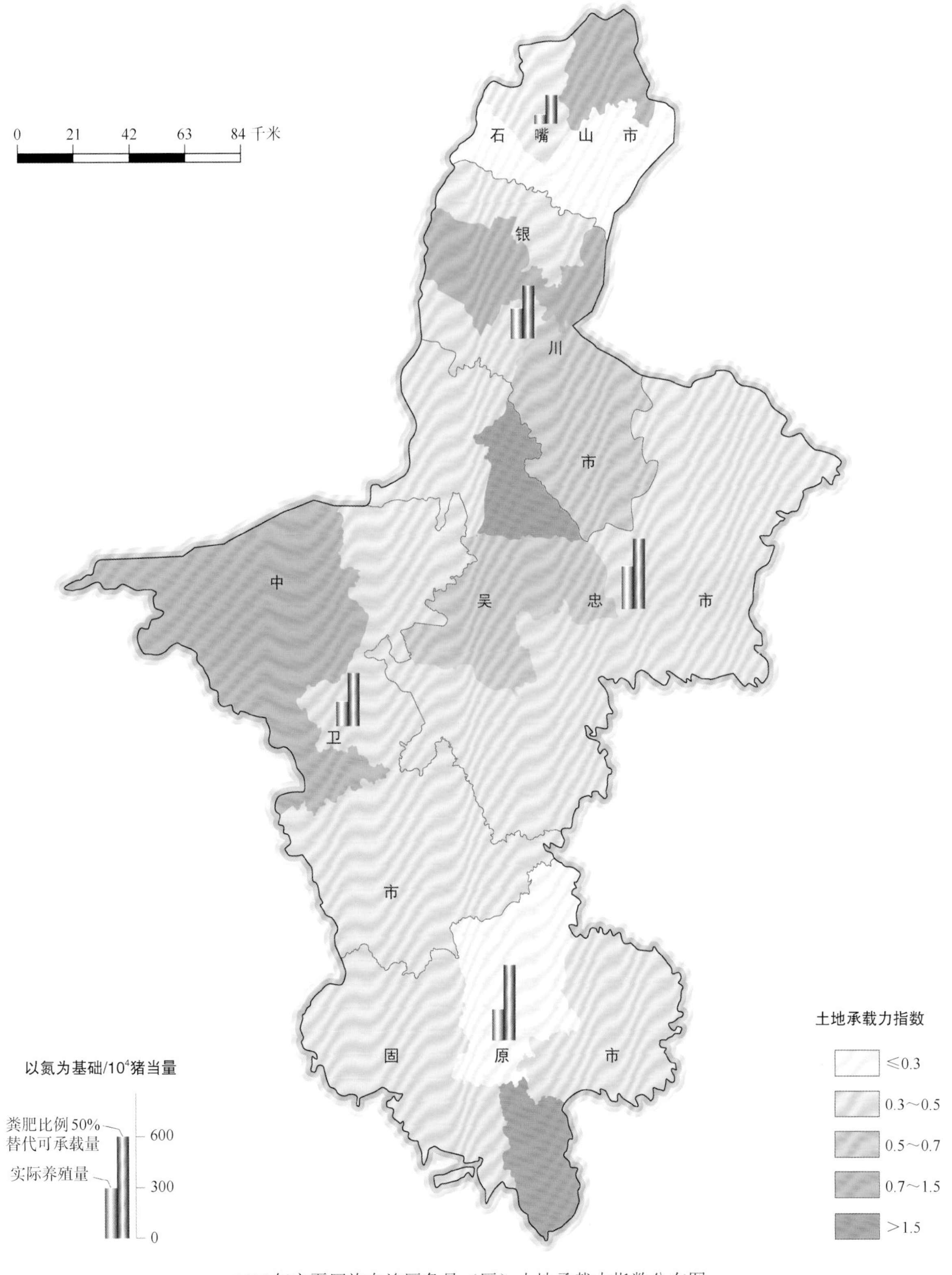

2017年宁夏回族自治区各县（区）土地承载力指数分布图

5.32　新疆维吾尔自治区土地承载力指数分布

2017年新疆维吾尔自治区全区畜禽粪便土地承载力指数为0.2；其中巴音郭楞蒙古自治州、自治区直辖县级市和博尔塔拉蒙古自治州的土地承载力指数均低于0.1。该区大力推进畜禽粪污资源化利用，构建种养循环发展机制，实现种养结合的生态农业综合体系。2017年新疆维吾尔自治区各县（区）土地承载力指数分布见下图。

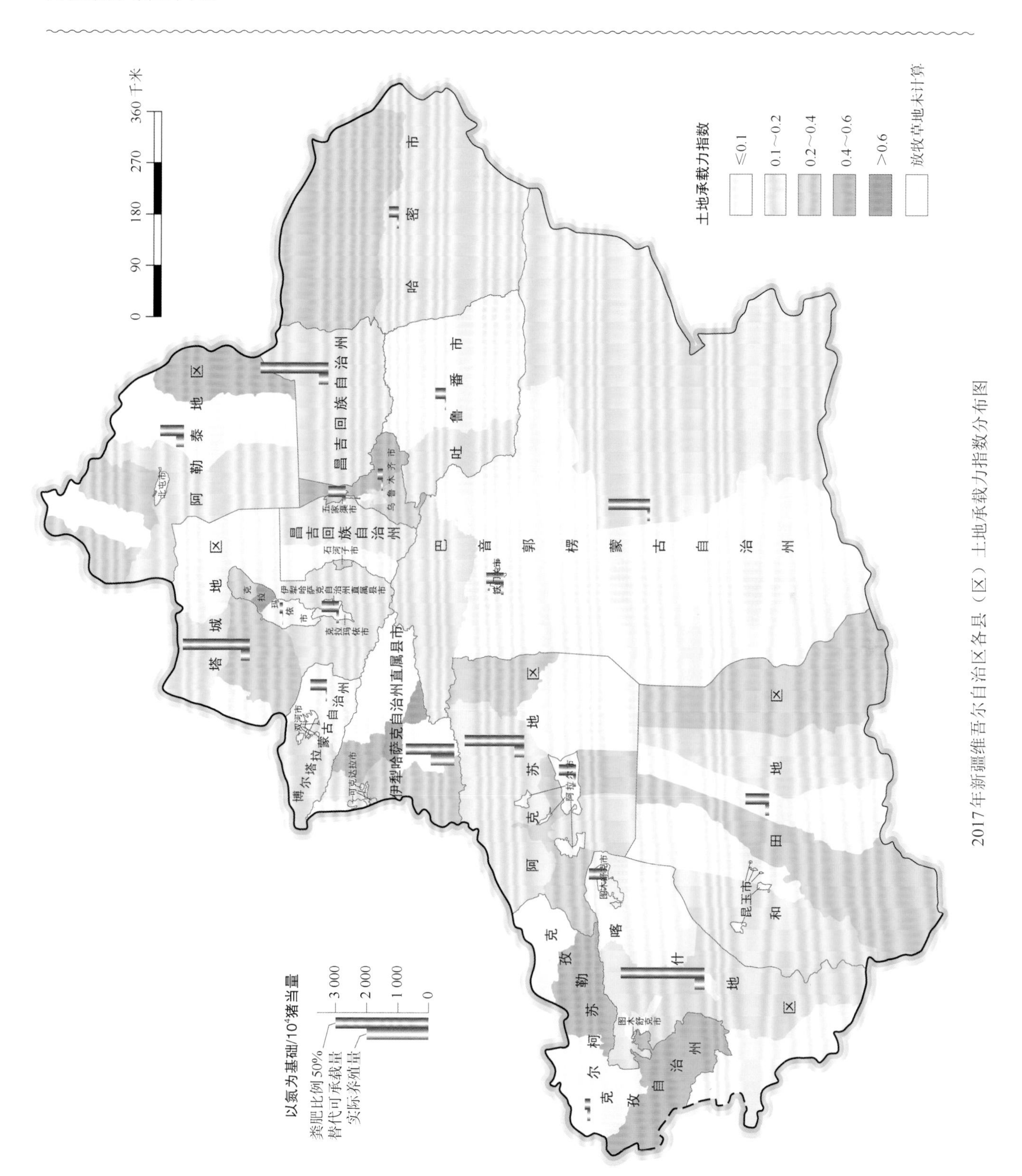

2017年新疆维吾尔自治区各县（区）土地承载力指数分布图

附录　相关参数推荐值

（1）不同植物形成100千克产量需要吸收氮量推荐值见表A.1。

表A.1　主要作物形成100千克产量需要吸收氮量推荐值　　（单位：千克）

作物种类		氮（N）
大田作物	小麦	3
	水稻	2.2
	玉米	2.3
	谷子	3.8
	大豆	7.2
	棉花	11.7
	马铃薯	0.5
蔬菜	黄瓜	0.28
	番茄	0.33
	青椒	0.51
	茄子	0.34
	大白菜	0.15
	萝卜	0.28
	大葱	0.19
果树	桃	0.21
	葡萄	0.74
	香蕉	0.73
	苹果	0.3
	梨	0.47
	柑桔	0.6
经济作物	油料	7.19
	甘蔗	0.18
	甜菜	0.48
	烟叶	3.85
	茶叶	6.40
人工草地	苜蓿	0.2
	饲用燕麦	2.5
人工林地	桉树	3.3
	杨树	2.5

注：人工林地单位为每立方米生物量所需氮养分量（单位：千克/米^{3}）。

（2）土壤不同氮养分水平下施肥供给养分占比推荐值见表A.2。

表A.2　土壤不同氮养分水平下施肥供给养分占比推荐值

土壤氮磷养分等级		I	II	III
土壤全氮含量（克/千克）	旱地（大田作物）	＞1.0	0.8～1.0	＜0.8
	水田	＞1.2	1.0～1.2	＜1.0
	菜地	＞1.2	1.0～1.2	＜1.0
	果园	＞1.0	0.8～1.0	＜0.8
施肥供给占比/%		35	45	55

（3）不同畜禽排泄氮养分量推荐值见表A.3。

表A.3　不同畜禽氮排泄量推荐值

畜禽	参考体重/千克[1]	氮（N）/[克/（头·天）]
猪	70	30.0
奶牛	550	196.0
肉牛	400	109.0
家禽	1.3	1.2
山羊	35	11.3
绵羊	40	12.2

1）不同畜禽的氮养分排泄量推荐值基于参考体重，其他体重的氮排泄量按照如下公式折算：$MP_{site}=MP_r\times W_{site}^{0.75}\div W_{default}^{0.75}$，式中，$MP_{site}$为需要计算的畜禽氮排泄量；$MP_r$为本表中给出的不同畜禽氮排泄量推荐值；$W_{site}$为需要计算畜禽的平均体重；$W_{default}$为本表列出的不同畜禽的参考体重。

（4）主要清粪方式粪便养分收集率推荐值见表A.4。

表A.4　主要清粪方式粪便养分收集率推荐值

清粪方式	氮收集率/%
干清粪	88.0
水冲清粪	87.0
水泡粪	89.0
垫料	84.5

（5）主要粪便处理方式养分留存率推荐值见表A.5。

表A.5　主要粪便处理方式养分留存推荐值

粪便处理方式	氮留存率/%
堆肥	68.5
固体贮存	63.5
厌氧发酵	95.0
氧化塘	75.0
沼液贮存	75.0

（6）以氮为基础的单位面积畜禽粪便土地承载力推荐值见表A.6。

表A.6 单位面积畜禽粪便土地承载力推荐值（以氮为基础）

作物种类		产量水平 /（吨 / 公顷）	单位面积土地承载力[2] /（猪当量 / 公顷）	
			粪便全部就地利用	固体粪便堆肥外供 + 肥水就地利用
大田作物	小麦	4.5 ~ 9.0	18.0 ~ 36.0	34.5 ~ 69.0
	水稻	4.5 ~ 10.5	12.4 ~ 28.9	25.9 ~ 60.4
	玉米	6.0 ~ 10.5	18.0 ~ 31.5	36.0 ~ 63.0
	谷子	3.0 ~ 6.0	15.0 ~ 30.0	29.0 ~ 58.0
	大豆	2.3 ~ 3.8	21.9 ~ 36.1	42.6 ~ 70.3
	棉花	1.8 ~ 3.3	27.0 ~ 49.5.0	54.0 ~ 99.0
	马铃薯	15 ~ 30	10.1 ~ 20.3	19.1 ~ 38.3
蔬菜	黄瓜	40 ~ 200	14.4 ~ 72.0	28.8 ~ 144.0
	番茄	50 ~ 200	21.0 ~ 84.0	42.0 ~ 168.0
	青椒	30 ~ 60	20.0 ~ 40.0	39.0 ~ 78.0
	茄子	45 ~ 120	20.0 ~ 53.3	39.0 ~ 104.0
	大白菜	80 ~ 150	16.0 ~ 30.0	30.7 ~ 57.5
	萝卜	25 ~ 75	9.2 ~ 27.5	18.3 ~ 55.0
	大葱	45 ~ 65	11.0 ~ 16.0	22.1 ~ 31.9
果树	桃	20 ~ 60	5.0 ~ 15.0	11.0 ~ 33.0
	葡萄	10 ~ 45	9.6 ~ 43.2	19.2 ~ 86.4
	香蕉	37 ~ 97	35.2 ~ 92.2	69.4 ~ 181.9
	苹果	30 ~ 75	12.0 ~ 30.0	22.5 ~ 56.3
	梨	5 ~ 30.5	3.0 ~ 18.3	6.0 ~ 36.6
	柑桔	22 ~ 45	17.6 ~ 36.0	33.7 ~ 69.0
经济作物	油料	1.3 ~ 4.4	11.7 ~ 39.6	24.4 ~ 82.5
	甘蔗	45 ~ 120	10.5 ~ 28.0	21.0 ~ 56.0
	甜菜	6.4 ~ 73.4	3.9 ~ 45.1	7.9 ~ 90.2
	烟叶	1.1 ~ 4.6	5.3 ~ 22.1	10.6 ~ 44.2
	茶叶	0.1 ~ 1.9	0.8 ~ 15.9	1.6 ~ 31.2
人工草地	苜蓿	5.0 ~ 20.0	1.1 ~ 4.5	2.6 ~ 10.5
	饲用燕麦	4.0 ~ 10	30.0 ~ 75.0	60.0 ~ 150.0
人工[1]林地	桉树	10 ~ 40	7.5 ~ 30.0	15.0 ~ 60.0
	杨树	12 ~ 20	15.0 ~ 25.0	30.0 ~ 50.0

注：表中所列单位面积土地承载力值为当季作物的推荐值。

1）桉树和杨树等人工林地的产量水平单位为：米^3/（公顷・年）。

2）以土壤氮养分水平Ⅱ级、粪肥施用比例MP 50%、粪便氮当季利用率MR 25%为基础计算。